지진과
지반 액상화

지진과
지반 액상화

I. M. Idriss, R. W. Boulanger 저

박동순 역

씨아이알

머 리 말

총 7 편의 최초 EERI 기술서(monographs)는 1979 년에서 1983 년 사이에 출판되었고, EERI 가 주관한 지진공학 세미나 시리즈를 통해 여러 도시에서 소개되고, 발전하여왔습니다. 이 기술서들은 지진공학의 기본적인 측면들을 상세하게 다루었으며, 그 중에는 지진활동(seismicity), 강진 기록들, 지진 스펙트라, 액상화, 동역학, 설계 기준, 그리고 기술 기준 등이 있습니다. 이러한 주제들은 기본적이면서 초점을 잃지 않았으며, 그 내용은 상세하면서도 일반적으로 논란의 여지가 없었습니다. 이 기술서들은 활용되고 있는 문서들 사이의 갭(gap)을 채워주는 역할을 하였으며 널리 호평을 받았습니다.

본 기술서는 최초 시리즈에서 다루었던 주제에 대한 증보판 성격으로 기획되었습니다. 1982 년에 지진 시 지반 운동 및 액상화(Ground Motions and Soil Liquefaction During Earthquakes)라는 제목으로 H. Bolton Seed 와 I. M. Idriss 교수가 집필하였던 기술서는 세계적으로 널리 사용된 고전 기술문서가 되었으며, 주로 국부적인 지반 조건과 지진동을 고려한 액상화 예측을 다루었습니다. 워낙 유명하였고 널리 사용되었기 때문에 최근 15 년 동안 지속적으로 개정 증보판에 대한 요청이 쇄도하였습니다.

1982 년 기술서에서 다룬 지반 운동에 대한 내용들은 이제 주요한 연구 영역이 되었으며, 각종 문헌에서 잘 다루어지고 있습니다. 예를 들어, 국부적 지반 운동에 대한 지반 조건의 영향은 이제 전적으로 받아들여져서 건물 설계 기준(building codes)에 반영되어 있습니다. 부지에서 내진 요구 성능을 파악하기 위한 응답 스펙트럼의 사용은 이제 보편화되었습니다. 최대 지반 가속도뿐만 아니라 스펙트럼 변환에 대한 감쇠 상관관계는 Pacific Earthquake Engineering Research Center 의 조율 아래 최근 개발을 끝낸 차세대 감쇠 관계(next generation attenuations; NGA)를 포함하여 이제 3 세대로 발전하였습니다.

따라서 본 기술서는 지반 액상화에 초점을 맞추어 액상화 유발 분석, 액상화의 결과와 경감 대책, 그리고 1982 년 기술서에서는 다루지 않았던 포화 점성토에서의 반복 연화에 대한 중요한 측면들까지도 포함하여 구성되었습니다. 소개된 자료들은 상당한 노고를 통해 모아지고 편집되었으며, Jonathan Bray, Steven Kramer, James Mitchell, Jonathan Stewart, Bruce Kutter, Lelio Mejia, Yoshi Moriwaki, Dan Wilson 을 포함하여 다수의 전문가 그룹에 의해 기술적 검토를 거쳤습니다.

2008 년 4 월

William T. Holmes
EERI 기술서 위원회 의장

서 문

  1982 년에 H. Bolton Seed 와 I. M. Idriss 교수가 집필하였던 '지진 시 지반 운동 및 액상화(Ground Motions and Soil Liquefaction During Earthquakes)' 기술서는 현업에서 특별한 배경지식이 없는 기술자들이 쉽게 이해할 수 있도록, 지진 지반 운동과 액상화의 핵심적인 요소들을 간단히 표현함으로써 당시에 필요한 기술 수요를 충족시켰습니다.

  우리가 이 기술서(monograph) 증보작업을 착수하였을 때 바로 알게 된 점은 단행본 기술서가 지진 지반 운동과 액상화라는 두 가지 주제를 모두 충분히 만족시킬 수는 없다는 사실이었습니다. 이 주제들에 대한 지식의 양은 비약적으로 늘어났으며, 26 년 전과 현저하게 달라진 현재의 기술 수요를 위해서는 지난 26 년간의 복잡다단한 기술적 발전 내용들을 학생들, 현업 기술자들, 그리고 기타 전문인력들이 활용 가능한 하나의 참조자료로 통합하는 고된 작업이 필요하였습니다. 지반 운동과 액상화 모두에 대한 그러한 기술적 수요를 단행본 기술서 형태 내에서 충족시키는 것은 비실용적이므로, 우리는 본 기술서를 지반 액상화에 대해서만 초점을 맞추기로 하였습니다.

  본 기술서의 초안은 전문가 검토와 보완을 위해 Jonathan D. Bray, Steven L. Kramer, Bruce L. Kutter, Lelio H. Mejia, James K. Mitchell, Yoshi Moriwaki, Jonathan P. Stewart, Daniel W. Wilson 박사에게 보내졌습니다. Wilson 박사는 또한 수식과 그림에 대한 일관성을 검토하고 교정작업을 수행하였습니다.

  우리가 받았던 검토 의견과 제안사항들은 매우 방대하고, 상세하였으며, 포괄적이면서 목표 지향적이었습니다. 우리는 이러한 검토 의견들과 많은 제안사항들을 통합하여 반영함으로써, 본 기술서의 품질이 상당히 향상되었다고 믿습니다.

우리는 그러한 소중하고 상세한 제언들을 제공해주고 상당한 시간을 기꺼이 할애하여준 동료분들께 깊이 감사합니다.

아무쪼록 지반 액상화에 대한 본 기술서가 의도한 바와 같이 교육과 연구, 그리고 실무에서 지반 액상화 문제를 전달하고 이해하는 유용한 참조서로서 독자들에게 기여할 수 있기를 기대해봅니다.

2008 년 7 월

I. M. Idriss
Santa Fe, New Mexico

R. W. Boulanger,
Davis, Californa

역자 서문

2007년의 어느 화창한 가을날 아침이었습니다.

처음 Geotechnical Earthquake Engineering과 Soil Liquefaction에 대한 강의를 들었던 때는….

University of California, Davis 교정에서 Ross Boulanger 교수와 Bruce Kutter 교수는 약 1년 반 동안 강의와 많은 기술적 토론과 연구개발을 통해 지반 액상화에 대한 소중한 통찰력을 가르쳐주었습니다. 퇴임하셨던 Idriss 교수는 세미나를 빌어서 여전히 연구 중인 내용들을 소개해주었습니다.

한때의 그 즐거웠던 기억들을 뒤로 하고, 이제는 당시에 배웠던 많은 내용들을 공유하고자, 미력하나마 국내 지반지진공학 기술자 분들을 섬기는 마음으로 감히 번역서를 쓰게 되었습니다.

이제 지반 액상화는 토목구조물의 내진설계와 내진성능평가에서 구조물의 종류와 상관없이 필수적인 고려사항이 되었습니다. 본 서에서 다루는 그간의 학문적 진전의 광범위한 정리 내용들은 전문 연구자와 기술자들에게 충분한 기쁨을 주리라 생각합니다. 또한 이 책에서는 모든 흙의 동적 거동 현상을 한계상태 토질역학의 범주에서 이해하려는 접근법을 사용하고 있기 때문에 상당히 깊은 역학적 거동을 다루고 있습니다. 흙의 동적 거동에서 지반 액상화의 유발 가능성 평가와 그 결과로서 얻게 되는 안정성의 문제와 측방유동, 재압밀 침하 등의 평가, 그리고 액상화 경감 대책이 체계적으로 소개됩니다. 과거에는 주로 논의되지 않았던 간극재배열 효과나 소성이 있는 흙에서의 반복 연화 현상에 대해서도 최신 연구 성과들을 제시하고 있습니다.

아무쪼록 독자께서 혹시 발견할 부족한 저의 오역이나 오기에 대해서는 부드러운 이해를 구하는 바이며, 학문의 즐거움에 참여해주셔서 감사의 마음을 전합니다.

He who waters will also be watered himself. - Proverbs 11:25

2015년 3월

박동순

참고로 본 서가 출간된 이후로(2008), 지반 액상화와 관련하여 추가적인 논문들이 원 저자분들에 의해 발표되었으며, 그 중 유용한 참고문헌은 다음과 같음을 밝혀 드립니다.

Idriss, I. M., and Boulanger, R. W. (2010). "SPT-based liquefaction triggering procedures." Report UCD/CGM-10/02, Department of Civil and Environmental Engineering, University of California, Davis, CA.

Boulanger, R. W., and Idriss, I. M. (2014). "CPT and SPT based liquefaction triggering procedures." Report No. UCD/CGM-14/01, Center for Geotechnical Modeling, Department of Civil and Environmental Engineering, University of California, Davis, CA, 134 pp.

Boulanger, R. W., and Idriss, I. M. (2012). "Probabilistic SPT-based liquefaction triggering procedure." Journal of Geotechnical and Geoenvironmental Engineering, ASCE, 138(10), 1185-1195.

Boulanger, R. W., and Idriss, I. M. (2015). "Magnitude scaling factors in liquefaction triggering procedures." Soil Dynamics and Earthquake Engineering, 10.1016/j.soildyn. 2015.01.004.

목차

04 액상화 결과(Consequences of Liquefaction)

05 액상화 위험의 경감

01

지진과 지반 액상화

01

지진과 지반 액상화

1.1 지반 액상화 효과

지진 시 구조물에 피해를 주는 가장 결정적인 원인 중 하나는 포화 사질토층에서 발생하는 액상화(liquefaction) 현상이다. 느슨한 모래는 지진동으로 유발되는 반복하중 하에서 수축하려 한다. 이로 인해 지진동 동안 대부분 비배수상태인 포화지반에서 모래 매트릭스로부터 수직응력을 간극수에 전가할 수 있게된다. 그 결과, 지반 내 유효 구속응력이 감소하고, 토층의 변형에 기여하는 강도와 강성의 감소를 가져온다.

액상화의 흔한 징후로는 지반의 균열부 등을 통한 침투수 흐름, 또는 광범위한 면적에 걸쳐 분사 현상(quicksand)과 유사한 조건의 발달에 의해, 지표면에서의 모래 보일링(boiling)이나 점토의 분출 등을 들 수 있다. 그림 1은 지진으로 유발된 지반의 틈을 따라 발생한 모래 분출 현상을 보여주고 있으며, 그림 2에서는 액상화로 인한 보일링이 멈춘 후 모래의 분출 현상을 보여준다. 액상화 피해는 그러나 모래 보일링(sand boil) 자체만으로 발생하지 않고, 오히려 지반의 강도 및 강성 저하와 뒤따르는 지반의 변형으로 인해 발생한다.

그림 1. 1978 일본 Miyagi-ken-Oki 지진 시 퇴적토층의 액상화로 인한 모래 보일링(sand boiling)

그림 2. 1989 캘리포니아 Loma Prieta 지진이 멈춘 후 액상화로 인한 모래 보일링 현상

토목 구조물에 있어서 액상화와 관련된 피해 중 가장 두드러진 예로 1964 년 일본 Niigata 지진과 1964 년 알래스카의 Prince William Sound 지진을 들 수 있는데, 이 예는 지진공학에서 액상화 현상을 중요한 문제로 분류하게 된 계기가 되었다. 예를 들어, 1964 년 Niigata 지진 시 액상화된 모래 지반에서 전단강도와 강성의 손실은 빌딩 하부의 심각한 지지력 파괴(그림 3), 매설 탱크와 다른 수중 구조물의 부상(그림 4), 그리고 Showa 교 등 교량의 붕괴(그림 5) 등을 야기했다.

그림 3. 1964 Niigata 지진으로 인한 아파트 건축물의 전도
(사진: National Information Service for Earthquake Engineering)

그림 4. 1964 Niigata 지진으로 인한 액상화 지반에서의 매설 탱크 부상
(사진: National Information Service for Earthquake Engineering)

그림 5. 1964 Niigata 지진 시 액상화와 측방유동에 의한 Showa 교 붕괴
(사진: National Information Service for Earthquake Engineering)

다른 주요한 지진들 역시 비슷하게 액상화와 관련된 추가적인 피해들을 보여준다. 이러한 지진들 중에는 캘리포니아의 1971년 San Fernando 지진과 1989년 Loma Prieta 지진, 일본의 1995년 Kobe 지진, 터키의 1999년 Kocaeli 지진, 그리고 대만의 1999년 Chi-Chi 지진 등이 있다.

1971년 San Fernando 지진 시에는 Lower San Fernando 댐의 상류 측 셸에서 사면활동이 발생하여, 결과적으로 댐 월류까지 약 1m의 여유고만을 남겨둔 바 있으며, 댐 하류에 살고 있던 약 8만여 명의 주민들이 대피하기도 하였다. 저수지가 비워진 다음 촬영한 사진(그림 6)에서 보듯이 댐 정상부를 따라 기 건설된 도로 포장면이 심하게 뒤틀려 심각한 사면 붕괴와 활동의 범위를 가늠하게 해준다. 이 대재앙이 될 뻔한 사례는 전 세계적으로 필댐의 설계에서 중대한 변화를 초래하였으며, 이후 수많은 관련 연구의 주제가 되었다.

그림 6. 1971년 San Fernando 지진 후 Lower San Fernando 댐의 하류 측 쉘 사면활동
(사진: California Department of Water Resources)

1995년 Kobe 지진은 세계에서 가장 큰 컨테이너 항구시설 중 하나였던 Kobe 지역의 개간지와 인공섬에서 액상화를 광범위하게 유발하였다. 이러한 매립층에서의 액상화는 항구시설의 안벽과 크레인 및 기타 보조시설들에 광범위한 피해를 야기하였다. 예를 들어, 그림 7은 수 미터에 달하는 안벽의 변위와 안벽 배면의 지구 형성(graben formation), 그리고 배면 부지에서의 크레인 손상 및 붕괴를 보여준다. 액상화로 인한 편만한 피해는 Kobe 항의 기능을 거의 완전히 상실시켜, 물리적인 피해를 보수하는 직접 복구비용보다 훨씬 더 많은 경제적인 손실을 초래하였다.

그림 7. 1995년 Kobe 지진 후 Port Island에서의 안벽 변형, 지구 형성, 크레인 붕괴

1.2 액상화 평가와 완화를 위한 설계 절차의 개발

특정 부지에서 잠재적인 액상화 위험을 평가하고 완화시키기 위해서는 몇 가지 질문에 대한 고찰이 선행되어야 한다.

- 설계지반운동에 의해 액상화가 유발될(triggered) 것인가?
- 액상화로 인한 구조물이나 시설물의 결과(consequences)는 무엇인가?
- 잠재적인 결과를 경감하기 위한 대책은 무엇인가?

이러한 질문들을 고려한 설계 절차를 개발하는 일은 지난 몇 십 년간에 걸쳐 소개되었던 이론적·경험적 고려사항들을 종합적으로 검토하는 작업을 포함한다.

예를 들어, 액상화 유발(triggering) 가능성을 평가하는 데 필수적인 요소는 지진하중 재하 시 액상화에 대한 지반의 저항력을 측정하거나 추정하는 적절한 방법을 찾아내는 일이다. 원칙적으로 흙의 동적 거동은 고품질의 현장 샘플을 획득하여 그것을 적절한 실내시험도구로 실험함으로써 파악이 가능할 수 있다. 경험적으로 전통적인 샘플링 기술로 획득된 모래 샘플은 심한 교란의 영향으로 결과적으로 측정되는 동적 강도가 대부분 신뢰할 만하지 못하다. 이 시료 교란을 허용 수준까지 줄일 수 있는 보다 신뢰할 만한 샘플링 기술이 있긴 하지만, 매우 큰 비용이 수반된다. 결과적으로 표준관입시험(SPT), 콘 관입시험(CPT), 베커 관입시험(BPT), 전단파 속도(V_s) 측정 등의 현장시험을 사용하는 방법이 모래와 기타 비점성 지반의 액상화 저항력을 추정하기 위한 인자로 일반적으로 사용된다.

점성토층(점토와 소성 있는 실트) 또한 지진하중 작용 시 지반의 변형을 유발하는 심각한 변형률을 축적할 수 있으며, 특별히 (a) 토층이 연약하고 예민할 때, (b) 큰 유동 전단응력(driving shear stress)(예 : 사면이나 기초 하중)이 존재할 때, 또는 (c) 진동이 충분히 강할 때 발생할 수 있다. 그러나 비점성토와 점성토 사이의 전단강도 특성 차이는 지진하중에 대한 지반의 응답을 평가하는 공학적 절차의 선택과 결과에 영향을 미친다. 예를 들어, 점토의 경우 합리적인 확신과 비용으로 샘플링과 시험이 가능하다. 이러한 이유로 '액상화(liquefaction)'라는 용어는 비점성토(자갈, 모래, 매우 낮은 소성의 실트)의 거동을 설명하는 데 사용하는 것이 바람직하며, '동적 연화(cyclic softening)'라는 용어는 점토와 소성 실트의 거동을 묘사하는 데 사용하는 것이 바람직하다. 점성토에서 동적 연화 가능성을 평가하는 기준과 절차는 본 서의 6장에 기록되어 있다.

액상화 유발(liquefaction triggering)을 평가하기 위한 해석 절차의 개발은 액상화 저항력과 다양한 현장시험 인자들 사이의 연결성을 제공하는 경험적 데이터에 의존해왔다. 이러한 개발과정은 다음과 같은 순서로 묘사할 수 있다.

- 기본적인 토질역학과 물리학에 근간을 둔 분석 틀을 확립하는 작업
- 액상화가 일어나지 않은 사례를 포함하여 현장에서 관찰된 액상화 특성 범위를 대표할 수 있는 현장 사례의 수집
- 액상화가 일어난 경우와 일어나지 않은 경우를 구분할 수 있는 반경험적 관계로부터, 정립된 분석틀을 사용하여 현장 사례들을 해석하는 작업

액상화 유발 분석과 더불어 액상화로 인한 잠재적인 결과를 평가하고 경감대책을 세우기 위한 공학적 절차의 개발은 이론적·경험적 고찰을 함께 통합하는 작업이 필요하다.

1.3 본 서의 목적과 범위

이 단행본의 두 번째 편찬의 목적은 첫 번째 편찬의 목적과 매우 다르다. 첫 번째 편찬 당시에는 특별한 지식이 없는 기술자들이 잘 이해할 수 있도록 꼭 필요한 액상화의 내용들을 간략히 정리할 필요성이 있었다. 그때부터 액상화에 관한 문헌과 지식의 양은 비약적으로 증가하였으며, 액상화의 영향을 평가하는 것은 현업에서 매우 흔한 일이 되었다. 현재의 필요성은 지난 25 년간의 진보를 통합하여 학생들과 현장 기술자와 기타 전문가들이 사용 가능한 하나의 정보를 제공하는 데 있다. 따라서 본 서의 남은 장들은 다음과 같은 주제로 구성되었다.

액상화 현상의 기본

다양한 공학적 분석 절차의 개발과 한계를 이해하는 틀을 제공하기 위해 액상화의 기본적 측면을 요약하였다. 포화된 모래의 정적(monotonic), 동적(cyclic) 하중 하에서의 거동에 대해, 상대밀도와 구속압 효과를 함께 설명하는 데 유용한 한계상태 토질역학의 개념과 연관을 지어 설명한다. 현장 샘플의 실내시험에 대해서도 몇몇 추가적인 흙의 거동에 대한 기본 특성들과 샘플링 교란 효과로 인한 어려운 점들을 기술한다. 실내시험에서 재현할 수 없는 현장의 조건들은 지반 구조물들이 어떻게 거동하는지에 지대한 영향을 미칠 수 있어 매우 중요하다는 점도 설명한다.

액상화의 결과

액상화의 가능한 결과에 대하여 공학적 실무에서 고려할 수 있는 보다 흔한 세 가지 결과를 강조하여 논의하였다. 그 세 가지 결과는 (a) 액상화된 지반의 잔류 강도(residual strength)와 사면 불안정의 가능성, (b) 완경사나 거의 수평에 가까운 지반에서의 측방유동(lateral spreading), (c) 완경사나 거의 수평에 가까운 지반 하부의 액상화로 인한 액상화 후 침하(postliquefaction settlement) 등이다. 측방유동과 액상화 후 침하에 대한 해석 사례를 제시하고, 공학적 실무에 있어 안전율의 적용에 관하여 논의하였다.

액상화 위험성의 경감

가능한 액상화 경감 대책의 평가와 선택에 대해 설명하고, 지반 개량(ground improvement)의 보다 보편적인 방법들에 대해 거시적으로 다루었다. 일반적인 설계와 시공 시 고려사항도 논의하였다.

점성토와 소성 실트에서의 동적 연화(cyclic softening)

점성을 가진 세립질 지반이 지진동 동안 겪는 동적 연화 가능성을 논의하였으며, 가능한 성능거동을 평가하는 공학적 절차를 제시하였다. 낮은 소성의 세립토는 모래에 가까운 거동부터 점토에 가까운 거동에 이르기까지의 점진적인 변화(transition)가 가능하며, 이러한 형태의 지반을 가장 적절히 평가하기 위한 간단한 지수 기준(index criteria)을 논의하였다. 동적 연화의 가능한 결과들과 그러한 결과들에 영향을 미치는 인자들에 대해서도 언급하였다.

02

액상화 기초

02

액상화 기초

이 장은 지반의 액상화 거동의 기초적인 측면들을 다루는데, 이는 특별히 이어지는 장에서 소개될 다양한 공학적 절차들의 개발과 한계점을 이해하는 데 매우 중요하며, 많은 경우에 실제적인 판단과 결정을 안내하는 틀을 제공한다. 우선 배수 및 비배수 조건에서 정적 및 동적 하중 작용 시 포화된 모래의 주요한 거동 특성을 다룬다. 그리고 현장 샘플의 실내시험과 연관된 문제들, 특히 시료 교란 효과에 대해 언급한다. 마지막으로 실내시험에서 재현되지 않지만 지반 구조물의 거동에 지극히 중요한 현장의 조건들에 대해 기술한다.

2.1 포화된 모래의 정적(monotonic) 거동

정적(monotonic) 또는 동적(cyclic) 하중에서 모래의 응력-변형률 거동은 모래의 상대밀도(D_R), 유효 구속응역, 응력 이력, 퇴적 조건과 그 밖의 다른 요소들에 강하게 영향을 받는다. 특별히 한계상태 토질역학 개념은 실내요소 시험에서 재료의 거동에 대한 상대밀도와 구속응력의 통합된 효과와 관련하여 거동을 설명하는 데 매우 귀중하다(예 : Schofield and Wroth 1968). '한계상태'라는 용어는 모래에서 지속적인 전단 시 더 이상의 체적변화나 응력변화가 없는 상태를 가리키며, 한계상태에서의 간극비와 구속응력의 모든 가능한 조합을 대표할 수 있는 한계상태선(CSL; critical-state line)에 의해 묘사될 수 있다. '정상상태(steady state)'라는 용어는 추가적으로 일정한 변형속도(rate of deformation)하에 놓인 한계상태 조건을 지칭한다. 정상상태와 한계상태가 본질적으로 동의어라는 점을 고려하면, '한계상태'라는 용어를 본 서에서는 사용하기로 한다.

그림 8은 초기 조건이 '느슨한(loose of critical)' 상태와 '조밀한(dense of critical)' 상태로, 배수 및 비배수 정적 하중 조건에 놓인 포화된 모래의 경로를 나타낸다. 배수 경로는 일정 평균 유효응력(p') 하중 조건이며, 비배수 경로는 일정 체적(또는 간극비) 조건이었다.

느슨 측과 조밀 측에서 준비된 모래의 배수, 비배수 거동 사례는 그 거동의 다양한 측면들을 설명하기 위해 순차적으로 기술되었다.

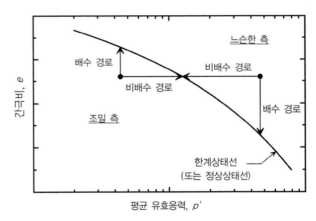

그림 8. 일정 p' 배수 조건과 비배수 조건(일정 체적 전단)에서 느슨 측과 조밀 측 포화 모래의 정적 전단 거동 시 응력 경로

배수 하중

정적 배수 하중 조건의 모래 거동은 그림 9에서 나타낸 바와 같이 Sacramento

River 모래에 대한 등방 압밀 배수(ICD; isotropically consolidated drained) 삼축압축시험 결과에서 찾아볼 수 있다(Lee and Seed 1967). 이 그래프에서 P_a는 대기압, 즉 1.03kg/cm^2, 또는 1.06tsf, 101kPa 를 나타내며, σ'_{3c}는 전단 전에 시료를 압밀시키기 위해 적용한 유효 구속응력을 나타낸다. 파괴 시 주응력 비(principal stress ratio)는 유효 마찰각(ϕ')과 연관 지어 다음과 같이 표현된다.

$$\left(\frac{\sigma'_1}{\sigma'_3}\right)_f = \tan^2\left(45 + \frac{\phi'}{2}\right) \tag{1}$$

위 식에서 최대 주응력비는 최대 유효 마찰각(ϕ'_{pk})에 대응하며, 대변형률에서 잔류 주응력비는 한계상태(critical state) 또는 일정 체적(constant volume) 유효 마찰각(ϕ'_{cv})에 대응한다.

그림 9a 에서 D_R=100% 시료는 유효 구속응력, σ_{3c}' ≤10.5atm(약 1,050kPa) 하에서 배수 전단하는 동안 팽창하였다(dilatant; 즉 느슨해졌다; loosened). 팽창(dilation)하는 성질은 개념적으로 모래입자들이 조밀하게 짜여 있다가 전단 시 입자들의 전단을 위하여 토립자 서로를 타고 넘어감으로써(토립자 사이에 보다 많은 간극을 유발하면서) 일어나는 현상으로 설명할 수 있다.

그림에서 σ_{3c}' ≥20atm 하에서 D_R=100% 시료는 배수 전단 시 수축하였다 (조밀해졌다). 이렇게 매우 높은 구속압에서 수축하려는 전단 변형은 토립자들이 서로를 올라타면서 구르려는 경향 없이 토립자의 파쇄와 재배열을 통해 발생 가능하다.

그림 9b 에서 D_R=38% 시료의 경우, σ_{3c}' =1atm 조건으로 배수 전단 시 팽창 거동(느슨해지는 거동)을 보였음을 알 수 있다. σ_{3c}' =2atm 에서는 단지 경미한 체적 변화를 보였으며, σ_{3c}' > 4.5atm 에서는 오히려 수축하였다(조밀해졌다).

주 유효응력비에 대한 한계상태 값은 D_R=38%와 D_R=100% 모두 초기 압밀압에 관계없이 대략 3.3 정도의 일정한 값을 나타냈다. 이 주 유효응력비는 한계상태 마찰각(ϕ_{cv}') 약 32°에 해당하는 값이다.

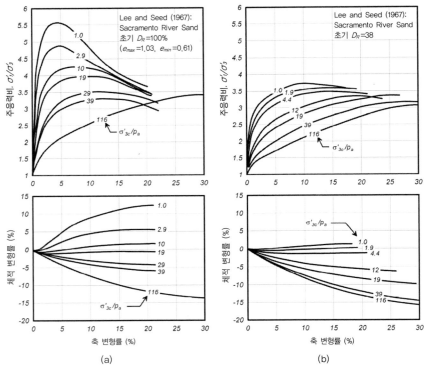

그림 9. 배수 삼축압축시험에서 Sacramento River 모래를 이용한 조밀한 시료(D_R=100%)
와 느슨한 시료(D_R=38%)의 정적 하중 거동(Lee and Seed 1967)

　　실내시험 시료 내의 변형률 불균질성(nonuniformity)은 그림 10 에서 보인
바와 같이 CSL($e-p'$)의 시험적 결정을 복잡하게 만든다. 그림 10 에서는 배수
삼축압축시험에서 전단된 느슨한 모래 시료와 조밀한 모래 시료에서의 전체적
인(global) 간극비와 국부적인(local) 간극비의 변화를 보여준다(Desrues et
al. 1996). 전단 띠(shear band)는 배수 하중 하에서 조밀한 모래 시료 내에서
형성되며, 최댓값 이후 변형률 연화(post-peak strain softening)를 유발한다.
일단 전단 띠가 형성되면, 그것은 주변의 흙보다 더 약해지게 되며, 따라서 추가
적인 변형은 이미 형성된 전단 띠에 집중된다. 전단 띠 내의 간극비는 전단 띠
외부의 간극비와 상당히 다르다. 전단 띠는 배수시험 시 느슨한(수축성) 모래에

서는 형성되지 않는데, 그 이유는 배수 전단 과정에서 흙이 끊임없이 조밀해지므로 변형률 경화를 보이기 때문이다. 이는 하나의 면에서 전단의 시작 부위가 다른 잠재적인 전단면보다 더 강해지는 것을 의미하며, 추가적인 변형은 현재의 전단면에서 다른 새로운 보다 약한 전단면을 찾아 이동하는 양상을 보인다. 배수 전단 시 조밀한 모래에서 전단 띠 국부화(localization)의 한 가지 결과는 전체적인 간극비(전체 시편에 대한 평균값)가 한계상태 간극비에 대응하지 않는다는 것이다. 대신 오직 전단 띠 내의 간극비만이 한계상태와 상응하며, 전단 띠 내 간극비를 측정하는 것은 x-ray 토모그래피(Desrues et al. 1996) 또는 디지털 영상 상관(correlation) 기술(Finno and Rechenmacher 2003)과 같은 매우 정교한 측정법을 필요로 한다.

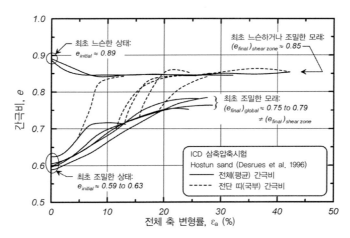

그림 10. x-ray 토모그래피에서 얻어진 느슨하거나 조밀한 Hostun 모래에 대한 삼축압축 시험 내의 전체적 간극비와 국부적 간극비(Desrues et al. 1996과 Fronst and Jang 2000에서 발췌)

비배수 하중

정적 비배수 하중에서의 모래 거동은 그림 11 과 같이 포화된 Toyoura 모래에 대한 등방압밀된 비배수(ICU; isotropically consolidated undrained) 삼축압축 시험 결과에서 찾아볼 수 있다(Ishihara 1993). 체적 변형률은 포화 모래의 비배수 전단 시 대략 0 이 되며, 따라서 시편의 간극비는 비배수 하중 동안 일정하게 유지된다(즉, 국부적인 간극비 변화는 발생 가능하나, 전체 시편의 평균 간극비는 일정하다). 축차응력 q와 평균 주(primary) 전응력 p와 주 유효응력 p'는 다음과 같이 정의된다.

$$q = \sigma_1 - \sigma_3 = \sigma'_1 - \sigma'_3 \tag{2}$$

$$p = \frac{\sigma_1 + \sigma_2 + \sigma_3}{3} \tag{3}$$

$$p' = \frac{\sigma'_1 + \sigma'_2 + \sigma'_3}{3} = p - u \tag{4}$$

삼축압축시험에서는 유효 중간 주응력과 최소 주응력은 동일하다. 용어 정의상 비배수 하중에 의한 전단 전 압밀 단계에서의 유효응력은 아래첨자 c를 사용할 수 있으며, 압밀 시 유효 최소 주응력은 σ'_{3c}, 압밀 시 유효 최대 주응력은 σ'_{1c}, 압밀 시 평균(mean) 유효응력은 p'_c로 표기할 수 있다.

삼축압축 시 한계상태에서 q/p' 비는 파라메타 M_c로 정의되는데, 이는 유효 마찰각 ϕ_{cv}'와 다음 식으로 관련지을 수 있다.

$$M_c = \left(\frac{q}{p'}\right)_{cv} = \frac{6 \cdot \sin(\phi'_{cv})}{3 - \sin(\phi'_{cv})} \tag{5}$$

$$\sin(\phi'_{cv}) = \frac{3 \cdot M_c}{6 + M_c} \tag{6}$$

그림 11a 에서는 D_R=16% 시료에 대해 σ'_{3c}=0.1–1.0atm(10–100kPa) 조건으로 시험을 수행하였다. σ'_{3c}=0.6atm 과 1.0atm 에서 시료는 고점 이후 변형률 연화(post-peak strain softening) 현상을 먼저 보인 후 일정 체적 전단 조건(또는 한계상태)을 향하여 변형률 경화 현상을 보였다. 이 시료들은 초기에

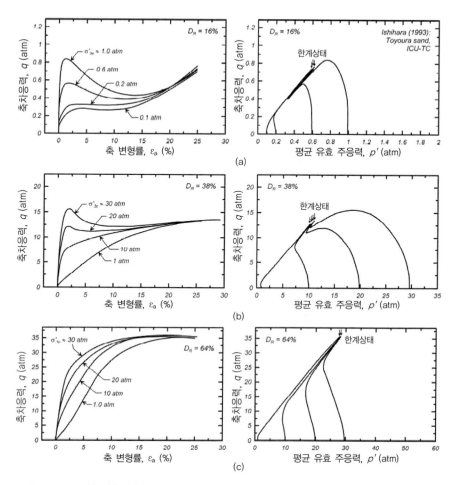

그림 11. ICU 삼축압축시험에서 포화된 Toyoura 모래의 정적 전단 거동(Ishihara 1993): (a) D_R=16%, (b) D_R=38%, (c) D_R=64%

수축성 경향을 보이며(즉, 배수조건에서는 수축했을 것이며), 따라서 양의 과잉 간극수압(Δu)이 발생하고, 그에 따라 초기 전단 시 p'는 감소하며, 정점 이후 연화 전단거동을 나타냈다. 그리고 10-15%의 변형률에서 시료들은 점진적으로 팽창성 경향을 보여, p'는 증가하는 변형률에 따라 점차적으로 증가하기 시작하였다. 구속압 σ'_{3c}가 겨우 0.1, 0.2atm 인 두 시료는 거의 전 변형률 구간에서 변형률 경화를 보였다. 이러한 변형률 경화 거동은 비배수 전단 시 팽창성 경향으로 인해 결과적으로 p'가 증가(u 감소)하게 된 데서 기인한다. 가장 중요한 결론은 네 개의 시료가 초기에 각기 다른 구속압에서 압밀되었음에도 불구하고 모두 대변형률에서는 동일한 한계상태 강도를 향하여 수렴하고 있다는 사실이다.

그림 11b 에서는 σ'_{3c}=1.0–30atm(100–3,000kPa)으로 시험한 D_R=38% 시료들에 대한 결과를 볼 수 있다. 비배수 전단 시 상대적으로 낮은 압밀압을 가진 시료들은 변형률 경화 거동을 나타냈으며(즉, 팽창성 경향으로 인해 p'는 증가함), 보다 높은 압밀압에서의 시료들은 다소 정점 이후 변형률 연화 현상 (수축성 경향으로 인해 p'는 감소함)을 나타냈다. 네 개의 시료 모두 대변형률에서는 동일한 한계상태 강도값을 보였으며, 이는 D_R=16% 시료들의 한계상태 강도보다 약 18 배 큰 강도값이었다.

그림 11c 에 보인 D_R=64% 시료들은 σ'_{3c}=1.0–30atm 조건으로 시험을 수행하였다. 네 개의 시료들은 변형률 경화 거동을 나타냈으며, 역시 대변형률에서는 동일한 한계상태 강도값에 도달하였다. 이 시료들의 한계상태 강도는 D_R=38% 시료보다 거의 3 배에 이르는 값을 나타냈다.

비배수 전단 시 점진적으로 수축성(p' 감소)에서 점진적으로 팽창성 경향(p' 증가)으로의 변화를 '상 변형(phase transformation)'이라 지칭한다(Ishihara et al. 1975). 그림 12 에서 보인 시험에 대한 상 변형은 P 점과 Q 점에서 나타나며, 이 점들은 최소 전단 저항력 점들이기도 하다. 비배수 정적 전단시험에서 이러한 상 변형 점에서 다양한 응력상태와 간극비상태를 '유사 정상상태(QSS; quasi-steady-state) 선(QSSL)'이라 지칭하며, 이에 대응하는 전단 저항력은 유사 정상상태 강도(quasi-steady-state strength)라 부른다. 유사 정상상태 강도는 한계상태 강도보다 현저하게 작을 수 있으며, 보통 수(a few) %에 대응하는 변형률에서 도달하게 된다.

전단하중의 방향 역시 모래의 비배수 응력–변형률 거동에 지대한 영향을 미친다. 예를 들어, 그림 13 은 축차응력을 연직에서부터 각각 다른 경사로 재하할 수 있는 특수한 시험 장치를 통해 Fraser River 모래에 대한 비배수 전단 시험을 수행한 결과를 보여준다(Vaid and Eliadorani 1998). 그 결과, 초기 상대밀도(간극비)와 압밀압을 동일하게 하였음에도 불구하고, 수평으로 전단된 모래

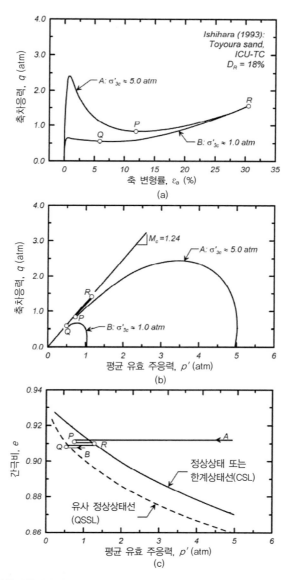

그림 12. ICU 삼축압축시험에서 매우 느슨한 Toyoura 모래의 유사 정상상태(QSS; Quasi-steady- state)와 한계상태(steady-state) 거동(Ishihara 1993)

의 전단 저항력($a_\sigma = 90°$, 삼축인장시험과 유사함)은 연직으로 전단시킨($a_\sigma = 0°$, 삼축압축시험과 유사함) 모래의 전단 저항력의 절반보다도 작은 값을 나타냈다. 이러한 결과는 전단 방향과 구조 이방성(fabric anisotropy)이 모래의 비배수 응력-변형률 거동과 QSS 강도값에 얼마나 큰 영향을 미치는지를 잘 보여준다. 또한 이 데이터는 시료들이 대변형률에서 동일한 전단 저항력을 나타내지 않았기 때문에 CSL 의 유일성(uniqueness)에 의문을 제기한다. 다양한 실험적 연구(Finno and Rechenmacher 1997, Riemer and Seed 1997) 결과들은 CSL 이 초기 상태, 구조(fabric), 압밀응력 이력, 하중 경로 등을 포함한 다양한 인자들에 영향 받음을 제시한 바 있다.

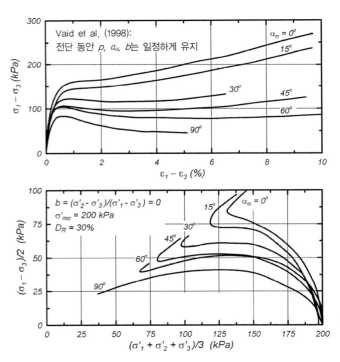

그림 13. 비틂 중공 실린더 실험에서 다른 응력 경로를 따라 시험한 Fraser River 모래의 비배수 응력-변형률과 응력 경로 거동(Vaid et al. 1998)

2.2 포화 모래의 동적 거동

배수 반복 전단

전단응력의 전환(reversal)에 의한 배수 반복 전단하중은 넓은 범위의 상대밀도 변화에 걸쳐 모래의 순(net) 수축(조밀화)을 일으킨다. 이러한 현상은 건조 모래를 높은 상대밀도까지 다지는 데 진동이 효과적인 이유를 설명한다.

변형률 제어(strain-controlled)의 배수 반복하중 하에서 모래 시료의 점진적인 조밀화는 그림 14 를 통해 관찰할 수 있다(Youd 1972). 이 시료는 점차적인 수축(간극비의 감소)과 점차적인 팽창(간극비의 증가)을 교대로 반복하면서 결과적으로 순(net) 수축 변형률을 축적하는 효과를 겪는다. 이 그림에서 보듯이 초기 전단하중은 시료가 A 점에서 B 점으로 수축을 유발하였고, 추가적인 전단하중은 B 에서 C 로 점진적인 팽창을 발생시켰다. 점 C 에서 시료는 최초 시험 시작 시(점 A)보다 더 느슨해졌다. 전단하중의 전환(reversal)으로 인해 시료는 C 에서 D(최초 시험 시작 시보다 더 조밀해짐)로 점차적인 수축을 나타냈다. 뒤이어 D 에서 E 까지는 점진적인 팽창으로 전환되었다. 이러한 과정은 매 전단하중 사이클 내에서 반복적으로 발생하였으며, 결과적으로 순 수축 변형률을 꾸준히 축적하는 효과를 일으켰다. 시료는 반복하중이 진행됨에 따라 매 하중 사이클마다 간극비의 변화가 점진적으로 감소하면서 점차 조밀해졌다.

모래가 배수 반복하중 과정에서 축적하는 체적 변형률의 크기는 가해진 전단변형률(또는 응력)의 크기, 하중 사이클의 횟수, 초기 상대밀도, 최대 최소 간극비 차이, 유효 구속압, 과압밀비 등에 영향을 받는다(Silver and Seed 1971, Youd 1972, Shamoto and Zhang 1998, Duku et al. 2008).

그림 14 에서 보인 배수 반복전단 거동은 아래에서 기술한 비배수 반복 전단하중 거동의 어떤 특성과 직접적으로 연관될 수 있다. 특별히 모래가 전단하중을 가할 때 점진적으로 팽창하였다가 하중 제거 시 점진적으로 수축하는 변화를 나타내는 현상은 비배수 하중 거동과 강한 연관성을 지닌다.

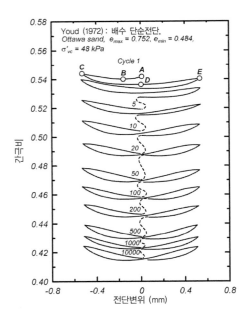

그림 14. 연속적인 배수 단순 전단하중에 의한 모래 시료의 조밀화를 보여주는 간극비와
반복 전단 변위 그래프(Youd 1972, ASCE 허가에 의한 수록)

비배수 반복하중(Undrained Cyclic Loading)

비배수 반복하중 시험에서는 모래 매트릭스 또는 토립자가 반복하중 하에서
수축하려고 하나 모래 입자의 재배열이 수직응력을 모래 매트릭스에서 간극수
로 이전시키게 된다(즉, σ는 일정하게 유지되면서, σ'는 감소하고 u는 증가한
다). 이러한 과정을 그림 15에 나타냈으며, 그에 대한 설명은 다음과 같다. 반
복하중은 모래 토립자의 소성 체적 수축(plastic volumetric contraction)을
초래하여 모래가 배수조건에 놓여 있다면 A에서 B로 이동하게 만들 것이다.
포화된 비배수 조건 하에서는 소성 체적 변형률이 감소된 유효응력 아래서 토립
자의 탄성 반발(rebound)(또는 팽창)에 의해(B에서 C로 움직임에 의해) 균형
을 맞추게 된다. 결국, 반복하중이 모래 입자 사이의 하중 지지 접촉면을 완전히
붕괴시켜, 모래 토립자가 수직응력을 전혀 전달하지 못하고($\sigma'=0$), 대신 간극
수가 전체 수직응력을 전달한다($u=\sigma$).

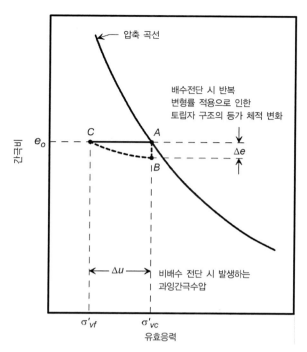

그림 15. 반복하중 시 간극수압 발생 메커니즘

그림 16 에 나타낸 비배수 반복하중 거동은 보통 조밀한 깨끗한 모래에 대해
일정한 정현파 응력을 가한 이방 비배수 압밀(ACU; anisotropically consolidated
undrained) 반복삼축시험 결과이다. 비배수 반복삼축하중 재하 과정에서 발생
하는 과잉간극수압(Δu)은 최소 압밀 유효응력(σ'_{3c})에 의해 정규화될 수 있다.
이 비를 과잉간극수압비(r_u, excess pore water pressure ratio)라 부른다.

$$r_u = \frac{\Delta u}{\sigma'_{3c}} \tag{7}$$

표준 반복삼축시험은 최소 전 주응력(minor principal total stress)을 일정
하게 유지하므로, 최대 가능한 r_u 값은 1.0(100%)이며, 이 값은 $\Delta u = \sigma'_{3c}$이고
$\sigma'_3 = 0$ 일 때 일어난다.

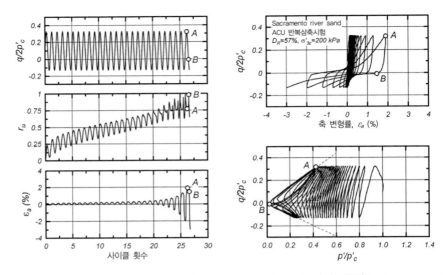

그림 16. 비배수 반복삼축하중에서의 Sacramento River 모래의 거동(Boulanger and Truman 1996)

표준 반복 단순전단시험(cyclic simple shear tests)에서 r_u 는 연직 압밀 유효응력(σ'_{vc})을 대신 적용하여 계산한다.

$$r_u = \frac{\Delta u}{\sigma'_{vc}} \tag{8}$$

가능한 최대 r_u 값은 연직 전응력이 일정하게 유지될 때, 표준 반복 단순전단시험에서와 같이 1.0 이다.

r_u =1.0 조건은 종종 '초기 액상화'로 불린다. 그러나 보다 분명한 표현으로 '과잉간극수압비 100%'를 사용하는 장점이 있는데, 이는 '액상화'라는 용어가 본 서에서 지속적으로 다루는 바와 같이 다른 특수한 현장과 실내에서의 조건들을 묘사하기 위해 문헌에서 사용되어왔기 때문이다. 또한 평균 전응력이 증가하는 경우, r_u 값은 100%를 넘을 수도 있는데, 이러한 현상은 현장에서 발생하는 보다 일반적인 하중 조건 하에서, 또는 원심모형시험 모델에서, 또는 수치

모델에서 나타나기도 한다. 이러한 경우 과잉간극수압비보다는 유효응력 값을 직접적으로 고찰하는 것이 보다 효과적이다.

그림 16의 거동에서 몇 가지 특징들을 찾아볼 수 있다. 하중 재하 약 27 사이클 후에 r_u=1.0에 도달할 때까지 r_u 값은 반복하중을 통해 점진적으로 증가하였다. 축 변형률(ε_a)은 p'이 0으로 수렴하고 r_u가 100%로 접근할 때까지 상대적으로 작은 값에 머물렀다(1%보다 훨씬 작은 %). 그 후에는 축 변형률이 추가적인 두 하중 사이클이 오기 전에 약 2%까지 증가하였다. 이 시험은 3% 변형률에 도달된 후에 종료되었지만, 축 변형률은 지속적인 반복하중과 함께 매우 급격히 증가하였다. 대응하는 응력-변형률 관계는 p'가 '0'으로 수렴하면서 급격한 연화를 보여주며, 히스테레틱 루프(hysteretic loops) 또한 역 S 자형을 나타낸다. 즉, $q/2p'c - p'/p'c$의 응력 경로는 원점에서 반복되는 루프로 안정화될 때까지 반복하중 동안 원점을 향하여 점진적으로 이동하였다.

그림 16의 다양한 그래프 사이의 연계는 점 A와 B의 위치를 생각함으로써 파악할 수 있다. 점 A는 오직 q=0인 경우(시료가 등방의 응력상태인 경우) 일어날 수 있는 r_u=100%(즉, p'=0)인 순간에 대응한다. 점 A는 변형률이 특정 하중 사이클 동안 최대치보다 아주 약간 작을 때, 즉 시료가 q=0 까지 제하되었을 때의 위치이다. 점 A에서 시료의 강성은 매우 작으며, 하중 재하 방향으로의 추가적인 전단응력은 그 방향으로의 변형률을 급격히 증가시키는 결과를 가져온다. 전단응력이 점 B를 향하여 증가하면서, r_u는 감소하고 p'는 증가하면서 시료는 점차적으로 강해진다. 점 B는 따라서 국부적인 최소 r_u (0.77)에 대응하며, 하중 재하 방향으로 최대 축 변형률에 해당하는 값이 된다. 이 시료는 가해진 최대 전단응력 하에서 안정한데, 이는 시료가 조밀 측(dense of critical)에 있다는 것을 반증한다. 이러한 r_u=100%에 일시적으로 도달한 이후 발생하는 제한된 변형률의 축적을 '동적 유동(cyclic mobility)'(Casagrade 1976, Castro 1975), 또는 '동적 래칫팅(cyclic ratcheting)' 거동(Castro 2008, personal communication)이라 한다.

r_u가 100%에 근접(p'는 0으로 접근)함에 따라 역 S 자형 응력-변형률 거동

을 보이는데, 이는 시료가 전단하중 재하 시 점진적으로 팽창성 경향을 나타내고 하중 제하 시 점진적으로 수축성 경향을 나타내는 현상을 번갈아 겪기 때문이다. 이러한 거동은 그림 14 에서 나타난 배수 반복하중 거동에 직접 대응 가능한데, 하중 재하 시에는 점진적인 팽창을, 하중 제하 시에는 점진적인 수축을 반복하는 현상을 겪는다. 그러나 비배수 조건에서는 모래가 팽창하려는 경향이 p'를 증가시키고, 따라서 접선방향 강성(tangents stiffness)을 증가시킨다. 반면, 수축하려는 경향은 p'를 감소시키고, 접선 방향 강성을 감소시킨다.

그림 16 은 또한 r_u =100%가 오직 등방 응력상태(즉, 전단응력=0) 하에서 존재하는 일시적인 조건이며, 조밀 측(dense of critical) 모래에서도 r_u =100%가 발생 가능함을(즉, 정적 배수 전단 시 팽창성 경향을 보일 것임을) 보여준다. 반복하중 동안 조밀 측 모래의 액상화는 제한된 변형률(또는 동적 래칫팅)을 야기하였는데, 이는 모래가 이어지는 정적 하중하에서 팽창성 거동을 나타내기 때문이다.

느슨 측(Loose-of-critical)과 조밀 측(Dense-of-critical) 모래의 비배수 반복하중

그림 17 과 18 에서는 조밀 측과 느슨 측 모래의 비배수 반복하중 거동을 나타냈다. 이 두 그림들은 비배수 정적 하중에서의 모래 거동과 비배수 반복하중 후 비배수 정적 하중에서의 모래 거동을 나타냈다. 이 시료들의 초기상태(e 와 p')는 이 모래의 한계상태(정상상태)선과 함께 도시할 수 있는데(그림 12), 한 시료는 최초 한계상태선 위에 위치하고 있으며, 다른 시료는 최초 한계상태선 아래에 위치하고 있다. 이 두 시험에서 시료들은 비배수 하중을 가하기 전에 초기 정적 전단응력(initial static shear stress)을 받고 있는 이방 압밀상태였다(그림 17 에서 점 B 와 그림 18 에서 점 B'). 그 후에 시료는 비배수 반복하중에 종속되어 높은 과잉간극수압과 2%보다 약간 작은 축 변형률을 발현하였다(점 C 와 C'). 이 시험에서 반복응력의 크기는 초기 정적 전단응력보다 작았기 때문에 축차응력(q)은 결코 0 이 되지 않았으며, 두 시료 모두 r_u =100%(p' =0) 상태에 도달하지는 않았다.

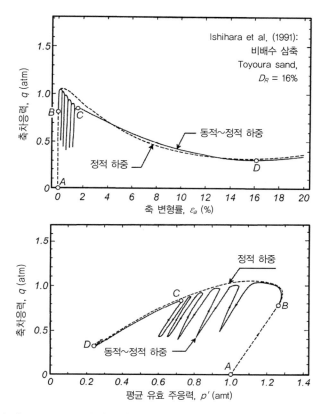

그림 17. 느슨 측 Toyoura 모래의 비배수 정적 하중 거동과 반복-정적 하중 거동 삼축시험 (Ishihara et al. 1991)

그림 17 에서 느슨 측의 시료는 반복하중 후에 전단 저항력이 초기 정적 축차 응력보다 작아지면서 한계상태를 향하여 붕괴되는 모습을 보여주었다. 점 C 에 서 D 까지 반복하중 이후의 전단 저항력은 본질적으로 동일한 밀도의 모래에 대한 정적 비배수 시험과 똑같은 양상을 보이며, 이는 반복하중이 시료의 한계 상태 강도에 영향을 미치지 않음을 보여준다. 그러나 반복하중은 시료의 파괴 를 유발(trigger)하고 조절 불가능한 큰 변형을 일으키기 위한(즉, 유동 액상화; flow liquefaction) 충분한 하중이 될 수 있다. 파괴는 유효응력이 0 보다 큰 상태($r_u < 100\%$)이면서 흙이 0 이 아닌 전단 저항력을 유지하면서 발생하였다.

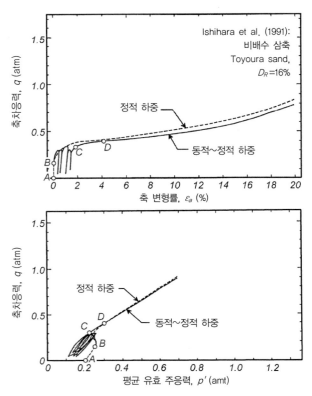

그림 18. 조밀 측 Toyoura 모래의 비배수 정적 하중 거동과 반복-정적 하중 거동 삼축시험 (Ishihara et al. 1991)

　그림 18 에서 조밀 측 시료는 반복하중으로부터 제한된 변형률을 발생시켰으나 충분한 전단 저항력이 시료를 안정하게 유지시켰다. 사실 반복하중에 의해 발생한 과잉간극수압은 시료 상태를 e-$\log(p')$ 공간에서 CSL 로부터 보다 멀리 이동시켰다(즉, e 가 일정하게 유지되면서 p' 는 감소하였다). 이 시료는 반복하중 이후 비배수 정적 하중 작용 시 한계상태를 향하여 방향을 전환하여 움직이면서 팽창성 경향이 p' 를 증가시키고 그 결과 변형률 경화를 보였다. 반복하중 이후 정적 전단 저항력은 동일한 밀도의 모래에 대한 비배수 정적 시험의 경우와 비슷한 양상을 나타낸다.

동적 강도(Cyclic Strength)의 하중 사이클 횟수, 상대밀도, 구속압 의존성

액상화를 일으키는 모래의 저항력(동적 강도; cyclic strength)은 하중 사이클 횟수(number of loading cycles), 상대밀도, 구속압, 퇴적 방법, 구조(fabric), 이전의 응력-변형률 이력, 시간경과(age), 시멘테이션(cementation), 다른 환경적 요인 등을 포함하는 여러 가지 인자들의 영향을 받는다. 본 절은 하중 사이클 횟수, 상대밀도, 그리고 구속압의 영향에 대해 보다 자세한 내용을 토의한다. 다른 영향인자들은 이후의 장에서 별도로 토의하기로 한다.

포화 모래의 액상화는 각기 다른 일정 반복 전단응력비(CSR; cyclic shear stress ratio)와 하중 사이클 횟수(N)의 조합에 의해 유발될 수 있다. 반복 전단응력비는 일정 반복 전단응력을 초기 유효 구속응력으로 나눈 값이다. 큰 CSR 값은 보다 적은 하중 사이클에서 액상화(r_u =100% 또는 반복 전단 변형률, γ = 3%)를 일으킬 것이고, 보다 작은 CSR은 보다 많은 하중 사이클을 필요로 할 것이다. 이러한 거동의 측면은 De Alba et al.(1976)에 의해 수행된 진동대(shaking table) 시험 결과를 통해 살펴볼 수 있다. 여기서 진동대시험이나 단순전단시험(simpe shear tests)에 대한 CSR은 수평면에 작용하는 반복 전단응력(τ_{cyc})을 연직 유효 압밀응력(σ'_{vc})으로 나눈 값으로 정의된다. 즉,

$$CSR = \frac{\tau_{cyc}}{\sigma'_{vc}} \tag{9}$$

반면에 등방 압밀된 반복삼축시험에 대한 CSR은 최대 반복 전단응력($q_{cyc}/2$)을 등방 압밀응력(σ'_{3c})으로 나눈 값으로 정의된다.

$$CSR = \frac{q_{cyc}}{2\sigma'_{3c}} \tag{10}$$

편의상 주어진 하중 재하 횟수에서 액상화에 도달하는 데 필요한 CSR 값을

특별히 모래의 반복 저항응력비(CRR; cyclic resistance ratio)라 부른다. 지진 공학에서 관심의 대상인 사이클 범위에서 CRR 과 N 사이의 관계는 일반적으로 다음과 같은 급수 함수로 근사화될 수 있다.

$$CRR = a \cdot N^{-b} \tag{11}$$

여기서 계수 a 와 b 는 시험자료에 대한 회귀분석에 의해 결정된다. CRR 과 N 관계도는 log-log 그래프에서는 직선으로 나타나지만, 그림 19 에서와 같이 semi-log 그래프상에서는 곡선으로 표현된다. 깨끗한 모래에 대한 b 값은 보통 0.34 이나, 계수 a 값은 다양한 인자들에 의해 영향을 받는다. CRR 의 N 값 의존성은 모래의 CRR 에 대한 어떤 참조값으로 N 값을 명시해야 함을 의미한다.

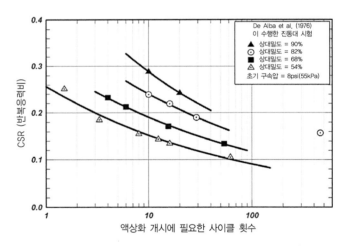

그림 19. De Alba et al.(1976)이 수행한 진동대 시험 결과, 초기 액상화(r_u =100%) 도달에 필요한 CSR

모래의 CRR 은 그림 19 의 진동대 시험 결과에서 보듯이 상대밀도가 증가함에 따라 증가한다.

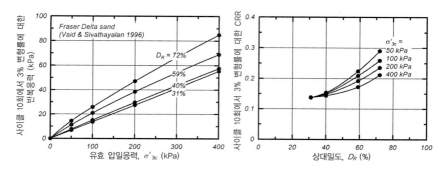

그림 20. 31–72%의 D_R 및 50–400kPa의 유효 압밀응력에서, 일정한 10회의 하중 사이클에서 3% 전단 변형률을 일으키기 위한 CRR 값과 반복응력 사이의 관계를 보여주는 깨끗한 Fraser Delta 모래에 대한 반복삼축시험 결과(원 데이터는 Vaid and Sivathayalan 1996)

모래의 CRR 은 유효 구속압에 의해서도 영향을 받는데, 이는 모래의 팽창 또는 수축 경향이 구속압에 의존한다는 사실을 반영해준다. 이러한 거동은 그림 20 에서 Vaid and Sivathayalan(1996)이 수행한 Fraser Delta 모래에 대한 ICU 반복삼축시험 결과에서 찾아볼 수 있다. 왼편의 그래프는 10 회 하중 사이클에서 3% 전단 변형률에 도달하는 데 필요한 반복응력($q_{cyc}/2$)과 31, 40, 59, 72%의 상대밀도(D_R) 값들에 대한 유효 압밀응력을 도시한 그래프이다. 이 그래프는 동적 강도가 모든 D_R 값들에 대해 압밀응력이 증가함에 따라 증가하고 있음을 보여준다. 그러나 이러한 상관도의 모양은 가장 낮은 D_R 값에서 거의 선형적이었던 형태에서 가장 높은 D_R 값에서 곡선형으로 굽어지는 경향을 보였다. 오른쪽에 도시한 그래프는 10 회 하중 사이클에서 3% 축 변형률(즉, 10 사이클에서의 CRR)을 일으키는 데 필요한 $q_{cyc}/2$ 비를 σ'_{3c}로 나눈 비를 나타낸다. 이 그래프는 CRR 이 D_R의 증가에 따라 증가하지만, 또한 상대밀도가 30% 보다 클 때에 유효 압밀응력이 50kPa 에서 400kPa 로 증가함에 따라 CRR 은 오히려 감소하였음을 보여준다.

Seed(1983)는 CRR 의 압밀응력 의존성을 표현하는 방편으로 상재하중 보정 계수(K_σ, overburden correction factor) 개념을 다음과 같이 도입하였다.

$$K_\sigma = \frac{\text{CRR}_{\sigma'_c}}{\text{CRR}_{\sigma'_c = 1}}$$
(12)

여기서 $\text{CRR}_{\sigma'_c}$ 는 어떤 특정 유효 압밀응력 σ'_c 값에서 흙의 CRR 을 뜻하며, $\text{CRR}_{\sigma'_c = 1}$ 은 $\sigma'_c = 1\,\text{atm}(\sim 100\text{kPa})$ 일 때 동일한 흙의 CRR 값을 의미한다.

그림 21 에서 K_σ 의 정의를 잘 설명하였는데, 이 그래프는 $D_R = 72\%$ 에서 Fraser Delta 모래에 대한 유효 압밀응력과 10 회 하중 사이클에서 3% 변형률에 도달하는 데 필요한 반복응력의 관계를 나타낸다. 반복응력과 압밀응력의 관계가 곡선형으로 도시되었으며, 이는 할선(secant) 경사(CRR)가 압밀응력이 증가함에 따라 감소하고 있음을 나타낸다. 예를 들어, 그림 21 의 데이터는 유효 압밀응력 400kPa 에서의 CRR 이 100kPa 에서의 CRR 보다 18% 작게 나타난다. 이러한 약간의 곡률은 배수 전단시험에서 곡선형 파괴 포락선과 유사하며, 최대(할선) 유효 마찰각이 구속압의 증가에 따라 감소하는 현상과 연관 지을 수 있다.

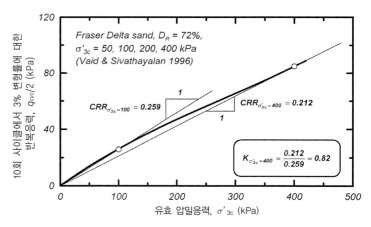

그림 21. Fraser Delta 모래에 대한 ICU 반복삼축시험 결과, 일정한 10회 하중 사이클에서 3% 변형률을 일으키는 데 필요한 반복응력량과 유효 압밀응력과의 관계도

K_σ는 D_R과 시험장비(단순전단 또는 삼축)에 따라 달라지며, 그림 22에서 보듯이 재성형된 실내시험 시료와 자연상태 흙을 튜브 샘플링한 시료에 대해서도 서로 다른 것으로 판단된다.

CRR에 대한 D_R과 구속압 의존성은 CSL에 대한 모래의 상대적인 '간극비 상태(state)'(위치)와 연관 지을 수 있다. Been and Jefferies(1985)는 간극비 상태의 측정 수단으로써 상태 정수(ξ; state parameter)를 도입하였다. 상태정수 ξ는 현재 p' 값에 대하여 현재 간극비 e와 한계상태 간극비(e_{cs}) 사이의 차이값을 의미한다. Konrad (1988)는 후에 ξ 값이 모래의 전단 거동과 함께 향상된 상관 관계를 제공하는 상대 상태정수(relative state parameter)를 도출할 수 있도록 최대 간극비와 최소 간극비 사이의 차이($e_{\max} - e_{\min}$)에 의해 정규화될 수 있음을 제시하였다. 상태정수나 상대 상태정수값을 결정하기 위해서는 모래의 CSL을 정의하기 위한 자세한 시험과 최대 간극비 및 최소 간극비, 그리고 현장 간극비에 대한 정보가 필요하다. 그러나 자연상태에서 모래 퇴적층의 불균질성으로 인해 자연 퇴적층 내의 모든 다른 존들에 대해 CSL을 정의하기 위한 충분한 시험을 수행하는 것은 사실상 비실용적이다.

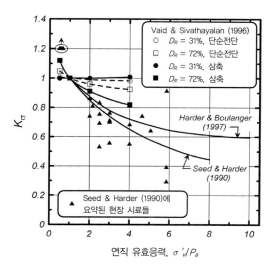

그림 22. 재성형된 Fraser Delta 모래 시료와 다양한 현장 샘플들로부터 얻어진 K_σ 관계의 비교

Boulanger(2003a)는 상대 상태정수를 표현하기 위한 지수를 소개한 바 있다. 이 지수 ξ_R은 그림 23 과 같이 정의되며, 동일한 평균 유효 수직응력(p')에 대해 현재 D_R과 경험적인 한계상태 D_R($D_{R,cs}$로 표기) 사이의 차이점을 나타낸다. 그림 23 에서 경험적인 CSL 과 $D_{R,cs}$ 에 대한 표현은 Bolton(1986)의 상대 팽창지수(I_{RD}, relative dilatancy index)를 사용함으로써 유도되었다. 그림 23 에서 Q 값은 CSL 곡선이 어느 응력에서 급격히 아래쪽으로 향하는지를 결정해준다. 이는 심각한 토립자의 파쇄가 시작됨을 의미하는데, 이 값은 토립자의 형태에 의존하며, 석영과 장석에 대해서 Q $\approx$ 10, 석회석은 8, 안트라사이트는 7, 쵸크(chalk)는 5.5 에 해당한다(Bolton 1986). 결과적으로 ξ_R 값은 액상화 가능성을 평가하기 위한 해석적 틀에서 상대밀도와 구속압 사이의 상호작용을 포함할 수 있는 합리적인 수단을 제공한다.

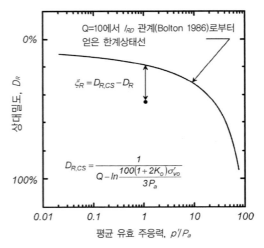

그림 23. 상대 상태정수 지수 ξ_R의 정의(Boulanger 2003a, ASCE 허가 아래 수록)

주어진 시험 형태에 따라 모래의 CRR 은 그림 24 에서 Fraser Delta 모래시험(Vaid and Sivathayalan 1996) 결과에서 보듯이 대략 ξ_R의 독특한 함수 형태로 표현될 수 있다. 이러한 결과는 유효 압밀응력 50-400kPa 에서 D_R=

31~72%로 준비된 시료에 대해서 얻어졌으며, CRR은 10회의 일정 하중 사이클에서 3% 전단 변형률에 대응하는 값이었다. 이 데이터는 ξ_R이 CRR에 대한 D_R과 σ'_{vc}의 통합 효과를 합리적으로 대표할 수 있음을 보여준다.

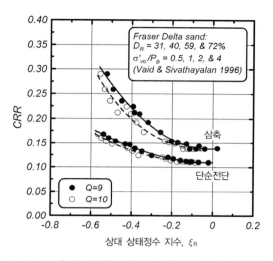

그림 24. Fraser Delta 모래의 재성형 시료에 대한 CRR-ξ_R 관계(Boulanger 2003a, ASCE 허가 아래 수록)

그림 25에서 Fraser Delta 모래에 대한 ICU 반복삼축시험 결과를 통해 K_σ, ξ_R, CRR, D_R, 그리고 압밀응력 사이의 상관관계를 살펴볼 수 있다. 주어진 압밀응력에 대해 CRR과 D_R의 관계 곡선은 D_R이 증가함에 따라 위로 향하며, 이는 직접적으로 CRR과 ξ_R 관계가 ξ_R의 감소에 따라 위쪽으로 구부러지는 경향과 연관될 수 있다. 압밀응력을 100kPa부터 보다 높은 값으로 증가시키면 모든 D_R 값에 대해 동일한 ξ_R의 감소가 나타난다. 이 $\Delta\xi_R$은 초기 D_R에 따른 양만큼 CRR을 변화시키는데, 이는 모든 D_R 및 압밀응력에 적용가능한 CRR-ξ_R 관계의 곡선 형태(곡률) 때문이다. 따라서 CRR의 감소는 K_σ를 통한 표현과 같이 초기 D_R에 의존한다. CRR-ξ_R 관계에서 유도된 K_σ 관계는(그림 24, 25) 시험적 결과(그림 20, 22)에서 직접적으로 유도된 관계와 예상한 대로 일치한다.

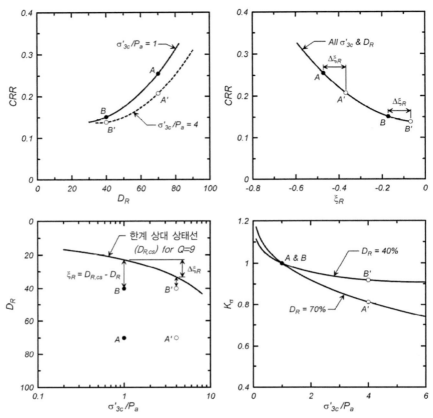

그림 25. CRR, 상대밀도, 유효 구속압, 상대 상태정수 지수(relative state parameter index), K_o와의 상관도(Fraser Delta 모래에 대한 반복삼축시험으로부터 얻어진 CRR과 ξ_R 관계를 적용한 상관도)

삼축 및 단순전단시험에서의 동적 강도를 현장 조건으로 연결시키기

반복 단순전단시험(cyclic simple shear)과 반복삼축시험(cyclic triaxial test)에서 측정된 CRR의 차이는 주로 서로 다른 압밀응력상태에 기인한다. 단순전단시험 장치에서 1차원적으로 압밀된 정규압밀 모래 시료의 K_o 값은 0.45–0.5인 반면, ICU 반복삼축시험에서는 K_o 값이 1이 된다. Ishihara et al.(1977, 1985)은 각기 다른 K_o 값들에 대해 반복 비틀림전단시험(cyclic torsional shear test)을 수행하여 이방성으로 압밀된 시료($K_o \neq 1$)의 CRR과 등방 압밀된 시료($K_o = 1$)의 CRR과의 연관성을 다음 식으로 대략 제시하였다.

$$\mathrm{CRR}_{K_o \neq 1} = \left(\frac{1 + 2K_o}{3} \right) \mathrm{CRR}_{K_o = 1} \tag{13}$$

결과적으로 K_o이 0.4에서 0.8까지 증가하면 CRR은 약 44% 증가한다. 유사하게 단순전단시험에서 얻은 CRR은 ICU 삼축시험에서 얻는 CRR과 다음과 같이 연관 지을 수 있다.

$$\mathrm{CRR}_{SS} = \left(\frac{1 + 2(K_o)_{SS}}{3} \right) \mathrm{CRR}_{TX} \tag{14}$$

정규압밀 모래에서 K_o은 약 0.45-0.50 이므로, 결과적으로,

$$\mathrm{CRR}_{SS} = (0.63 \text{ to } 0.67) \mathrm{CRR}_{TX} \tag{15}$$

단순전단과 삼축시험에서의 상기 CRR 관계는 다수의 학자들에 의해 추천되었거나 얻어진 결과 범위와 일치한다(Seed and Reacock 1971, Finn et al. 1971, Ishibashi and Sherif 1974, Castro 1975, Seed 1979).

Pyke et al.(1974), Seed(1979), Ishihara(1996) 등의 학자들이 일방향과 이방향(two-directional) 반복 단순전단시험과 진동대시험 결과로부터 요약하였듯이, 두 번째 방향의 반복하중을 추가하면 CRR은 약 10-15% 정도 감소한다. 이러한 보정은 현장 모래의 CRR을 추정하기 위해서 일방향 반복 실내시험을 사용할 경우에는 언제든지 필요한 과정이다. 평탄한 지반조건에서는 지진하중이 이방향 단순 전단하중으로 가장 잘 근사될 수 있으므로, 일방향 단순전단시험에서 얻은 CRR은 현장 조건을 대표하기 위해 10% 정도 감소시켜야 한다. 평탄한 지표면 아래 포화지반의 연직 진동은 흙의 CRR에 거의 영향이 없다.

따라서 2차원적인 지진동에 대한 현장의 CRR은 ICU 반복삼축시험으로부터 다음과 같이 추정될 수 있다.

$$\text{CRR}_{field} = 0.9 \left(\frac{1 + 2 \left(K_o \right)_{field}}{3} \right) \text{CRR}_{TX} \tag{16}$$

또한 반복 직접 단순전단시험으로부터,

$$\text{CRR}_{field} = 0.9 \left(\frac{1 + 2 \left(K_o \right)_{field}}{1 + 2 \left(K_o \right)_{SS}} \right) \text{CRR}_{SS} \tag{17}$$

예를 들어, 현장에서 $K_o = 0.5$로 정규압밀된 모래가 있다면, CRR은 ICU 동적 삼축시험에서 결정될 수 있으며, 이 경우 현장조건과 이방향 진동 효과를 고려해주기 위해 곱해야 하는 상수값은 0.60(0.9×0.67)이 된다.

모래의 동적 강도에 영향을 주는 다른 인자들

실내 요소 시험(laboratory element tests)에 따르면 포화된 모래의 CRR은 퇴적 방법, 구조(fabric), 선행응력−변형률 이력, 에이징(aging), 시멘테이션 (cementation), 그리고 기타 환경적 요인에 의해 영향을 받는다.

Ladd(1974, 1977)와 Mulilis et al.(1977)은 동일한 상대밀도로 준비된 동일한 모래 시료들이 각기 다른 재성형 기법들에 의해 최대 거의 2배 정도 CRR 값의 차이를 보임을 발견하였다(그림 26). 시료 준비방법의 효과는 결과적으로 모래 입자 매트릭스의 구조(fabric)에 차이를 만들어내기 때문에 주로 발생한다.

과압밀 또한 K_o의 증가와 더불어 가능한 CRR 증가량 이상으로 CRR을 크게 할 수 있다고 알려져 있으나, 이로 인한 CRR 증가는 상대적으로 경미하여 과압밀 비의 제곱근에 비례하는 것으로 평가되고 있다(Lee and Focht 1975, Ishihara and Takatsu 1979, Finn 1981).

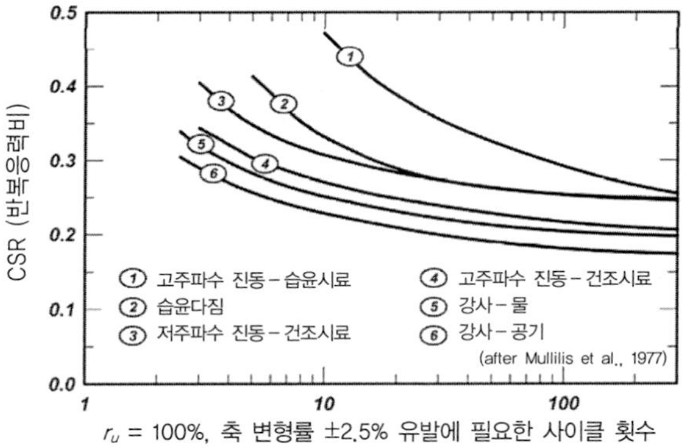
0.5
0.4
0.3
0.2
0.1
0.0
CSR (반복응력비)
1
10
100
r_u = 100%, 축 변형률 ±2.5% 유발에 필요한 사이클 횟수
① 고주파수 진동 - 습윤시료
② 습윤다짐
③ 저주파수 진동 - 건조시료
④ 고주파수 진동 - 건조시료
⑤ 강사 - 물
⑥ 강사 - 공기
(after Mullilis et al., 1977)

그림 26. D_R = 50%인 Monterey No. 0 모래의 CRR에 대한 시료 준비방법의 효과를 보여주는 반복삼축시험 결과(ASCE 허가 아래, Mulilis et al. 1977)

변형률 이력의 효과는 작은 선행 변형률 수준에서의 유리한 효과에서부터 큰 선행 변형률 수준에서의 매우 불리한 효과에 이르기까지 편차가 매우 큰 편이다(Suzuki and Toki 1984, Seed et al. 1977, Finn et al. 1970). 예를 들어, Singh et al.(1982)과 Goto and Nishio(1988)에 의한 반복삼축시험 결과는 2.3 절에서 보인 것처럼, 시료의 밀도를 심각하게 변화시키지 않는 변형률 수준에서 선행 반복 변형률을 가한 결과 CRR 은 30–100% 증가함을 보여주었다. 큰 변형률 수준에서 반복적인 변형률은 순(net) 수축에서 순 팽창에 이르기까지 다양한 체적 변형률을 발생시킨다. 순차적인 비배수 반복하중 동안 모래의 거동에 대한 보다 큰 선행 변형률 수준의 효과는 선행 변형률에 의해 발생하는 체적 변형률과 실내시험 장치 내에서의 균질성(unifromity)에 의존하여 결정된다.

동적 거동(cyclic behavior)에 대한 정적 전단응력(static shear stresses)의 효과

초기 정적 전단응력이 포화된 모래의 비배수 반복하중 하에서의 거동에 미치는 영향을 그림 27 에서 Sacramento River 모래에 대한 반복 단순전단시험 결과로 나타냈다. 이 단순전단시험 시료는 연직 유효 압밀응력의 0.32 배에 해

당하는 정적인 수평 전단응력(τ_s)으로 압밀되었다. 이 경우 초기 정적 전단응력
비($\alpha = \tau_s / \sigma'_{vc}$)는 0.32 라고 지칭할 수 있다. 가해진 CSR 은 0.28 인데, 이는
수평 전단응력이 언제나 '양'의 값(약 0.04−0.06)임을 의미한다. 유발된 r_u 는
처음 몇 하중 사이클에서 빠르게 증가하였으며, 이어지는 하중 사이클마다 느
리게 증가하였으나 항상 100%에는 미치지 못하였다. 전단 변형률은 정적 전단
응력 방향으로 2−3% 정도 빠르게 도달하였으며, 추가적인 하중 사이클마다
시료는 추가적인 전단 변형률을 서서히 축적하였다. 응력 경로($\tau_h - \sigma'_v$)는 파
괴선을 향하여 이동하였는데, 안정화된 이후에는 필연적으로 반복 순환하는 경
향을 나타냈다. 이 시료에 대한 거동을 초기 정적 전단응력이 없는($\alpha = 0$) 그림
16 에서의 시료와 비교해볼 때, 정적 전단응력은 명백하게 간극수압과 전단 변
형률 발현에 상당한 영향을 미침을 알 수 있다.

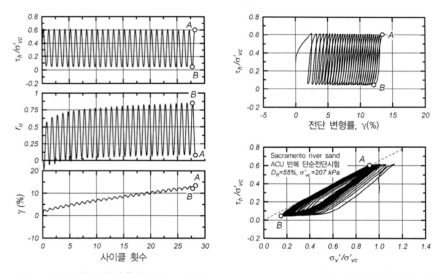

그림 27. 초기 정적 전단응력비가 0.32인 Sacramento River 모래의 비배수 반복 단순 전
단하중 거동(시험은 Boulanger et al. 1991에서)

정적 전단응력비가 다른 D_R 값들을 갖는 깨끗한 모래의 동적 강도에 미치는
영향이 그림 28a 에서 Ottawa 모래에 대한 단순전단시험 결과로 도시되어 있

다. 데이터는 σ'_{vc} =200kPa 하에서 D_R이 50%와 68%인 시료들에 대한 10 회 하중 사이클에서 3%의 전단 변형률을 유발하는 τ_{cyc}/σ'_{vc}로 이루어져 있다(Vaid and Finn 1979). D_R=68% 시료는 초기 정적 전단응력비가 증가함에 따라 동적 강도도 점진적으로 증가하는 반면, D_R=50% 시료는 초기 정적 전단응력비가 증가함에 따라 낮은 동적 강도를 나타낸다. 이러한 D_R의 효과는 모래의 팽창성(dilative) 경향의 차이에 기인하는데, D_R이 증가함에 따라(동일한 유효 구속압에 대해) 모래는 전단 시 보다 강한 팽창성을 보이기 때문이다.

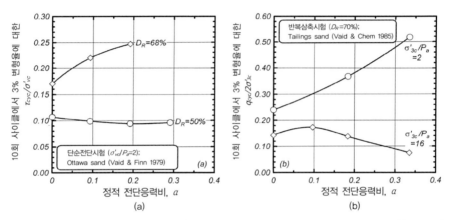

그림 28. 초기 정적 전단응력비, α에 따른 10 사이클에서 3% 전단 변형률에 대한 CRR의 변화. 그래프 (a)는 상대밀도 변화의 효과를 보여주며, 그래프 (b)는 유효 압밀응력 변화의 효과를 보여준다.

각기 다른 유효 구속압에서 정적 전단응력비가 모래의 동적 강도에 미치는 영향을 테일링 모래(tailings sand)에 대한 반복삼축시험을 통하여 그림 28b 에 나타내었다. 도시된 데이터는 최소 유효 주응력(σ'_{3c}) 200kPa 와 1,600kPa 에서 D_R =70%로 압밀된 시료들에 대한 값들이다(Vaid and Chern 1985). 삼축시험에 대해 정적 전단응력비는 잠재적인 파괴면(즉, Seed et al. 1975a 가 적용한 바와 같이 수평면에서 45+ϕ'/2 만큼 기울어진 평면)에서의 전단응력 및 수직응력으로부터 계산된다. σ'_{3c} =200kPa 에서의 시료는 초기 정적 전단응력비가 증가함에 따라 동적인 강도도 점진적으로 증가하였지만, σ'_{3c} =1,600kPa 의 시료는 높은 초기 정적 전단응력비에서 낮은 동적 강도를 나타냈다. 이러한 σ'_{3c} 효과는 유사하게 모래의 팽창성 경향에 영향을 받는 것으로 판단되는데, 동일한 D_R에서 상대적으로 낮은 유효 구속압 하에 있는 모래가 보다 강한 팽창성을 보이게 된다.

포화된 모래의 비배수 반복하중 작용 시 과잉간극수압과 전단 변형률의 발현은 특정 면에서 전단응력의 방향을 바꾸는 주응력 방향의 회전에 의해 상당한 영향을 받는다. 초기 정적 축차(전단)응력을 갖는 동적 삼축시험에서 90°의 주응력 방향 회전이 있는 (그 결과 전단응력의 전환이 모든 가능한 면에서 발생하는) 동적 축차응력이 정적 축차응력을 초과할 때까지는 주응력 회전이 발생하지 않는다. 반복 단순전단 또는 비틂전단시험에서는 초기 정적 전단응력에 관계없이 반복하중이 작용하는 동안 주응력 방향의 회전이 끊임없이 발생한다. 이러한 차이점이 주는 효과는 각기 다른 시험 장치에서 얻어진 동적 강도와 α 사이의 관계 형태에서 분명하게 찾아볼 수 있다. 예를 들어, 이것은 그림 28b 에서 σ'_{3c} =1,600kPa 에 대한 반복삼축시험 결과가 대략 $\alpha \approx 0.1$ 까지는 동적 강도가 초기에 증가하다가 보다 높은 α 값에서는 동적 강도가 감소하게 되는 원인을 제공한다.

Seed(1983)는 초기 정적 전단응력비(α)가 동적 강도에 미치는 효과를 설명하기 위해 K_α 보정계수를 도입하였다. K_α 는 임의의 α 값에 대한 동적 강도를 α =0 일 때 동적 강도로 나누어준 값으로 정의된다.

$$K_\alpha = \frac{\mathrm{CRR}_\alpha}{\mathrm{CRR}_{\alpha=0}} \tag{18}$$

수많은 학자들이 반복삼축, 반복 단순전단, 비틂전단, 그리고 비틂 링 전단시험장치를 사용하여 이 현상을 연구해왔다. 이러한 연구 결과는 K_α 가 그림 28 에서 보듯이 상대밀도와 구속압에 의존함을 보여주었으며, 이는 간단히 모래의 상태를 한계상태와 관련지을 수 있음을 말해준다(예 : Vaid and Chern 1985, Mohamad and Dobry 1986). 게다가 K_α 는 CRR 을 정의하는 데 사용된 파괴 기준과 실내시험 장치에도 다소 의존적인데, 단순전단이 삼축시험보다 바람직하며 이는 현장에서 지진동 동안 예상되는 주응력 방향의 전환을 보다 가깝게 근사할 수 있기 때문이다. 이러한 연구에 대한 고찰은 Harder and Boulanger (1997)를 참고할 수 있다.

그림 29 에서는 일반적인 K_α 데이터의 경향을 Sacramento River 모래와 Ottawa 모래(그림 28a)에 대한 단순전단시험 결과로 나타내었다. Ottawa 모래 데이터는 σ'_{vc} =200kPa 에서 D_R =50%와 68% 시료를 사용하였으며(Vaid and Finn 1979), Sacramento River 모래 데이터는 σ'_{vc} =200kPa 에서 D_R = 35%와 55% 시료를 사용하였다(Boulanger et al. 1991). 이 결과는 10 회의 하중 사이클과 3% 전단 변형률 파괴 기준에 대응한다. 그림 29 에서는 대응하는 K_α 곡선 외에 각각의 시험 데이터에 대한 ξ_R 값을 함께 도시하였다. 결과적으로 K_α 값은 가장 느슨한 모래에서(ξ_R =−0.16) 1.0 미만으로부터 가장 조밀한 모래에서(ξ_R =−0.49) 1.0 이상의 경우에 이르기까지 일정한 변화를 보여준다. 여기서 ξ_R 값은 모든 시험에 동일한 구속압에서 수행되었으므로 단순히 D_R = 35−68%에서의 상대밀도 변화를 반영하는 값들이다.

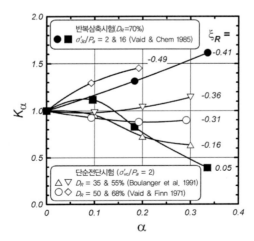

그림 29. 정적 전단응력비 보정계수, K_α 에 대한 상대 상태정수 지수, ξ_R의 영향(Boulanger 2003a)

K_α의 유효 구속압 의존성은 또한 그림 29에서 보인 것처럼 Vaid and Chern(1985)에 의한 테일링 모래에 대한 반복삼축시험 결과에서 찾아볼 수 있다(그림 28b). 이러한 삼축시험으로부터 K_α를 결정하기 위해서 동적 저항력은 평균 유효 압밀응력으로 정규화되었다(Boulanger 2003a). 이 시료들에 대한 ξ_R 값과 K_α 사이의 관계는 보다 낮은 구속압에서 얻어진 깨끗한 모래의 경향과 일치한다. 특별히 $\sigma'_{3c}=1{,}600\text{kPa}$에서 $D_R=70\%$ 테일링 모래에 대한 ξ_R 값은 $\sigma'_{vc}=200\text{kPa}$에서 $D_R=35\%$의 Sacramento River 모래에 대한 ξ_R 값보다 크며, 이는 테일링 모래가 보다 수축성이 강하여서 보다 높은 α 값에서 작은 K_α 값을 산출함을 잘 보여주고 있다. 이렇게 ξ_R 지수는 모래에 대한 상대밀도와 구속압이 K_α에 미치는 영향을 복합적으로 설명해주는 합리적인 수단을 제공하는 것으로 보인다.

액상화에 대한 각기 다른 안전율에서의 과잉간극수압

포화된 모래에서 일정한 반복 비배수 하중 작용 시 과잉간극수압의 발현은 초기 정적 전단응력의 존재 유무에 의존적이다. $\alpha=0$인 실내시험은 수평면에서의 전단응력이 0인 평평한 지표면 하에서 존재하는 환경을 잘 대표하는 것으

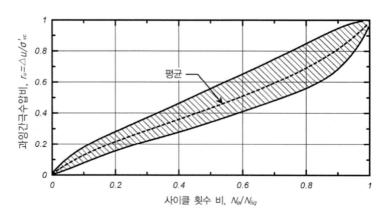

그림 30. 과잉간극수압 발현과 하중 사이클 횟수를 액상화에 이르는 하중 사이클 횟수로 나눈 값 사이의 관계(ASCE의 허가 아래 Seed et al. 1976)

로 간주된다. 이 경우, r_u의 발현은 그림 30에서 보듯이 N_e/N_{liq} 비와 관련지을 수 있다. 여기서 N_e는 등가의 일정 하중 사이클 횟수이며, N_{liq}은 액상화를 유발하는 데 필요한 등가의 일정 하중 사이클 횟수를 의미한다.

수평 지반조건(level ground condition)에서는 모래와 자갈의 반복하중 후에 남게 되는 잔류(residual) r_u를 그림 31과 같이 액상화에 대한 안전율, FS_{liq}와 또한 연관 지을 수 있다. FS_{liq}의 결정은 다음 식과 같으며,

$$FS_{liq} = \frac{\text{CRR}}{\text{CSR}} \tag{19}$$

이 식은 이전에 보였던 급수적 관계(power relation)를 통해 N_e/N_{liq} 비와 연결시킬 수 있다. 그림 31은 잔류 r_u 값이 $FS_{liq}=1.2$에서 0.1-0.65까지 떨어짐을 보여준다.

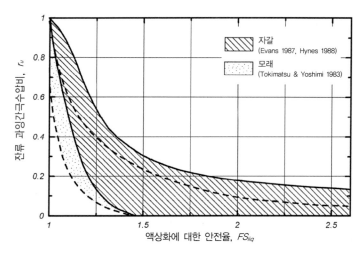

그림 31. 실내시험 데이터로부터 얻어진 수평 지반조건에서 과잉간극수압비와 FS_{liq}의 관계(Marcuson et al. 1990)

경사진 사면 하부와 같이 정적 전단응력이 존재하는 경우($\alpha > 0$), 정적 전단
응력이 간극수압의 발현 속도와 잔류 간극수압의 크기 모두에 영향을 미친다
('잔류'라는 용어는 반복하중이 멈춘 후에 남아 있는 상태를 의미함). 잔류 r_u의
한계값(limiting value)은 Ishihara and Nagase(1980)와 Boulanger(1990)가
제시하였듯이 100% 미만일 것이며, 그림 27에 시험결과를 참고할 수 있다.
그림 32는 Fuji River 모래에 대한 반복 단순전단시험 결과로서 $r_{u,lim}$ 값은
α가 증가함에 따라 감소함을 볼 수 있다(Ishihara and Nagase 1980). 작용하
고 있는 정적 전단응력비가 존재할 경우 간극수압의 발현 속도는 그림 33에서
보듯이 수평 지반 조건과 상당히 다르며(Finn 1981, Boulanger et al. 1991),
따라서 FS_{liq}와 잔류 r_u 사이의 최종 관계는 수평 지반조건에서 유도된 결과와
크게 다른 결과를 보인다.

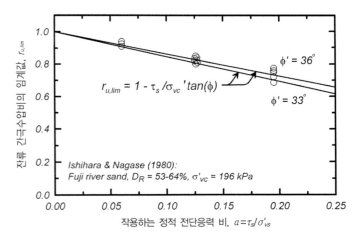

그림 32. 비배수 반복 단순전단시험에서 한계 잔류 간극수압비(limiting residual pore
pressure ratio)와 작용하고 있는 정적 전단응력비와의 관계(Ishihara and Nagase
1980)

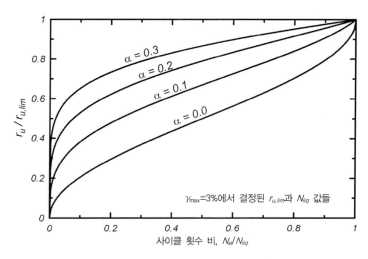

그림 33. 각기 다른 정적 전단응력비(α)에 대한 한계 잔류 값($r_u/r_{u,lim}$)의 일부로서의 간극
수압과 사이클 횟수 비(cycle ratio; N_e/N_{liq})(데이터는 Boulanger et al. 1991로
부터)

비배수 반복하중 거동의 변형률 기반(strain-based) 평가

포화된 모래의 비배수 반복하중 거동은 또한 변형률 기반의 접근법을 통해
평가할 수 있다. 시험 데이터로부터 과잉간극수압의 발현은 가해진 전단응력보
다는 가해진 전단 변형률에 대해 보다 일관성 있는(uniquely) 상관성을 갖는다.
실제 적용에서 변형률 기반의 접근법을 사용하는 것은 지진동에 의한 전단변형
률을 추정하는 작업이 필요하며, 이는 또한 유발된 전단응력과 지반의 전단 계
수들을 추정하는 작업을 필요로 한다. 결과적으로 응력 기반의 접근법을 실무
에서 보다 선호하고 있으며, 따라서 여기서는 변형률 기반 연구성과들에 대한
간단한 토의만을 다루고자 한다.

그림 34 에서 보인 변형률 제어의 반복 비배수시험에서 포화된 모래의 응력
변형률 거동은 느슨한 Sacramento River 모래에 대한 ICU 삼축시험 결과와
(Seed and Lee 1966) 중간-조밀한 Reid Bedford 모래에 대한 ICU 중공형 비
틂전단시험 결과(Figueroa et al. 1994)를 나타내고 있다.

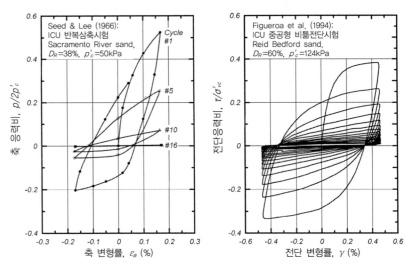

그림 34. 변형률 제어의 반복 비배수 삼축시험(Seed and Lee 1966)과 비틂전단시험
(Figueroa et al. 1994)에서 모래의 응력 변형률 거동(ASCE의 허가 아래)

삼축시험에서 0.17%의 축 변형률 크기로 가해진 반복하중으로 r_u 는 약 16 회
사이클에서 100%에 이르기까지 점진적으로 증가하였으며, 시료는 그에 따라
점진적으로 연화되었다(발현 전단응력은 각 하중 사이클마다 감소되었다). 비
틂전단시험 결과 또한 매우 비슷한 응력 변형률 거동을 보였는데, 전단 변형률
크기 0.46%에서 약 8–10 회의 하중 사이클 후에 r_u 는 100%에 도달하였다. 각
시험에서 r_u 가 100%에 도달한 후에 시료의 접선 강성(tangent stiffness)은
이어지는 하중 사이클에서 거의 0 이 되었다. r_u 가 100%에 이른 후에 시료의
강성이 거의 무시할 만한 수준으로 저하됨은 r_u 가 일시적으로 100%에 도달한
후 응력 제어식 하중 작용 시 일시적으로 발현된 매우 낮은 강성과 필적할 만하
다. 차이점이 있다면, 응력 제어형 시험에서는 변형률이 (이전 하중 사이클의
최댓값을 초과하여) 각 하중 사이클마다 증가하였고, 이 추가적인 변형률은 시
료가 점진적으로 팽창성 경향으로 전환될 수 있게 만들었다.

Dobry(NRC 1985)는 그림 35 에서 보듯이 다른 반복 전단 변형률 크기에서
주어진 사이클 횟수에 대해 r_u 의 발현이 넓은 범위의 모래 종류, 상대밀도, 압

밀응력에 반해 상대적으로 좁은 밴드(band) 내에 들어옴을 발표하였다. 그림의
데이터들은 전단 변형률 0.3-1.0% 수준에서 10 회의 사이클이 일반적으로 r_u
=100%를 발생시킴을 보여준다. 체적 반복 임계 전단 변형률(γ_{tv}; volumetric
cyclic threshold shear strain)은 특정 전단 변형률 이하에서 잠재적인 체적
변형률이나 간극수압 발생 가능성이 없어지는 전단 변형률 수준을 의미한다. 모
래에 대한 γ_{tv} 값은 그림 35 에서 보듯이 전형적으로 약 0.01-0.02%(예 : Ladd
et al. 1989, Hsu and Vucetic 2004) 수준이다.

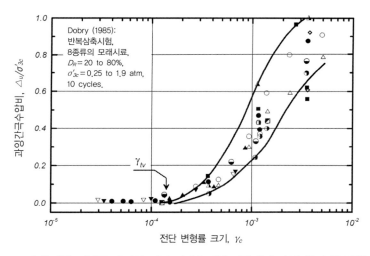

그림 35. 모래에 대한 변형률 제어식 반복 비배수 삼축시험에서 과잉간극수압 발현과 전단
변형률 수준 관계(NRC 1985)

비배수 반복하중 거동에 대한 에너지 기반의 평가

흙의 단위 체적당 소산된 에너지(또는 일) 또한 액상화 거동을 설명하는 데
유용하다는 사실이 보고되어 왔다(예 : Davis and Berrill 1978; Law et al.
1990; Cao and Law 1991; Figueroa et al. 1994). 이러한 학자들에 의한 시험
적 연구 결과는 포화된 모래나 실트에서 과잉간극수압의 발현은 비배수 반복하
중 작용 시 소산된 에너지와 강하게 연관됨을 보여주고 있다. 현장에서 액상화

평가를 위해 에너지 기반의 접근법을 적용하는 것은 지진하중을 에너지의 항으로 표현하는 작업을 필요로 한다. 한 가지 방법으로 Egan and Rosidi(1991)와 Kayen and Mitchell(1997)는 지반 프로파일에서 각기 다른 심도에서 지반운동의 에너지를 묘사하기 위해 Arias 진도(intensity, 가속도의 제곱을 시간에 대해 적분한 값)를 사용하였다. 이러한 초기 연구들은 에너지 기반 기법들이 유망하였음을 보여주었지만 더 이상 진전되지는 못하였는데, 이는 (1) 지반 프로프일의 심도에 대해 잠재적으로 매우 큰 변화를 보이는 Arias 진도와 (2) 특별한 심도에서의 Arias 진도를 지표면에서의 Arias 진도와 연관 짓는 것에 대한 의문 등이 그 원인이었다.

2.3 현장 샘플의 실내시험과 샘플링 교란의 효과

포화 모래의 동적 강도를 추정하는 가장 직접적인 방법은 고품질의 현장 시료를 획득하여 동적 실내시험을 수행하는 것이다. 이 방법은 샘플링 교란 효과(즉, 어떻게 흙의 시료 채취 과정이 뒤따르는 하중 조건 거동에 영향을 주는지)에 대한 배경지식과 지진 시 현장에서 유발되는 동적 하중을 근사화시킬 때 시험의 제한 사항들을 이해하는 작업을 필요로 한다.

반복삼축시험 장치와 반복 단순전단시험 장치는 불교란 현장 시료의 동적 강도 파악에 적합한 시험 도구들이다. 단순전단시험 장치에서의 하중조건은 지진 전 수평 지반 아래에서의 1차원적 압밀 조건과 수평 전단파가 연직 방향으로 전파하는 동안 발달되는 동적 전단 변형을 모사한다. 삼축시험 장치는 흔히 등방압밀상태를 구현하며, 따라서 결과적으로 얻게 되는 CRR 은 평균 유효 압밀 응력 차이에 대해 보정되어야 한다(즉, 2.2 장에서 제시된 바와 같이 K_o 조건에 대한 보정을 수행해야 한다). 삼축시험 장치와 대부분의 단순전단시험 장치들은 하중 조건상 일방향이며, 따라서 CRR 은 현장에서 이방향의 지진동 효과 고려를 위해 약 10% 정도 감소되어야 한다.

실내시험 결과는 또한 불완전한 경계 조건, 멤브레인 적합성(compliance),

시험적인 제한 요소들에서 야기되는 응력과 변형률의 불균질성에 의해 영향을 받는다. 예를 들어, Gilbert(1984)는 동적 하중이 시료의 균질성에 미치는 영향을 연구하기 위해 D_R=40% 모래 시료에 대한 비배수 반복하중시험을 수행하고 시료를 층을 따라 절개하여 시료 높이를 따라 D_R의 변화를 측정하였다. 그림 36에서의 결과는 축 변형률 약 11%까지 동적으로 하중 재하된 한 시료를 보여주고 있으며, 시료의 상부가 심각하게 느슨해지는 현상을 발견하였다. 이러한 시험적 제한요소들의 효과는 모래 시료가 더 강해질수록 보다 영향이 커지는데, 이는 응력 집중이나 인터페이스의 미끄러짐(slip)으로 인해 연약해지는 효과가 전반적인 동적 저항력의 측정에서 지배적인 요인이 될 수 있기 때문이다. 이러한 연유로 과연 실내시험 장치들이 현장 하중 조건에서의 조밀한 모래의 동적 응력-변형률 거동을 온전히 표현할 수 있는지에 대한 의문점이 남아 있다. 그럼에도 불구하고, 만약 시료가 참으로 불교란 상태라면 주의 깊게 시행하는 실내시험은 흙의 동적 응력 변형률 거동 측정에 소중한 자료들을 제공한다.

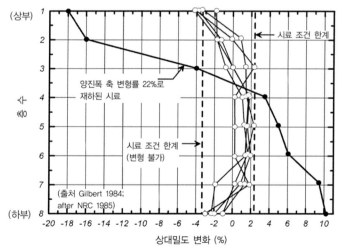

그림 36. 초기 평균 D_R이 40%인 모래의 동적 삼축시험 결과에서 얻은 다양한 수평층의 D_R 값들(NRC 1985)

그러나 샘플링 교란 현상은 현장 시료를 시험할 때 보다 심각한 우려가 제기되어왔다. 이 문제는 고품질의 튜브 샘플링을 통해 얻은 깨끗한 모래 시료와 '동결 샘플링(frozen sampling)' 기술을 통해 획득한 시료에 대한 CRR 실내시험을 통한 비교연구에서 잘 조명되어왔다. 동결 샘플링에서 모래는 얼어 있는 현장조건상태로 지반을 코어링하여 샘플을 얻는다. 동결 샘플은 시험실로 운반되어 시험 장치에 고정되고, 융해시켜 시험하게 된다. 동결과 융해 과정은 전반적으로 한 방향으로 수행되어야 하는데, 이는 동결에 따른 간극수의 팽창과 융해에 따른 간극수의 수축이 토립자의 체적 변형에 의해서보다는 간극수의 흐름에 의해 발생하도록 해야 하기 때문이다. 동결 샘플링은 정확히 수행만 된다면 현장 조건에서부터 시험 조건에 이르기까지 모래에 대해 매우 작은 순 체적 변형률을 발생시킨다. 반면에 튜브 샘플링은 국부적 또는 전반적인 모래 조직(fabric)의 파괴뿐만 아니라 상당한 체적 변형률을 불규칙적으로 발생시킨다.

그림 37 은 동결 샘플링, 유압 피스톤 튜브 샘플링(hydraulic piston tube sampling), 그리고 이중 튜브 코어 배럴 샘플링을 통해 획득한 현장의 깨끗한 모래 샘플들에 대한 반복삼축시험으로부터 CRR 을 구한 결과를 보여준다. 시험 데이터는 Yoshimi et al.(1994)로부터 얻어졌다. 그림 37a 는 동일한 모래 퇴적토층에서 측정된 보정된 SPT 타격 횟수 $(N_1)_{60}$에 대한 CRR 값을 도시하였고, 그림 44b 에서는 실내 시험실에서 수행된 모래 시료들의 D_R에 대한 CRR 값을 도시하였다. 동결 샘플링 결과는 D_R이나 $(N_1)_{60}$ 값이 증가할수록 CRR 이 증가하는 예상되었던 경향을 보이는 반면, 전통적인 튜브 샘플링 결과는 가장 조밀한 모래 시료에 대해서도 상대적으로 낮은 CRR 을 나타내고 있다. 한 가지 중요한 점이 있다면, 튜브 샘플링은 샘플링, 운반, 성형, 고정, 재압밀 등의 과정에 걸쳐 느슨한 모래일수록 조밀해지도록 만들며, 조밀한 모래일수록 느슨해지게 만드는 경향을 보인다는 점이다. 또 다른 중요한 요소는 튜브 샘플링이 모래의 구조(fabric)를 교란시키는데, 이는 동적인 하중에 대해 구조적 안정성을 감소시키고, 특별히 현장에서 에이징(aging), 선행응력 및 변형

률 하중, 과압밀, 시멘테이션 등에 의해 형성되어 온 구조적 안정성을 감소시키는 것으로 판단된다.

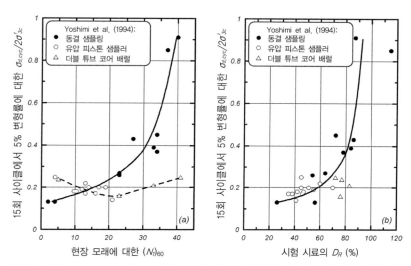

그림 37. 튜브 샘플링과 동결 샘플링 기술을 통해 얻은 시료들에 대한 반복삼축시험 결과 CRR 비교(Yoshimi et al. 1994)

그림 38 과 39 에서 제시된 바와 같이 Singh et al.(1982)과 Goto and Nishio (1988)의 시험 결과는 선행 변형률 이력의 효과와 동결 샘플링 기술의 효용성에 대해 시사점을 던져준다. 그림 38a 에서 Singh et al.(1982)에 의한 반복삼축시험은 상대적으로 작은 규모의 반복 전단 변형률에 종속된 한 세트와 함께 $D_R =$ 48%에서 재형성된 동일한 모래 시료들에 대한 시험 결과를 포함하고 있다. 반복 변형률 이력은 시료들의 D_R을 크게 변화시키지는 못했지만, 그럼에도 불구하고 시료의 CRR 은 30-40% 증가시켰다. $D_R =$90%에서 모래에 대한 Goto and Nishio(1988)의 반복삼축시험은 비슷한 비교 결과를 나타내나(그림 38b), '변형률 이력'을 가진 시료들은 훨씬 더 큰 변형률 이력을 나타냈다(축 변형률 크기 0.05%로 10,000 사이클). 이 경우에도 시료의 D_R은 크게 변경되지 않았으나, 그럼에도 불구하고 CRR 은 80-100% 정도 증가하였다. 눈에 띠게 조밀해

지지 않아도, 선행 변형률 이력을 가진 시료의 CRR 증가는 반복적인 변형의 결과로 점점 더 모래의 구조가 안정화되기 때문에 발생 가능하다. 이 CRR의 증가는 어떻게 자연상태 모래 퇴적층의 CRR이 지질연대에 걸쳐 겪게 되는 응력과 변형률에 의해 영향을 받을 수 있는지를 보여주는 예로 간주된다.

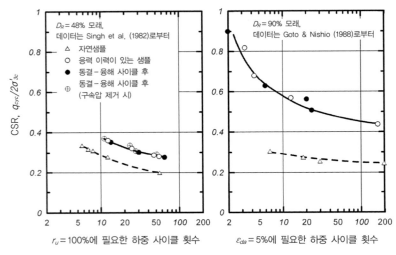

그림 38. 비배수 반복삼축시험에서 포화된 깨끗한 모래의 동적 저항력에 대한 동결 융해 사이클 효과: (a) $D_R = 48\%$에서 모래에 대한 Singh et al.(1982) 데이터, (b) $D_R = 90\%$ 모래에 대한 Goto and Nishio(1988)의 데이터(Yoshimi et al. 1994)

선행 변형률 이력을 가진 모래 시료들의 CRR은 그림 38에서 보인 바와 같이 동결과 융해 과정에 의해 영향을 받지 않았으며, 이는 모래의 구조가 동결 융해 과정에 의해 심각하게 훼손되지 않았음을 의미한다. 동결 샘플링 과정 동안 시료 교란 효과는 추가적으로 Singh et al.(1982)이 두 종류의 동결 재성형된 모래(선행 변형률 이력이 있는 경우와 없는 경우)로부터 시험 샘플을 회수하여 실내시험을 수행하고 그 결과를 평가한 바 있다. 그림 39와 같이, 동결 샘플링 기술로 얻은 시료들은 두 종류 모두 동결 회수 과정을 거치지 않았던 시료(즉, 실내시험 장치에서 직접 준비된 재성형 시료)에서 획득한 CRR과 동일한 결과를 보였다. 이 결과들은 동결 샘플링 기술이 왜 모래 지반의 현장 물성을 효과적으로 반영할 수 있을 정도로 충분히 불교란된 깨끗한 모래 시료를 얻을 수 있다고 판단하는 이유가 된다.

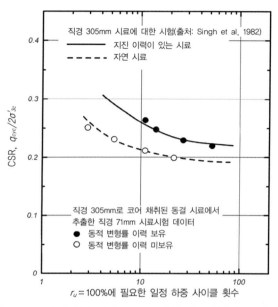

그림 39. 초기 D_R = 60%, 유효 구속응력 = 55kPa에서 동결 회수된 모래 시료의 동적 저항력(Yoshimi et al. 1994, 데이터는 Singh et al. 1982로부터)

그림 40(Yoshimi et al. 1984)에서 보인 바와 같이, 동결 샘플링과 튜브 샘플링 기술로 조성된 조밀한 모래의 CRR 은 또한 실내에서 동일한 D_R로 재성형된 동일한 모래 시료에서 얻은 CRR 과 비교할 수 있다. 재성형된 시료들은 자연 강사(air pluviation)와 습윤 다짐(moist tamping) 방법으로 준비하였다. 튜브 샘플과 재성형 샘플에서의 CRR 값들은 동결 샘플에서 얻은 값들에 비해 현저히 낮은데, 이는 튜브 샘플링 동안 발생되는 교란에 의해, 그리고 실내에서 시료의 재성형에 의해, 다시 구현할 수 없는 현장에서 중요한 모래의 특성들을 보여주는 사례라 할 수 있다. 동결 샘플에서 보다 크게 산정되는 CRR 값은 시료의

밀도에 심각한 영향을 주지 않으면서 모래의 동적 강도를 증가시키는 현장의 환경적 요인들(예 : 에이징, 시멘테이션, 응력과 변형률 이력)에 기인한다.

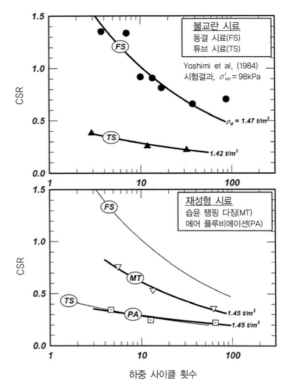

그림 40. 현장 동결 샘플(GS), 전형적인 '불교란' 튜브 샘플(TS), 자연 강사로 재성형된 샘플(PA), 그리고 습윤 다짐에 의해 재성형된 샘플(MT)의 5% 양단 진폭(double-amplitude) 축 변형률을 유발하는 데 필요한 CSR 값들

　환경적인 요인들은 더 나아가 현장의 횡방향 응력(즉, K_o을 통해)에 미치는 영향을 통하여 현장의 CRR 에 영향을 준다. 대부분의 경우, 선행 동적 변형, 과압밀, 그리고 에이징(aging)과 같은 환경적 요인들은 현장의 K_o과 CRR 을 증가시킬 것이다.

2.4 실내시험에서 재현될 수 없는 현장의 현상들(Processes)

지진에 의해 발생된 과잉간극수압은 보다 높은 과잉간극수두($\Delta h = \Delta u / \gamma_w$) 영역에서 보다 낮은 과잉간극수두 영역으로 간극수가 침투하면서 시간에 따라 소산될 것이다. 결과적으로 지진동 동안과 지진동 후 모두에 걸쳐 발생하는 간극수의 침투는 지반에서 강도 저하와 변형의 공간적 분포를 매우 복잡하게 만드는 요인이 될 수 있다. 실내 요소 시험(laboratory element tests)(예 : 삼축 또는 단순전단시험)은 이러한 효과를 재현할 수 없는데, 이는 아래에 설명한 것처럼 설계 실무에서 중요한 의미를 내포하고 있다.

그림 41에서는 층상 지반 내에서 간극수압의 재분포를 묘사하고 있다. 3~9m 깊이의 느슨한 모래층 상부에 조밀한 실트질 모래층이 있고, 그 하부에는 견고한 점토층이 놓여 있다. 그림에서는 지진동 전과 후의 전응력, 유효 연직응력, 간극수압 분포를 나타내고 있으며, 지진으로 인한 느슨한 모래층에서의 '액상화'가 유발된 상황을 또한 나타내고 있다. 이 예제에서 상부의 조밀한 실트질 모래층에서는 과잉간극수압이 발현되지 않아 심각한 간극수의 침투는 일어

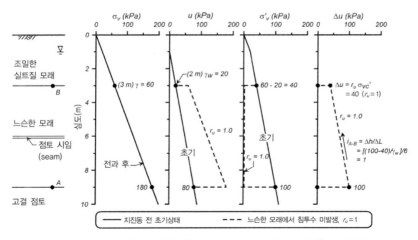

그림 41. 지진동 전 수평 지반에서의 응력과 간극수압, 그리고 느슨한 모래에서 $r_u = 100\%$ 가 유발되었으나 심각한 침투수 흐름은 발생하지 않는 조건에서의 응력과 간극수압 분포

나지 않은 것을 가정하고 있으며, 모든 흙의 단위중량은 $20kN/m^3$ 로 가정하였다. σ'_v는 느슨한 모래층 전체에서 '0'까지 떨어짐으로써 Δu는 모든 심도에서 σ'_{vc}와 동일하다. 연직응력이 심도에 따라 증가하기 때문에 Δu 또한 깊이에 따라 증가하고, 따라서 상향의 동수경사$(i = \Delta h / \Delta L)$가 존재하며, 초기에는 느슨한 모래층에 걸쳐 '1'의 값을 갖는다. 느슨한 모래층에서 상향으로 $i = 1$인 조건은 정상침투에서 다루어지는 파이핑 침식(또는 분사현상 조건)을 유발할 수 있는 조건과 유사하다. 이러한 상향 동수경사의 결과는 지반의 주상을 통해 상향의 간극수 침투를 유발하며, 흔히 균열부와 국부적인 수로를 따라 집중되어 지표면에서 물의 분사(boils) 현상을 초래한다.

지진동 동안과 후에 간극수의 상향 침투로부터 야기되는 복잡성을 그림 42에서 보여주고 있는데, 이는 상향 침투 결과가 포함된 것을 제외하고는 그림 41과 동일한 상황임을 알 수 있다. 느슨한 모래층을 통한 간극수의 상향 흐름(즉, 점 A에서 점 B까지)은 지진동 동안 또는 후에 상부의 조밀한 실트질 모래층 내(깨끗한 느슨한 모래보다 다소 낮은 투수성을 가진)에 과잉간극수압을 증가시킬 수 있다. 이는 상부의 조밀한 실트질 모래의 액상화를 유발할 수 있는데, 다른 경우에 모래가 완전히 비배수상태였다면 지진동 동안 액상화를 막을 수

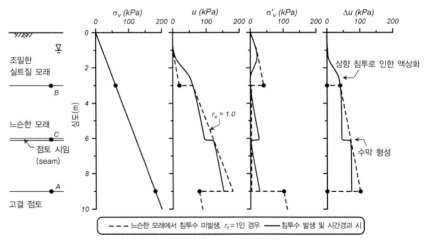

그림 42. 지진동 동안과 지진동 후의 층상 지반에서 상향 간극수압 침투의 두 가지 결과

있었던 충분히 큰 CRR 을 가졌을 것이다. 상향 침투로 인한 두 번째 복잡성은 점 C 와 같이 6m 심도에 위치한 점토 시임(seam)층과 같은 낮은 투수성을 가진 층에서조차 일어날 수 있다는 점이다. 상향으로 침투하는 간극수는 이 경계면 아래로 즉시 축적될 수 있으며, 결국 어떤 조건들에서는 수막(water films)이나 물주머니(water pockets)를 형성할 수 있다. 이때 수막의 형성은 전체 u 가 이미 전 상재응력과 동일하기 때문에 Δu 를 증가시키지 않는다. 수막과 물주머니는 상부 층을 통해 서서히 소산되거나 지표면까지 확장될 수 있는 집중된 균열부 또는 파이핑 통로를 통해 분출되기도 한다.

　낮은 투수성 지반과 높은 투수성 지반 사이의 경계면에서, 침투 간극수가 갇히는 현상은 결과적으로 수막을 형성하지 않으면서도 국부적인 간극비의 변화를 초래할 수 있다. Whitman(1985)은 이러한 과정을 설명하기 위해 '간극 재배열(void redistribution)'이라는 용어를 사용하였는데, 이는 간극수압의 소산 과정에서 어떤 존들은 점점 더 느슨해지는 데 반해, 다른 존들은 점점 더 국부적으로 조밀해지는 점을 강조한다. 그림 43 은 간극 재배열과 상향 침투가 사면의 변형과 불안정에 어떻게 기여하는지를 보여주는 메커니즘이다. 그림 43a 는 낮은 투수성 층 아래에 액상화 가능한 모래층을 가진 무한사면을 보여준다. 지진동으로 유발된 과잉간극수압에서 생긴 상향 침투수는 액상화된 층의 상부에서는 모래의 느슨해짐(팽창)을, 하부에서는 조밀해짐(수축)을 유발하게 된다. 만약 층의 상부가 충분히 느슨해지면, 한계상태 강도는 사면의 안정성에 필요한 강도보다 낮은 값으로까지 떨어질 수 있으며, 그 후에 모래층의 상부에서 국부화된(localized) 전단면을 따라 변형이 발달할 것이다. 그림 43b 역시 유사하게 바깥쪽으로의 침투수가 간극수압을 증가시킴으로써, 또는 균열의 형성을 촉진시킴으로써 어떻게 상부 토층을 약하게 만드는지를 보여준다. 세립분과 조립분의 층상지반이 서로 혼합되는 효과 역시 변형 증가에 따른 점진적인 강도 저하에 기여할 수 있다(Byrne and Beaty 1997; Naesgaard and Byrne 2005). 과잉간극수압의 재분포와 관련된 간극 재배열은 몇몇 사례에서 관찰되어 왔던 지진동의 끝과 파괴시점 사이의 시간 지연을 설명해주는 현상이 될 수 있다

(예 : Elorza and Machado 1929; Akiba and Semba 1941; Kawakami and Asada 1966; Seed et al. 1975; Seed 1979; Marcuson et al. 1979; Hamada 1992; Mejia and Yeung 1995; Harder and Stewart 1996; Berrill et al. 1997).

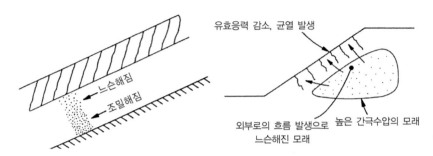

그림 43. 간극 재배열이 지진 시 액상화 후 불안정성에 기여하는 두 가지 메커니즘(NRC 1985, Whitman 1985)

간극 재배열의 주요 시사점은 액상화된 지반의 전단강도와 응력 변형 거동이 지진 전 재료의 물성과 상태(상대밀도와 유효 구속응력)에 전적으로 의존하지 않는다는 점에 있다. 오히려 액상화된 지반의 전단강도와 응력 변형 특성은 전반적인 시스템의 거동을 반영한다고 볼 수 있다. 간극 재배열 효과는 현재까지 제대로 이해하지 못하고 있는 현상이며, 현재 실무에서 명백하게 다루어지지 않고 있다.

수막의 형성은 물리 모델 연구에서(Liu and Qiao 1984; Elgamal et al. 1989; Dobry and Liu 1992; Fiegel and Kutter 1994), 그리고 단순 원통형 칼럼 시험을 통해(Scott and Zuckerman 1972; Kokusho 1999; Kokusho and Kojima 2002), 수평 지반 조건 하에서 그동안 다양하게 관찰된 현상이다. 그림 44 는 충격에 의한 모래의 액상화 후에 간극 재배열의 결과로서 포화된 모래의 원통형 칼럼 내에 실트 시임(seam) 아래에 형성된 수막을 보여준다(Kokusho 1999). 이러한 연구는 층상(stratigraphy)(층 두께와 순서), 투수성 차이, 그리고 초기 D_R이 수막의 두께에 미치는 영향의 중요성을 보여준다.

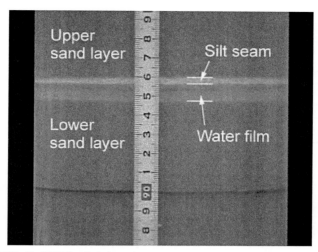

그림 44. 액상화 후 원통형 칼럼의 포화 모래에서 실트 시임(seam) 아래 형성된 수막 (water film)(ASCE 허가 아래 Kokusho 1999)

경사진 지반에 대해 수많은 물리 모델 시험들을 통해 액상화된 모래층과 상부 낮은 투수성 층 사이의 인터페이스에서 전단 변형률 국부화(shear strain localizations) 현상이 보고되고 있으며(Arulanandan et al. 1993; Fiegel and Kutter 1994; Balakrishnan and Kutter 1999; Brandenberg et al. 2001; Malvick et al. 2002; Kulasingam et al. 2004), 이 중에는 대다수의 변형이 지진동이 멈춘 후까지 지연되어 발생한 경우들을 포함하고 있다(Kokusho 1999, 2000; Kokusho and Kojima 2002; Malvick et al. 2004). 예를 들어, 그림 45는 관입된 실트 아크(arc)와 면(plane)을 가진 일정한 모래 사면으로 조성된 원심모형시험 모델이 진동 후 변형된 형상을 보여주고 있다. 사면 변형의 대부분은 실트 아크 아래 모래에서 국부화된 전단면(localized shear zone)을 따라 집중되었으며, 이러한 국부화(localization)는 진동이 멈춘 후에 형성되었다. 촘촘하게 배열된 간극수압계를 분석한 결과 국부화된 전단 변형의 시작은 간극수의 상향 침투가 낮은 투수성의 실트 아크(arc)로 인해 방해를 받아 유발되었음을 보여주었다 (Malvick et al. 2008).

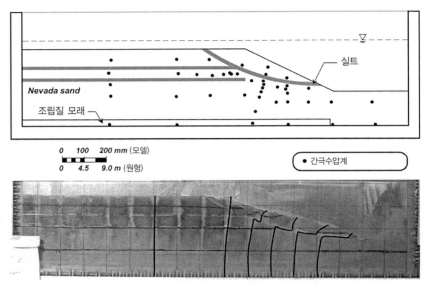

그림 45. 포화 모래 내에서 낮은 투수성 층을 따라 발생한 전단변형의 국부화(localization)
를 보여주는 원심모형시험 사례(Malvick et al. 2008)

액상화 결과 간극수의 침투로 인한 간극 재배열과 국부화된 전단변형은 다양
한 이유들로 정량적인 예측이 매우 어려운 복잡한 현상이다. 그 이유들에는 지
질학적 퇴적의 불균질성, 균열의 형성과 모래 분출(sand boil), 그리고 지진동
의 세기와 지속시간에서의 불확실성 등이 있다. 그러나 기본적인 간극 재배열
메커니즘의 이해는 물리 모델 연구와 간단한 이론적 분석을 통해 날로 향상되고
있다. 층상 지반에서 액상화에 대한 물리 모델 연구 결과들을 토대로 액상화된
지반의 잔류 전단강도(residual shear strength)는 간극 재배열에 영향을 주는
모든 요소들에 다양하게 의존하고 있음을 말해준다. 따라서 잔류 전단강도는
관입 저항력이나 불교란 시료에 대한 시험에 의해 통상적으로 대표되는 것처럼
지진 전 지반의 물성에만 오로지 관계되는 것이 아님을 보여주고 있다. 이러한
관찰에 대한 시사점은 5 장에서 다루어진다.

03

액상화의 유발
(Triggering of Liquefaction)

03

액상화의 유발
(Triggering of Liquefaction)

잠재적인 액상화 위험의 평가는 다음의 두 가지 질문을 포함한다. (1) 고려하고 있는 지진 지반운동 하에서 액상화는 유발될 것인가? (2) 액상화 유발로 인한 잠재적인 결과는 무엇인가? 본 장은 지질학적 고려사항에 대한 토의, 해석의 틀, 현장시험, 액상화 유발 관계식들, 그리고 해석 사례를 포함하여 액상화 유발을 평가하기 위한 절차들에 대해 설명한다.

3.1 지반 퇴적층의 액상화 민감도(susceptibility)

부지의 지질학적 연구는 특정 부지에서 액상화에 민감한 지반의 가능한 범위와 특성을 규정하기 위해 필수적인 부분이다. 액상화 정도의 범위는 퇴적층 내에 비점성 퇴적토(자갈, 모래, 저소성의 실트)의 분포에 달려 있으며, 액상화 발생을 위해서는 또한 충분히 높은 지하수위면이 형성되어 있어 퇴적층이 광범위하게 포화되어 있어야 한다. 가장 취약한(susceptible) 퇴적층은 매립층과 충적층(alluvial), 하성층(fluvial), 해양층, 삼각주(deltaic), 그리고 바람에 의해 형성된 퇴적층 등이다. 또한 퇴적토가 최근에 만들어졌다면, 상대적으로 액상화에 취약하며 오래된 퇴적층일수록 상대적으로 액상화에 보다 저항력이 크다. 이러한 사항은 액상화에 취약한 지반의 존재를 식별하기 위해 Youd and Perkins(1978)가 추천한 기준(표 1)에 정리되어 있다. 이러한 종류의 기준은 액상화 위험도에 대한 지역별 지도(map)를 계획하거나 조닝할 목적으로 지질도와 함께 흔하게 사용되고 있다.

표 1. 강진 시 액상화에 대한 퇴적토의 취약성(ASCE 허가 아래, Youd and Perkins 1978)

퇴적 유형	비점성 퇴적토 분포	포화된 비점성 퇴적토가 액상화에 취약할 가능성			
		<500년	홀로세 (Holocene)	플레이스토세 (Pleistocene)	플레이스토세 전 Pre-Pleistocene
대륙					
하상 (river channel)	국부적으로 변함	매우 높음	높음	낮음	매우 낮음
홍수터 (floodplain)	국부적으로 변함	높음	보통	낮음	매우 낮음
선상지와 충적평야 (alluvial fan and plains)	광범위함	보통	낮음	낮음	매우 낮음
해안단구 및 해저평원 (marine terraces and plains)	광범위함	–	낮음	매우 낮음	매우 낮음
삼각주 및 부채꼴 삼각주 (delta and fan delta)	광범위함	높음	보통	낮음	매우 낮음
호소 퇴적층 및 저지대 (lacustrine and playa)	변함	높음	보통	낮음	매우 낮음
붕적층 (colluvium)	변함	높음	보통	낮음	매우 낮음
애추 (talus)	광범위함	낮음	낮음	매우 낮음	매우 낮음
사구 (dunes)	광범위함	높음	보통	낮음	매우 낮음
뢰스, 황토 (loess)	변함	높음	높음	높음	모름
빙력토 (glacial till)	변함	낮음	낮음	매우 낮음	매우 낮음
응회암층 (tuff)	거의 없음	낮음	낮음	매우 낮음	매우 낮음
화산 쇄설물 (tephra)	광범위함	높음	높음	?	?

표 1. 강진 시 액상화에 대한 퇴적토의 취약성(ASCE 허가 아래, Youd and Perkins 1978)(계속)

퇴적 유형	비점성 퇴적토 분포	포화된 비점성 퇴적토가 액상화에 취약할 가능성			
		<500년	홀로세 (Holocene)	플레이스토세 (Pleistocene)	플레이스토세 전 Pre-Pleistocene
잔류토 (residual soils)	거의 없음	낮음	낮음	매우 낮음	매우 낮음
함수호 (sebkha)	국부적으로 변함	높음	보통	낮음	매우 낮음
해안					
삼각주 (delta)	광범위함	매우 높음	높음	낮음	매우 낮음
하구 (estuarine)	국부적으로 변함	높음	보통	낮음	매우 낮음
해변 – 높은 파 에너지 (beach-high wave energy)	광범위함	보통	낮음	매우 낮음	매우 낮음
해변 – 낮은 파 에너지 (beach-low wave energy)	광범위함	높음	보통	낮음	매우 낮음
석호 (lagoonal)	국부적으로 변함	높음	보통	낮음	매우 낮음
갯벌 (foreshore)	국부적으로 변함	높음	보통	낮음	매우 낮음
인공 매립지					
비다짐 매립층 (uncompacted fill)	변함	매우 높음	–	–	–
다짐 매립층 (compacted fill)	변함	낮음	–	–	–

점성 퇴적토(예 : 점토와 소성 실트) 역시 지진 시 심각한 변형률과 지반 변형이 발생할 수 있는데, 특히 퇴적토가 연약하고 예민하며, 매우 큰 유발 전단응력(driving shear stress, 사면이나 기초 하중)이 작용하고, 지진동의 수준이 충분히 강할 때에 그러하다. 그러나 점성토는 비점성토에 비해 전단강도 특성이 다르기 때문에 점성토가 지진하중에 어떻게 거동하는지를 평가하기 위해서는 다른 공학적 절차가 필요하다. 이러한 이유로 '액상화(liquefaction)'라는 용어는 비점성 지반(예 : 자갈, 모래, 매우 낮은 소성의 실트)의 거동을 표현하기 위해 사용하는 반면, '동적 연화(cyclic softening)'라는 용어는 점토와 소성 실

트의 거동을 묘사하기 위해 적용하기로 한다. 점성 지반의 동적 연화 가능성을 평가하는 기준과 절차는 6 장에서 설명하고 있다.

지표면에서 액상화의 증거로 볼 때 액상화와 연관된 현상들은 통상적으로 약 15m 미만 심도에서 대부분 발견되고 있다. 이것은 보다 앞은 심도의 퇴적층이 일반적으로 가장 젊은 층이며 따라서 액상화에 가장 취약하다는 사실과 관련이 있다. 수평 지표면 하에서 보다 깊은 심도에서의 액상화는 지표면에서 나타나지 않을 수 있으며, 따라서 발견되지 않을 수도 있다. 그러나 깊은 심도에서의 액상화는 보다 느슨한 재료로 축조되었거나(예 : 물다짐, hydraulic fill) 또는 보다 젊은 퇴적층 위에 건설된 흙댐이나 제방등을 포함하는 많은 경우에는 문제가 된다.

부지에서 선행 액상화의 지질학적 증거나 역사적 기록이 있는 경우 액상화에 지반층이 취약하다는 가장 직접적인 증거를 제공하는데, 이는 한차례 지진에서 액상화된 지반은 자주 다음 번의 지진들에 대해서도 액상화되는 현상이 관찰되어왔기 때문이다. 결과적으로 특정 부지에서 액상화 위험도의 평가는 활용 가능한 역사적 기록을 검토함으로써 상당한 정보를 얻을 수 있다.

지협적인 부지의 퇴적 과정과 매립지의 역사적 건설 과정은 종종 항공사진으로부터 명백히 확인된다. 예를 들어, 그림 46 은 1952 년과 1987 년에 촬영된 캘리포니아 주의 Moss Landing 지역의 항공사진이다. 두 사진은 해변과 바람에 의한 퇴적, 하천에 의한 퇴적, 하구 퇴적 과정들이 모두 어떻게 보다 복잡한 퇴적 환경을 만드는지에 대한 좋은 그림을 보여준다. 또한 이 두 장의 사진을 상세히 비교해보면 해안선 영역이 항구의 개발로 변경되었거나(매립과 준설 지역) 또는 자연적 퇴적과 침식의 과정을 통해 변화되었음을 보여준다. 가장 최근의 자연적 퇴적지와 느슨하게 조성된 매립지 지역이 액상화에 매우 취약할 것으로 생각되었는데, 사실 이는 1989 년 Loma Prieta 지진 시 액상화 발생으로 더 심각한 지반변형을 경험한 지역과 매우 일치하고 있다.

그림 46. 지질학적 환경을 보여주는 캘리포니아의 Moss Landing 지역 항공사진. 좌측 사진은 1952년에, 우측 사진은 1987년에 촬영되었다. 이 두 사진의 비교를 통해 해안선의 이동, 인공 매립지, 그리고 최근 건설 현황 등을 식별할 수 있다(사진은 USGS에서)

3.2 액상화 유발 관계식 개발을 위한 해석적 틀

액상화를 유발하는 가능성을 평가하기 위해 지난 45년간에 걸쳐 제안된 몇 가지 기법 또는 틀이 있다. 가장 보편적으로 사용되는 방법은 지진으로 인한 동적 응력(cyclic stresses)을 지반의 동적 저항력과 비교하는 응력 기반의 기법이었다. 변형률 기반과 에너지 기반의 기법들은 이보다 덜 보편적이며, 따라서 여기서는 다루지 않기로 한다.

수평지반 부지 아래에서 지진으로 인한 동적 응력은 수평 방향 진동의 효과에 주로 기인한다. 그림 47은 지진에 의한 수평 진동 전과 진동하는 동안 수평 지표면 하에서 한 지반 요소에 작용하는 응력과 간극수압을 보여주고 있다. 이 주상도의 연직 방향 진동은 연직 전응력과 수평 전응력, 그리고 간극수압의 추가적인 점진적 변화를 동반할 것이나, 연직과 수평 유효응력은 영향을 받지 않을 것이다. 이는 평평한 지반 프로파일의 해석에서 왜 연직 진동 효과가 고려되지 않는지에 대한 이유이다. 유발된 수평 동적 응력은 CSR 을 계산하는 연직 유효 압밀응력(σ'_{vc})에 의해 정규화되며, 후에 그림 48 에서 보인 바와 같이 지반의 CRR 과 비교하게 된다. 액상화는 유발된 응력이 동적 저항력(cyclic resistance)을 초과하는 심도에서 나타날 것으로 예측한다.

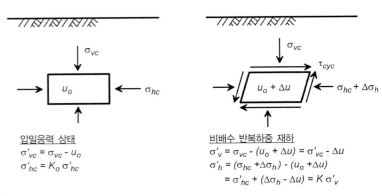

그림 47. 수평 진동 시 평평한 지반 아래의 지반 요소에서 동적응력

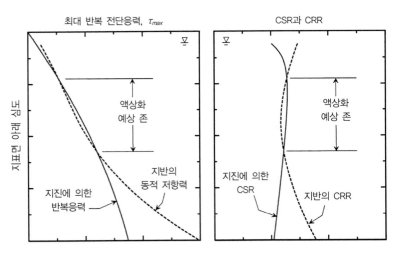

그림 48. 지진으로 인한 동적 응력과 지반의 동적 저항력을 비교함으로써 결정되는 액상화 예상 영역

따라서 설계 절차를 개발하는 작업은 지진으로 인한 동적 전단응력(CSR; cyclic shear stress)과 현장의 CRR을 추정하는 방법을 필요로 한다. 지진으로 인한 CSR은 3.3절에서 설명한 바와 같이 자주 Seed-Idriss 간편법을 통해 추정할 수 있다.

모래의 현장 CRR은 현장 시료의 실내시험에 근거해서 평가할 수 있으나, 이는 2.3절에서 토의한 바와 같이 의미 있는 결과를 얻기 위해서는 동결 샘플링 기술을 적용할 필요가 있다. 동결 샘플링 기술은 비용이 과다하게 소요되어 대다수의 프로젝트에는 적용이 어렵다.

결과적으로 그림 49에 보인 것처럼 액상화의 증거가 관찰된 사례와 그렇지 않은 사례들을 수집함으로써 모래의 현장 CRR과 현장시험 결과 사이에서 반경험적(semi-empirical) 상관관계를 개발해오고 있다. 각각의 부지에서 지진으로 인한 CSR과 현장시험 결과들(예 : SPT, CPT)을 검토하고 가장 결정적인 층을 식별하게 된다. 이로부터 액상화가 관찰되었던 사례들과(예 : 그림 49의 A 부지) 액상화가 관찰되지 않았던 사례들을(예 : 그림 49에서 B 부지) 분리하는 경계선을 찾게 된다. 이 경계선을 현장 CRR과 현장시험 지수 사이의 상관관계를 제공하는 기준으로 채택하고 있다.

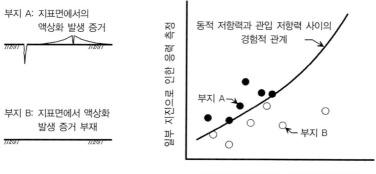

그림 49. 모래의 현장 CRR과 현장시험 결과 사이의 상관관계 개발에 사용된 기법

이 문맥에서 '액상화'의 정의는 어떤 심도에서의 모래층에서 높은 과잉간극수압과 상당한 (전단 또는 체적) 변형률을 발생시켰다고 확신할 수 있는, 주로 지표면에서의 관찰 결과를 토대로 내려진다. 관찰되는 현상들은 흙과 물의 분사(boils), 지반 균열(횡방향 또는 연직 방향), 지반 변형, 매설 구조물의 융기, 구조적 기초의 침하 또는 붕괴 등을 포함할 수 있다. 이러한 현장의 관찰 현상들의 해석은 액상화가 아마도 일어났을 심도, 또는 액상화가 발생하지 않은 심도 등을 식별해내는 일에 있어 지표면의 관찰 결과로만 충분히 단정 지을 수는 없기 때문에 매우 복잡한 양상을 띠게 된다. 예를 들어, 징후가 없을 정도로 국부적인 영역(localized pockets) 또는 광역적이지 못하거나 깊은 심도 내에서 액상화가 발생할 수도 있다.

결과적으로 도출한 상관관계의 유효성은 또한 현장시험이 동적 하중에 대한 지반의 저항력을 진정으로 반영하는지에 대해서도 영향을 받는다. 예를 들어, Seed(1979b)는 SPT 또는 CPT 에서 얻은 관입 저항력과 모래의 CRR 모두 D_R, K_o, 에이징(aging), 시멘테이션(cementation), 또는 지진 이력과 같은 요소들의 변화에 대해 비슷하게 반응할 것으로(증가하거나 감소하거나) 예상하였다. 이러한 관찰결과는 관입 저항력과 CRR 사이에 합리적인 상관관계 예측을 정성적으로 지지해주고 있으나, 어떻게 이런 영향인자들이 결과적인 상관관계에 영향을 미치는지를 정량적으로 이해하는 일은 아직 연구해야 할 목표이기도 하다.

현재 포화된 모래의 동적 거동을 이해하는 데 모래의 현장 CRR 은 또한 지진동의 지속시간(즉, 이는 하중재하 사이클 횟수와 유사한 개념), 유효 상재응력(즉, σ'_{vc}와 K_σ), 그리고 경사진 지반의 존재 유무(즉, K_α)에도 영향을 받는다. 사례연구 데이터베이스는 이러한 개별 효과들을 경험적으로 정의할 정도로 충분히 축적되지 못하였으며, 이는 부분적으로 그 사례들을 분석하는 데 다른 요인들과 영향 인자들에 연관되어 있기 때문이다. 따라서 이러한 효과들은 모래의 거동에 대한 기본적인 이해로부터 유도된 상관관계들을 이용하여 대신 설명하고 있다. 이 세 가지 효과들에 대한 상관관계는 3.6-3.8 절에서 논의하였다.

사례연구 데이터들을 CSR과 현장시험 측정치들로 표현한 한 개의 그래프로 만드는 작업은 각각의 사례에 대한 데이터 점들을 공통의 참조 조건(즉, 하나의 지속시간, 하나의 상재응력, 수평 지반 조건)으로 보정함으로써 가능하다. 이러한 보정작업은 마지막 설계 절차에서 사용될 동일한 상관관계를 사용함으로써 이루어진다. 따라서 최종 액상화 상관관계는 오직 사례연구 데이터베이스를 분석하는 데 사용되었던 관계들만을 조합하여 엄격하게 사용되어야만 한다.

3.3 지진으로 인한 응력을 추정하는 간편 절차

지진 시 수평 지표면 하부 퇴적토층의 어떤 심도에서 유발되는 전단응력은 주로 횡방향의 전단파가 연직으로 전파되기 때문일 것이다. 입력 운동이 알려져 있고 이 토층을 구성하는 지반의 특성을 알고 있다면 해석적인 절차를 통해 이 응력들을 계산할 수 있다. 그러한 정보들은 현장의 관찰결과를 토대로 상관관계를 개발하는 데 사용된 '액상화와 비액상화' 사례들 대부분의 경우 파악이 어렵다. 게다가 대부분의 프로젝트에서 부지 응답 연구를 수행할 수 있을 정도로 충분한 지반 주상도를 규정하기 위해 필요한 심도까지 시추공을 뚫어 조사하는 경우는 거의 없다. 이러한 이유로 유발된 전단응력, 즉 CSR을 계산하기 위해 간편화된 액상화 평가 기법(Seed and Idriss 1971)이 널리 사용된다.

만약 깊이 z에서 상부 지반 칼럼이 강체(rigid body)로 거동한다면(그림 50), 그 칼럼 저면에서 최대 전단응력은 칼럼의 질량과 최대 수평 지표면 가속도의 곱으로 계산될 수 있다.

$$(\tau_{max})_r = \frac{\gamma \cdot z}{g} a_{max} = \sigma_v \frac{a_{max}}{g} \tag{20}$$

여기서 a_{max}는 최대 지표면 가속도이고, γ는 깊이 z 상부 토층의 평균 전체 단위중량이며, σ_v는 깊이 z에서 연직 전응력이다. 실제 지반 칼럼은 변형체

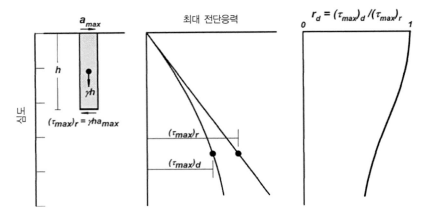

그림 50. 심도 및 지진 규모에 따른 응력 감소계수 r_d의 변화(Idriss 1999)

(deformable body)로 거동하며, 따라서 최대 전단응력은 동일한 최대 지표면 가속도를 갖는 강체에서의 값과는 다를 것이다. 변형체의 최대 전단응력은 동적 부지 응답 해석을 통해 결정할 수 있으며, 그 결과를 다음과 같이 강체의 경우와 비교할 수 있다.

$$(\tau_{\max})_d = r_d(\tau_{\max})_r \tag{21}$$

여기서 r_d는 전단응력 감소계수(shear stress reduction coefficient)이다. $(\tau_{\max})_r$과 $(\tau_{\max})_d$의 변화는 전형적으로 그림 50 과 같은 형태를 가질 것이며, 따라서 r_d 값은 지표면에서 1 이 되고 심도가 깊어짐에 따라 낮은 값을 갖도록 감소할 것이다.

보다 간편한 r_d에 대한 표현법을 개발하기 위해 1 차원 동적 부지 응답 해석이 활용되어왔다. 이 해석은 r_d가 특별히 지진 지반운동 특성(예 : 진도와 진동수 특성), 부지의 전단파 속도 주상도, 그리고 비선형 동적 지반 물성의 영향을 받음을 보여주었다(Seed and Idriss 1971; Golesorkhi 1989; Idriss 1999; Cetin et al. 2004).

Idriss(1999)는 Golesorkhi(1989)의 성과를 확장하여 수백 번의 매개변수 부지 응답 해석을 수행하고 액상화 평가절차를 개발할 목적으로 변수 r_d는 심도와 지진 규모(M)의 함수로 충분히 표현할 수 있다고 결론지었다. 그러한 결과들을 반영하여 다음과 같은 식을 도출할 수 있다.

$$r_d = \exp\left(\alpha(z) + \beta(z)M\right) \tag{22}$$

$$\alpha(z) = -1.012 - 1.126\sin\left(\frac{z}{11.73} + 5.133\right) \tag{23}$$

$$\beta(z) = 0.106 + 0.118\sin\left(\frac{z}{11.28} + 5.142\right) \tag{24}$$

여기서 z는 m 단위의 심도이며, M은 모멘트 규모, 그리고 sine 항 내의 수식은 radian 단위를 적용한다. 식 22-24 는 수학적으로 $z \leq 34$m 심도에 적용 가능하다. 그러나 r_d에서 불확실성은 심도가 증가함에 따라 증가하며, 이러한 식들은 약 20m 미만 심도에 대해서만 실제 적용되어야 한다. 보다 깊은 심도에서 액상화 평가는 보다 상세한 해석이 정당화될 수 있는 특수한 조건을 종종 포함하고 있다. 이러한 이유로, 약 20m 이상의 심도에서 CSR(또는 등가의 r_d 값)은 높은 품질의 부지 응답 해석이 그 부지에 대해 수행될 수 있다면 부지 응답 연구를 기초로 할 것을 추천한다. 이러한 목적으로 수행하는 부지 응답 해석은 그 부지에 대한 충분한 지반 특성을 파악해야 하고, 가능한 입력 운동에 대한 다양한 변화를 고려해야만 한다.

그림 51 은 M이 5.5, 6.5, 7.5, 8 일 때 상기 추천식을 사용하여 계산된 r_d 분포를 도시한 것이다. 이 그림에서는 Seed and Idriss(1971)에 의해 발표된 범위의 평균값들도 함께 나타내고 있다. 그림 51 의 정보로부터 그 범위의 평균은 약 14m 심도에서 M=7.5 인 경우의 수정된 수식을 사용하여 계산된 곡선과 유사하다. Cetin et al.(2004)은 r_d 값을 심도, 지진 규모, 지진동 수준, 그리고 부지에서 상부 12m 에 걸친 평균 전단파 속도의 함수로서 제안하였으며, 반면에 Kishida(2008)는 r_d 값을 심도(진동수 특성을 표현하는 방법으로서), 응답

스펙트럼 비, 지진동 수준, 그리고 전단파 속도 주상도의 함수로 제안하였다. Kishida 에 의한 r_d 값은 전단파 속도 주상도가 모래질 토층에 대응할 때에는 그림 51 에서 제안한 결과와 좋은 일치를 보여주며, 전단파 속도 주상도가 지배적으로 연약한 세립질 지반에 대응할 때에는 6m 이상 심도에 대해 그림 51 의 값보다 작게 산정된다. Cetin et al.에 의한 r_d 값은 심도에 따라 빠르게 감소하며 Kishida 나 Idriss 의 값보다 상당히 작은 값을 보인다.

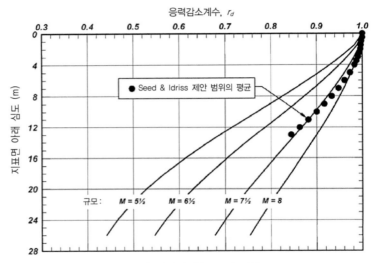

그림 51. 깊이와 지진 규모에 따른 응력저감계수 r_d의 변화

    지진으로 인한 동적 응력 시간 이력은 각기 다른 강도에서 수많은 사이클들을 포함한다. 그 안에는 사이클 횟수와 각 사이클의 응력 크기에 따른 불규칙적인 시간 이력의 손상 효과가 포함되어 있다. 다양한 연구결과에 의하면 불규칙적인(irregular) 시간 이력은 일정한(uniform) 반복응력 크기를 따르는 등가의 일정 사이클 횟수를 이용할 수 있으며, 따라서 일정 반복응력 시간 이력에 의해 근사화될 수 있다.

    결과적으로 Seed and Idriss(1971)는 최대 동적 응력의 65%에 해당하는 대표 값 (또는 등가의 일정 값)을 취함으로써 지진으로 인한 동적 응력을 표현하였다. 그러므로 지진으로 인한 CSR(earthquake-induced CSR)은 다음 식과 같이 계산할 수 있다.

$$\text{CSR} = 0.65 \frac{\tau_{max}}{\sigma'_{vc}} = 0.65 \frac{\sigma_{vc}}{\sigma'_{vc}} \frac{a_{max}}{g} r_d \tag{25}$$

참조(reference) 응력수준을 표현하기 위해 0.65를 선택한 것은 다소 임의적이다. 그러나 이 값은 1966년에 액상화 평가 절차의 개발이 시작되면서 선택되었고 그 이후로 지속적으로 사용되고 있다. 보다 중요한 사실은 지진동의 지속시간에 대한 보정계수와 경험적으로 유도된 액상화 상관관계들이 모두 동일한 참조 응력에 대해 유도되었다면, 전반적인 액상화 평가절차는 다른 참조 응력 비를 선택하더라도 본질적으로 영향을 받지 않을 것이다(3.5장 참조).

3.4 액상화 특성화를 위한 현장시험 지수(indices)

액상화 특성을 평가하기 위한 지수로 가장 광범위하게 사용되었던 현장시험들로는 SPT, CPT, BPT, 대형 관입시험(LPT; large penetrometer test)와 전단파 속도(V_s) 시험 등이 있다. SPT는 최초로 액상화 상관관계 개발에 사용된 기법이며 1990년대까지 가장 실무적으로 보편화된 방법이었다. CPT는 많은 이점이 있으나, 특정한 지질학적 환경에서만 주된 부지 특성조사 방법으로 활용되어왔다. BPT, LPT와 V_s 시험은 특수한 환경에서 사용되는 경향이 있으며, 따라서 액상화 평가에서 SPT와 CPT에 비해 덜 사용되고 있다. 각각의 방법들은 이후에 별도로 논의하기로 하며, 지반 조사 기술들의 보완적인 역할과 두 가지 기법의 조합의 이점(예 : CPT 시험과 SPT 조사)에 대해서도 토의하기로 한다.

SPT

SPT는 흙의 다짐 정도나 강도를 나타내는 보편적으로 활용 가능한 샘플링 방법이다. SPT는 표준 스플릿 스푼 샘플링 튜브(외경 2인치, 내경 1⅜인치)를 초기 6인치 관입시키고 140파운드 해머를 자유 낙하시켜 30인치를 관입시키는 데 필요한 타격 횟수(N)를 측정한다. 스플릿 스푼 샘플러의 두꺼운 벽은 다양한 범위의 지반 조건에서 사용하기에 충분히 튼튼하다. 지반 샘플은 지나치게 교란되기 때문에 의미 있는 공학적 물성 시험에 부적합하나, 그럼에도 불구하고 각종 지수 시험(index testing)(예 : 입도 및 애터버그 한계)에는 적합하다. SPT 타격 횟수 또는 'N치'는 연약 또는 느슨한 지반에서 낮게 나타나고 강성이나 강도가 증가할수록 높게 나타난다. 따라서 이 값은 흙의 현장 강도나 다짐도 등의 지수로서 활용될 수 있다. 경제성과 간편성으로 인해 이 시험은 퇴적토층의 공간적 변화를 평가하는 데 광범위하게 사용되며, 따라서 N 값은 다양한 공학적 특성들과 연관 지어져왔다(예 : Kulhawy and Mayne 1990).

액상화 분석을 위해 SPT를 만족스럽게 사용하기 위해서는 시험기기와 절차를 ASTM D-6066 표준과 일치시켜야 한다. 표 2에서 요약한 바와 같이 액상화 평가를 위해 Seed et al.(1985)이 추천한 절차상의 특징들은 이 표준에 부합하며 실무에서 지속적으로 적용되고 있다.

표 2. 액상화 평가를 위한 SPT 절차의 추천사항(Seed et al. 1985)

특징	설명
시추공(borehole)	안정을 위해 드릴링 머드와 함께 4-5인치 직경의 로터리 시추공 작업; 드릴링 머드는 충분히 두껍게 유지되어야 하며, 시추공은 항상 온전해야 한다. 부압(suction)을 피하기 위해 시추공에서 로드를 끌어올릴 때 특별히 주의해야 한다.
드릴 비트	드릴링 머드의 상향 처짐(deflection) (예 : Tricone 또는 baffled drag bit)
샘플러	O.D. = 2인치 I.D. = 1.38인치(일정함; 즉, 배럴에 라이너 공간이 없음; no room for liners in barrel)
드릴 로드	심도 < 50ft에 대해 A 또는 AW 보다 깊은 심도는 N, BW, 또는 NW
샘플러에 전달되는 에너지	2,520in-lb (즉, 140파운드로 30인치 낙하에 이론적 최대의 60%)
타격 속도	분당 30-40회 타격
관입 저항력 측정	지반에 6-18인치 관입에 대한 측정

가장 중요한 변수들 중 하나는 각각의 SPT 해머 타격 시 드릴 로드 스템(drill rod stem)에 전달되는 에너지의 양이다. 전달되는 에너지의 범위는 장비의 종류 및 운영 조건에 따른 마찰과 기계적 저항력에서 손실되는 에너지양에 의존하여 이론적인 최대 에너지(140 파운드의 해머 무게에 30 인치의 낙하 높이를 곱한 값)의 30-90%에 이른다. N 값은 전달되는 에너지에 필연적으로 반비례한다(Schmertmann and Palacios 1979). 미국에서 전달되는 에너지는 흔히 이론적 최대 에너지의 55-60% 정도이며, 그러므로 Seed et al. (1984)은 N_{60}를 표준으로서 추천하였다. N_{60} 값은 다음 식으로 계산된다.

$$N_{60} = N_m \frac{ER_m}{60} \tag{26}$$

여기서 N_m 은 측정된 타격 횟수이며, ER_m 은 측정된 전달 에너지 비를 % 단위로 표시한 값이며, N_{60} 은 에너지 비 60%에 대한 타격 횟수이다. $ER_m/60$ 비는 또한 에너지 비 보정계수, C_E로 언급되기도 한다. 에너지 비는 신뢰할 만한 N_{60} 값을 얻는 데 가장 중요한 변수 중 하나이다. 그러므로 에너지 비를 항상 액상화 평가의 일부분으로서 측정하는 것은 중요하다.

보다 표준화된 N_{60} 값을 얻기 위해서는 추가적인 보정계수들이 필요할 수 있다. 결과적인 관계식은 다음과 같이 주어진다.

$$N_{60} = C_E \, C_B \, C_R \, C_S \, N_m \tag{27}$$

여기서 C_E는 위에서 설명한 에너지 비 보정계수이며, C_B는 시추공 직경에 대한 보정계수, C_R은 로드 길이에 대한 보정계수이며, C_S는 라이너 없이 사용되지만 라이너 공간을 가진 샘플러에 대한 보정계수이다. 각각의 계수에 대한 추천 값의 범위는 표 3 에 명시하고 있다. 시추공 직경과 샘플러 보정계수들은 보다 오래된 시추방법들을 해석하는 데 중요하나, 미래의 적용을 위해서는 C_B

와 C_S 계수들이 불필요하도록(즉, 각각의 값이 1이 되도록) 적절한 표준 기법이 적용되도록 추천하는 바이다.

짧은 로드 보정계수 C_R(표 3)은 샘플링 로드에 전달되는 에너지가 로드 길이에 의해 어떻게 영향을 받는지를 반영해주기 위해 도입되었다(예 : Schmertmann and Palacios 1979). 해머에서 모루(anvil)로의 충격은 압축응력파를 샘플링 로드에 내려 보내고, 이는 샘플러에서 인장파로 반사된다. 이 인장파는 모루로 돌아오게 되며, 여기서 해머가 모루를 튀기게 만든다(bounce off the anvil). Schmertmann and Palacios(1979)는 (인장파의 도달 이전에) 주 충격(primary impact) 시 샘플링 로드에 전가되는 에너지가 샘플러를 전진시키며, 이차적인 충격(secondary impacts)에서 전달되는 에너지는 샘플러를 전진시키는 데 기여하지 못함을 결론으로 제시하였다. 만약 SPT 시스템에서 에너지 비(ER_m)가 로드 길이 약 10m 이상에 대해 측정된다면, 이때 짧은 로드 길이로 전달되는 에너지 비는 작아질 것이다. 그러나 만약 ER_m 값이 특정 짧은 로드 길이에 대해 측정된다면 측정된 ER_m은 이미 짧은 로드에 대한 효과를 반영하고 있기 때문에 C_R 보정을 적용할 필요가 없다. 액상화 상관관계를 개발하는 데 Seed et al.(1985)은 로드 길이가 3m 이내인 경우 C_R=0.75를, 그 이상 길이에 대해서는 C_R=1.0을 사용하였다. 보다 최근에 Youd et al.(2001)은 로드 길이가 3m 이내인 경우 C_R=0.75에서, 로드 길이 10m에서 C_R=1.0에 이르는 범위의 C_R 값들을 추천하였다.

최근의 몇몇 연구에서는 짧은 로드 보정계수에 대한 근거와 필요성이 의문시 되어왔다(예 : Daniel et al. 2005; Sancio and Bray 2005). Daniel et al.(2005)은 이차적인 충격에서 전달되는 에너지가 사실 샘플러의 전진에 기여할 수 있다고 제시한 바 있다. Sancio and Bray(2005)는 짧은 로드 길이가 힘-속도 기법(force-velocity method)에 의해 계산된 에너지 비에 오직 미미한 영향만을 미친다고 결론지었다. 액상화 절차의 다양한 해석 요소들에 관한 다양한 결과들의 효과는 미래의 액상화 상관관계를 갱신하는 데 포함되어야 할 것이다.

표 3. SPT N 값에 대한 보정계수들

계수	설명
에너지 비	전달되는 에너지 비를 결정하기 위해 또는 사용되는 특정 장비를 보정하기 위해 에너지의 측정이 필요하다. 보정계수는 다음과 같이 계산한다. $$C_E = \frac{ER_m}{60}$$ 여기서 ER_m은 이론적 최댓값의 %로 표현되는 측정된 에너지 비이다. (로드 길이가 10m 또는 그 이상인 경우) 경험적인 C_E 추정 값은 상당한 불확실성을 포함하고 있으며, 다음과 같은 범위를 갖는다. 도넛 해머 $C_E = 0.5\text{-}1.0$ 안전 해머(safety hammer) $C_E = 0.7\text{-}1.2$ 자동 트립해머(triphammer) $C_E = 0.8\text{-}1.3$ (Seed et al. 1984; Skempton 1986; NCEER 1997)
시추공 직경	시추공 직경 65-115mm $C_B = 1.0$ 시추공 직경 150mm $C_B = 1.05$ 시추공 직경 200mm $C_B = 1.15$ (Skempton 1986)
로드 길이	여기서 ER_m은 로드 길이 10m 또는 그 이상에 대한 데이터에 기초한 값이며, 실제 전달되는 에너지는 보다 짧은 로드 길이가 사용된다면 추가적으로 감소할 수 있다. Youd et al. (2001)에 의해 추천하는 값들은 다음과 같다. 로드 길이 <3m $C_R = 0.75$ 로드 길이 3-4m $C_R = 0.80$ 로드 길이 4-6m $C_R = 0.85$ 로드 길이 6-10m $C_R = 0.95$ 로드 길이 10-30m $C_R = 1.00$
샘플러	라이너 공간이 없는 표준 스플릿 스푼(내경이 일정하게 1⅜인치)인 경우, $C_S = 1.0$. 라이너를 위한 공간이 있지만 라이너는 없는 스플릿 스푼 샘플러의 경우(이 경우 드라이빙 슈(driving shoe) 뒤로 내경이 1½인치까지 증가한다). $(N_1)_{60} \leq 10, \ C_s = 1.1$ $10 \leq (N_1)_{60} \leq 30, \ C_s = 1 + \dfrac{(N_1)_{60}}{100}$ $(N_1)_{60} \geq 30, \ C_s = 1.3$ (Seed et al. 1984로부터, 수식은 Seed et al. 2001에서)

C_s 보정은 라이너를 위한 공간은 있으나 라이너를 사용하지 않는 샘플러를 통해 수행한 SPT 의 경우에 해당하는 보정이다. 이 경우, 샘플러는 샘플러 안쪽에서 흙의 마찰이 감소하기 때문에 관입이 보다 쉬워진다. N 값에 대한 영향은 느슨한 모래에서 상대적으로 작지만, 조밀한 모래에서는 약 30% 정도 증가한다.

모래에서 입경이 큰 토립자(조립질 자갈과 더 큰 토립자들)가 있는 경우 샘플러가 이 토립자들 중 하나를 치게 될 때 SPT 관입 저항력을 비상식적으로 높게 만들 수 있다. 이러한 영향은 많은 프로젝트에서 그림 52 에서 보였듯이 매 1 인치(또는 0.1ft)마다의 관입 증분에 대한 누적 타격 횟수를 추적함으로써 평가하여왔다. 매 인치 단위의 관입 시 타격 횟수 비(rate)의 급격한 증가는 큰 입경의 토립자를 만났다는 것을 나타내며, 반면에 일정한 비의 관입은 샘플링 전체 간격에 걸쳐 상대적으로 일정한 지반 조건을 나타낸다. 어떤 경우에도 샘플 회수율(%)과 회수되는 흙의 종류는 추가적인 정보를 제공해준다. 예를 들어, 대입경 지반을 치게 되면 스푼 안으로 흙이 들어오는 것을 막게 되고, 따라서 낮은 샘플 회수율을 보이게 되거나 회수된 샘플이 조립질의 자갈 재료들을 포함함으로써

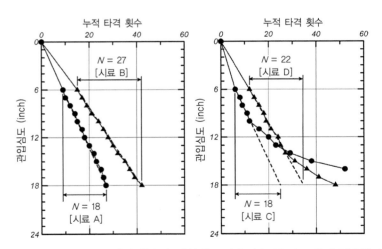

그림 52. 단위 인치당 SPT 타격 횟수를 해석하는 사례: (a) N 값 보정이 필요하지 않은 부드러운 관입 유형과, (b) 샘플 회수와 더불어 관입 저항력의 강한 증가로 인해 샘플러가 큰 입경의 토립자와 마주쳤음을 의미하는 유형; 이 도표는 또한 둔화 전 관입비를 외삽함으로써 보정된 N 값을 보여주고 있다.

해당 심도에서 자갈이 편만하게 분포하고 있음을 알 수 있다. 만약 관입 기록, 샘플 회수, 그리고 샘플 종류가 모두 일정하고 대입경 토립자들과 마주치지 않는다면 그림 52 와 같이 모래 매트릭스를 대표할 수 있는 SPT 타격 횟수를 외삽하여 구할 수도 있다. 이러한 대입경 토립자 지반의 존재를 보정해주는 기법은 자갈 함유율이 약 15-20% 정도까지인 지반에 대해 합리적인 것으로 믿어진다 (Mejia 2007, 개인적 교신).

샘플링 간격이 보다 연약한 토층에 매우 가까워질 때 모래 퇴적층 내에 연약 점토나 실트 교호층(interlayers)의 존재는 SPT 관입 저항력을 비이성적으로 낮게 만들 수 있다. 이러한 영향은 (1) 마지막 6 인치에 대한 타격 횟수가 이전 두 번의 6 인치 간격에 대한 값보다 현저히 작을 경우, (2) 스플릿 스푼 선단에서 연약한 흙의 주상(logging)이 관찰되었을 때, 또는 (3) 특정 SPT 샘플 심도 직하부에서 관입 유체의 색깔이나 관입하는 데 드는 난이도 등의 변화를 목격하였을 때 종종 증명될 수 있다. 그림 53 은 이러한 효과의 예를 보여주고 있는데,

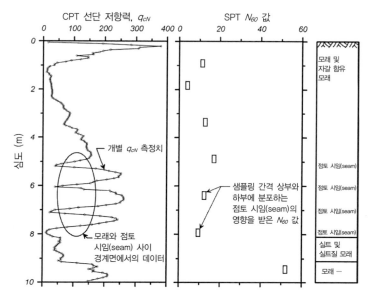

그림 53. 얇은 점토 시임(seam)층이 어떻게 모래의 관입 저항력에 영향을 주는지를 보여주는 인접한 SPT 시험과 CPT 조사 결과(Boulanger et al. 1995)

이 그림의 6.4m 와 7.9m 심도에서의 SPT 샘플은 지배적으로 모래와 세립질 자갈이 섞인 모래층이지만, 측정된 N_{60} 값은 인근의 CPT 조사에서 관찰된 높은 CPT 선단 저항력 값들로 볼 때 기대했던 것보다 훨씬 낮은 값이다. 이 낮은 N_{60} 값들은 여러 얇은 연약 점토 시임(seam)의 존재 때문이며, 이는 또한 낮은 CPT 선단 저항력의 간격에 의해서도 분명히 찾아볼 수 있다.

기타 불리한 영향인자들이 없고, 다양한 보정을 한 후에 SPT N_{60} 값은 유효 상재응력과 모래의 상대밀도, 그리고 다른 특성들에 의해 지배를 받는다. 결과적으로 유효 상재응력에 대한 N 값의 추가적인 보정을 필요로 하며, 이는 주로 모래의 물성과 상대밀도를 반영한다고 믿어지는 시험 결과에 도달하기 위해 필요한 부분이다. 상재응력에 대한 보정은 3.7 장에서 설명하기로 한다.

CPT

CPT 는 액상화 가능성 추정을 포함하여 다양한 지반 물성을 평가하고 지표면 하부 지반 조건을 파악하는 중요한 기법으로서 그 가치를 입증하고 있다. 전형적인 CPT 는 35.7mm 직경의 콘(cone) 관입기를 표준속도 2cm/sec 로 지반에 관입하는 방식을 사용한다. 전자식 계측 센서에 의해 콘 선단에 가해지는 힘을 (보통 2cm 또는 5cm 간격으로) 측정하는 동안 선단부 뒤쪽의 슬리브 단면에서의 견인력(drag force)과 선단부 뒤의 간극수압(또는 다른 위치에서 측정되는 간극수압), 그리고 다른 물성들(예 : 경사와 온도)을 함께 측정한다. 선단에 작용하는 힘(tip force)은 선단 저항력, q_c를 결정하기 위해 관입기의 단면적으로 나누게 되며, 슬리브의 견인력은 슬리브 마찰력, f_s를 결정하기 위해 슬리브의 표면적으로 나누게 된다. CPT 의 주요 장점은 관입 저항력의 연속적인 측정이 가능하며 SPT 에 비해 운전자의 실수에 덜 민감하다는 점에 있다. CPT 의 주요 단점은 큰 입경 지반(예 : 자갈층)이나 매우 높은 관입 저항력(예 : 강하게 고결된 지반)을 가진 층에 관입이 어렵다는 점이며, 이 경우 실제 지반 샘플을 얻기 위해 병렬 시추나 시험을 수행할 필요가 있다.

지반의 종류와 다양한 CPT 측정 사이에 경험적 상관관계가 개발되어오고 있어 직접적인 흙의 샘플링 없이도 대략적으로 지반 프로파일을 추정할 수 있다. 예를 들어, 그림 54 의 경험적 도표는 지반의 종류를 정규화된 콘 선단 저항력(Q)과 마찰비(F)의 두 무차원 값에 기초하여 각기 다른 9 가지의 흙의 거동 유형으로 구분하고 있다. Q 값은 다음 식으로 계산된다.

$$Q = \left(\frac{q_c - \sigma_{vc}}{P_a} \right) \left(\frac{P_a}{\sigma'_{vc}} \right)^n \tag{28}$$

여기서 σ_{vc}는 연직 전응력, σ'_{vc}는 연직 유효응력, P_a는 대기압, 그리고 지수 n은 모래에서 0.5 로부터 점토에서 1.0 에 이르는 변수값이다(Olsen and Malone 1988; Robertson and Wride 1998). F 값은 다음과 같이 계산된다.

$$F = \left(\frac{f_s}{q_c - \sigma_{vc}} \right) \cdot 100\% \tag{29}$$

또 다른 대체 방법으로, 그림 54 에서 지반 종류 2-7 사이의 경계는 도표의 왼쪽 상부 측면 위에 공통의 중심을 가진 일련의 원들로 표현될 수 있다. 이 도표의 어떤 점도 부분적으로 원의 중심점으로부터 방사형의 거리로서 묘사할 수 있으며, 이 거리를 지반거동 유형지수(I_c; soil behavior type index)로 지칭할 수 있다. 이 접근법은 약간 다른 분류 도표를 사용하여 Jefferies and Davies (1993)에 의해 도입되었다. 그림 54 에서, I_c에 대한 표현식은 Robertson and Wride(1998)에 의해 다음과 같이 나타낼 수 있다.

$$I_c = [(3.47 - \log(Q))^2 + (\log(F) + 1.22)^2]^{0.5} \tag{30}$$

예를 들어, $I_c = 1.31$ 은 개략적으로 지반종류 6(깨끗한 모래에서 실트질 모래)과 7(자갈질 모래에서 조밀한 모래) 사이의 경계인 데 반해, $I_c = 2.60$ 은 개략적으로 지반종류 4(점토질 실트에서 실트질 점토)와 5(실트질 모래에서 모래질 실트) 사이에 위치한다.

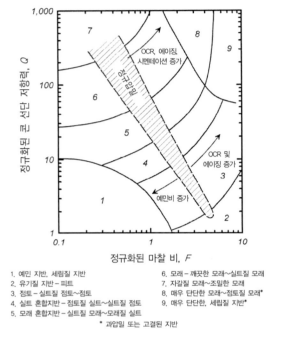

1. 예민 지반, 세립질 지반
2. 유기질 지반 - 피트
3. 점토 - 실트질 점토~점토
4. 실트 혼합지반 - 점토질 실트~실트질 점토
5. 모래 혼합지반 - 실트질 모래~모래질 실트

6. 모래 - 깨끗한 모래~실트질 모래
7. 자갈질 모래~조밀한 모래
8. 매우 단단한 모래~점토질 모래*
9. 매우 단단한, 세립질 지반*

* 과압밀 또는 고결된 지반

그림 54. Robertson(1990)이 제안한 정규화된 CPT 지반거동 종류 도표

I_c 지수는 세립분(No. 200 체를 통과하는 %)과 모래의 액상화 저항성과 연관 지어져왔다(예 : Suzuki et al. 1997; Robertson and Wrider 1998; Suzuki et al. 1997). 그림 55 에서의 큰 분산도 낮은 상관관계 계수에서 보듯이 I_c와 세립분(fines content) 사이의 일반적인 상관관계는 낮은 편이다. 이 데이터는 단순히 광범위한 부지와 지질학적 환경에 걸쳐 일반적으로 적용하여 개발된 CPT 측정값들과 지반 종류 사이의 상관관계를 근사적으로만 보여주는 것이다. 그러나 I_c 상관관계나 CPT 기반 분류 그래프의 정확도는 부지 고유의 데이터를 모아 그에 대한 보정을 수행함으로써 상당히 향상될 수 있다. 결국 액상화 평가

를 목적으로 지반의 특성들을 결정하기 위해서 또는 지반 특성과 CPT 측정값 사이에 부지 고유의 상관관계를 정립하기 위해서 우선적으로 필요한 주된 방법은 언제나 직접적인 지반조사여야 한다.

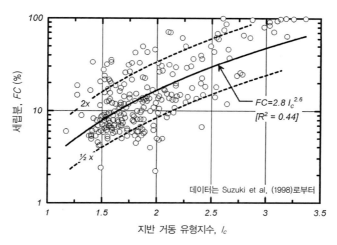

그림 55. 세립분과 지반거동 유형지수, I_c 사이의 상관성(데이터는 Suzuki et al. 1998로부터)

CPT 나 SPT 에서 얻는 관입 저항력은 실제 관입 간격에 대응하는 주변 지반의 강도와 강성에 영향을 받는다. 모래에서 영향 범위는 관입기 직경의 10-30 배 정도일 것이며, 상대밀도가 높을수록 영향 범위는 더 커진다. CPT 의 경우 영향 범위는 약 20-50cm 정도이지만, SPT 스플릿 스푼 샘플러의 경우에는 약 50-150cm 정도가 될 것이다. 게다가 SPT 관입 저항력은 30cm 길이의 간격에 걸쳐 측정된 값이므로, SPT 타격 횟수는 CPT 선단 저항력의 경우보다 훨씬 더 많은 체적의 지반을 대표하는 값이 된다. CPT 의 경우 보다 작은 영향 범위로 인해 대단히 상세한 지층구성을 식별해낼 수 있도록 해주며, 이는 그림 53 에서 깊이 5-8m 에서의 조밀한 모래와 연약 점토 시임(seam) 사이의 급격한 변화를 구분할 수 있음에서 예시적으로 확인할 수 있다. 동시에 그림 53 의 CPT 그래프에 역시 설명되었듯이, CPT 는 상당히 다른 강도와 강성을 가진 지반 사이의 경계면 근처에서 취해진 개별적 측정(discrete measurements)이 양쪽의 어느 지반에 대해서

도 대표성을 지니지 못하는 충분히 불명확한 정보(smeared information)를 제
공한다는 사실을 이해하는 것은 중요하다.

이와 관련된 우려 중 하나는 상부와 하부에 보다 연약한 지반을 갖는 얇은
모래층을 파악하는 어려움이다. 만약 모래층이 너무 얇으면, 콘 선단은 보다
연약한 토층의 영향에서 결코 자유로울 수 없으며, 따라서 모래의 선단 저항력
은 상대밀도값을 결코 대표할 수 없게 된다. 이러한 현상은 그림 56 에서 소개하

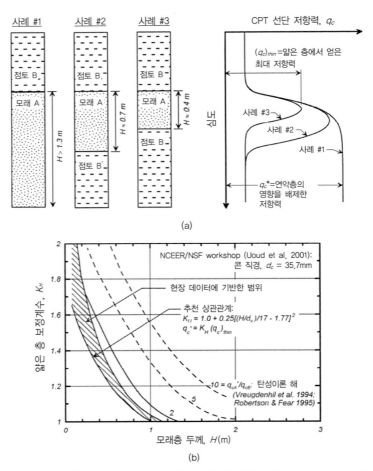

(a)

(b)

그림 56. 등가의 두꺼운 층의 CPT 선단 저항력 결정을 위한 얇은 층 보정계수(K_H): (a)
얇은 층 효과의 이해도, (b) Youd et al.(2001)이 추천한 관계

듯이 얇은 층 보정계수(K_H; thin-layer correction factor)를 측정된 선단 저항력에 곱해줌으로써 부분적으로 고려될 수 있다(Robertoson and Fear 1995, Youd et al. 2001).

BPT와 LPT

BPT와 LPT는 SPT와 CPT의 정확성을 떨어뜨리거나 또는 그 적용이 불가능한 큰 입경의 지반(자갈과 율석층)에 사용되어왔다. BPT는 폐합된 비트와 함께 168mm 직경과 3m 길이의 이중벽 케이싱을 지반에 복동식 디젤 파일 해머로 관입하는 방식을 사용한다. BPT 시험은 연속적인 관입 기록을 제공하는데, 케이싱을 매 300mm(1ft) 관입하는 데 필요한 해머 타격의 횟수를 파악하게 된다. LPT는 SPT와 유사하지만 SPT보다 더 큰 스플릿 스푼 샘플러와 더 큰 관입용 해머를 사용하는 것이 다르다.

액상화 분석에 사용할 목적으로 모래층에서 BPT 타격 횟수를 등가의 SPT N 값으로 환산하기 위해 BPT와 SPT 사이의 상관관계가 제안되었다. BPT를 보다 표준화하기 위해, 그리고 역학적 개념을 보다 잘 이해하기 위한 시도가 이루어져왔으나 반복성과 일반화된 해석에 관하여는 상당한 우려가 남아 있는 상태이다. BPT 절차와 관련된 현안들에 대한 자세한 설명은 Harder(1997)와 Sy(1997)에 소개되어 있다.

몇몇 다른 LPT의 경우, 외경이 7.3-14cm(SPT의 경우 5.1cm와 비교됨)인 샘플러와 SPT 해머에 가능한 에너지의 1.2-5.9배에 해당하는 에너지를 가진 해머가 개발되어왔다. LPT에서 얻은 관입 저항력은 SPT에서 얻은 값들과 연관 지어져왔으며, 따라서 LPT 값들은 액상화 평가를 목적으로 등가의 SPT N_{60} 값들로 환산될 수 있다. Daniel et al.(2003)은 각기 다른 관입 시험들에 대한 파(wave) 방정식 분석을 통해 다양한 경험적인 LPT-SPT 상관관계를 규정짓는 합리적인 방법을 제시하였다. 추가적으로 그들은 신뢰할 만한 LPT 관입 저항력을 얻을 수 있도록 에너지 측정의 중요성을 언급하였다.

전단파 속도(Shear Wave Velocity)

전단파 속도 시험은 흙의 저변형률 전단탄성계수(small-strain shear modulus; 강성; stiffness)를 측정하며, 따라서 어떠한 지수시험(index test)이라기보다는 공학적 물성 측정 시험이라 할 수 있다. 현장에서 V_s를 측정하는 다양한 방법들이 있으며(예 : 크로스홀, 다운홀, 동적 CPT, 표면파의 스펙트럴 분석(SASW)), 각각은 특별한 장점과 단점이 있다. V_s 시험의 일반적인 장점은 관입이나 샘플링이 어려운 지반(예 : 자갈, 율석, 전석층)에 대해서도 적용할 수 있다는 점이다. V_s 시험의 일반적인 단점은 부지의 층상(stratigraphy)과 이질성(heterogeneity)을 특징짓는 데 매우 제한된 공간적 해상도 또는 정보를 제공한다는 점(V_s 시험은 상대적으로 큰 체적에 걸친 평균 속도를 측정한다)이다. 또한 흙 샘플을 얻지도 못하며, 액상화 저항력을 측정하는 데 매우 세밀한(sensitive) 방법도 아니다.

유효 상재응력의 효과에 대한 V_s의 보정은 SPT와 CPT 관입 저항력에 대한 상재압 보정과 함께 3.5 장에서 다룬다.

지반 조사 기술의 보완적 역할

현장시험 결과가 액상화 특성에 대한 지수로서 유용하기 쓰이기 위해서는 전반적인 지반 조사가 합리적으로 상세하게 완성되어질 때에 가능하다. 지반 조사(site characterization)는 지질학적 환경에 대한 철저한 이해를 동반해야만 한다. 이러한 노력들은 지질도, 항공사진, 그리고 그 지역에서 관찰된 역사적 지진 기록에 대한 연구를 포함한다. 지질학적 환경에 대한 해석은 존재할 것 같은, 또는 존재할 수 있는 층상의 종류와 그들의 존재 유무를 합리적으로 확인할 수 있는 상세한 지반조사 방법을 잘 식별하는 작업을 필요로 한다. 보다 상세한 지반 조사는 그 특정 지역에 가장 적합하다고 판단되는 다양한 조합과 순서에 의한 시추, CPT 조사, 물리탐사를 포함할 수 있다.

여기서 실무에서 표준으로 적용하는 SPT 샘플링은 온전한 지하 층상의 전체적인 그림을 제공하지 못하며, 대부분의 공학적 시추 주상도는 단순화된다는 점을 강조하는 것이 아마도 유용할 것이다. 그림 57 의 사진은 이 사실을 예증한다. 명백하게 1.5m 간격에서의 SPT 샘플은 매우 흔한 샘플링 간격이지만, 실제 지반 조건에 대해서는 오직 제한된 모습만을 제공해준다. 주의 깊은 관입 주상도 작업을 통해 샘플링 간격 사이의 지반 층상에서 변화를 식별할 수 있으며, 보다 촘촘하게 간격을 조정한 샘플들에 대한 필요성을 제공해준다. 그럼에도 불구하고 대다수의 지반조사 기법들은 일부 공간적으로 제한된 해상도를 갖고 있으므로, 부지의 지질에 대한 전반적인 해석 과정에서 지질학적 특성을 온전히 파악하지 못할 가능성을 언제나 주의 깊게 염두해두어야 한다.

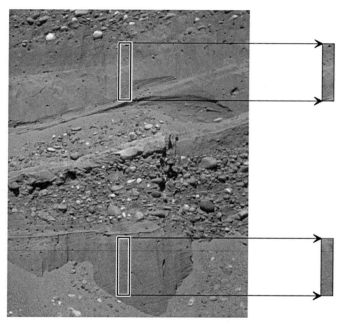

그림 57. 충적 퇴적층에서 모래, 자갈질 모래, 모래질 자갈이 서로 교호하는 층상구조를 보여주는 굴착면과 1.5m 간격의 SPT 샘플을 통해 관찰될 수 있는 퇴적층의 부분

여러 가지 이유로 CPT 및 SPT 조사를 함께 수행하는 것은 지극히 중요할 수 있다. 예를 들어, SPT 또는 튜브 샘플링의 적정 위치와 깊이를 선택하기 전에 일부 CPT 조사를 수행하는 것은 종종 효율적이다. SPT 시추와 CPT 조사

를 병행하는 또 다른 이점은 그림 53 에서 제시한 바와 같이 연약한 지반층들의 인접에 의해 영향을 받을 수 있는 관입 저항력 측정값들을 분명하게 구분할 수 있는 능력에 있다. 또한 CPT 와 SPT 데이터의 병행은 다양한 관심 층에 대해 q_c와 N_{60} 사이의 부지 고유의 상관관계를 개발하기 위해 사용될 수 있다. 부지 고유의 상관관계는 CPT 와 SPT 기반의 액상화 평가 결과를 서로 연관 짓기 위해, 또한 지반개량의 조정과 평가 목적을 위해 귀중하게 사용될 수 있다.

3.5 현장시험 결과의 상재하중 보정

관입시험

모래에서 SPT 와 CPT 관입 저항력은 구속응력이 증가함에 따라 증가하는데, 이는 서로 다른 심도와 위치 또는 부지에서 얻어진 N_{60}와 q_c 값들이 서로 동등한 연직 유효응력 하에서 측정되지 않았다면 직접적인 비교를 할 수 없음을

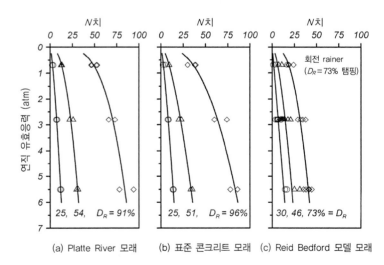

(a) Platte River 모래   (b) 표준 콘크리트 모래   (c) Reid Bedford 모델 모래

그림 58. 세 종류의 상대밀도를 가진 세 종류의 모래에 대한 연직 유효응력에 따른 SPT N 값의 변화(Idriss and Boulanger 2004; 데이터는 Marcuson and Bieganousky 1977a, 1977b).

의미한다. 연직 유효응력에 따른 관입 저항력의 점진적인 증가는 그림 58 에 나타나 있다. 이 그림은 각각 세 종류의 다른 상대밀도로 준비된 모래들에 대한 SPT 보정 챔버(chamber) 시험 결과를 보여준다(Marcuson and Bieganousky 1977a, 1977b). CPT 보정 챔버 시험은 연직 유효응력에 따른 q_c 의 유사한 변화 경향을 보이며, 상대적으로 일정한 모래의 현장 토층에서 얻은 SPT 와 CPT 데이터 또한 동일한 변화 양상을 보여주고 있다.

관입 저항력은 만약 연직 유효응력이 1atm 이었다면 동일한 모래에서 얻어졌을 등가의 값에 연관 지을 수 있다. 상재압 보정 관입 저항력(overburden corrected penetration resistances), $(N_1)_{60}$ 와 q_{c1} 은 상재압 보정계수(overburden correction factor), C_N 을 사용하여 다음과 같이 계산한다.

$$(N_1)_{60} = C_N N_{60} \tag{31}$$

$$q_{c1} = C_N q_c \tag{32}$$

CPT 는 추가적으로 대기압(atmospheric pressure)에 대하여 정규화할 수 있는데, 바로 q_{c1} 을 P_a 로 나누어줌으로써 보정된 무차원 선단 저항력 q_{c1N} 을 얻게 된다. 즉, Robertson and Wride(1998)가 추천한 바처럼, $q_{c1N} = q_{c1}/P_a$ 이 된다.

C_N 의 개념은 직접적으로 그림 58 과 같은 시험적 결과로부터 얻어지는데, 이로부터 각각의 σ'_v 에 대한 C_N 값들은 σ'_v =1atm 에서 얻어진 관입 저항력을 $\sigma'_v \neq$1atm 의 동일한 모래에서 얻은 관입 저항력으로 나누어줌으로써 결정된다. 그 결과 $(N_1)_{60}$ 와 q_{c1} 값들은 연직 유효응력과 독립적인 값이 되며, 그 값들은 동일한 부지 내에서 또는 한 부지와 다른 부지에서의 값을 보다 합리적으로 비교할 수 있도록 모래 물성과 상대밀도의 지수로서 활용할 수 있다.

C_N 관계식은 SPT 에 대하여 그림 58 에서 보인 것과 같이 SPT 와 CPT 에 대한 보정 챔버 데이터로부터, CPT 에 대한 이론적 해로부터(예 : Salgado et al. 1997a, 1997b), 또한 상대적으로 균질한 모래 퇴적토층에서 얻은 현장 데이터로부터

(예: Skempton 1986) 유도될 수 있다. 다수의 각기 다른 관계식들이 C_N을 구하기 위해 제안되어왔다. 다음 식은 Liao and Whitman(1986)이 제안한 식을 수정한 관계식이다.

$$C_N = \left(\frac{P_a}{\sigma'_{vc}} \right)^m \tag{33}$$

여기서 m은 모래의 물성과 상대밀도에 의존하는 계수이다(Boulanger 2003b). 예를 들어, 이러한 형태의 수식은 그림 58 에서 보정 챔버 데이터에 맞추기 위해 사용되었으며, 그 결과 얻어지는 m 값들은 그림 59 에 요약되어 있다. 그림 59 는 또한 CPT 보정 챔버 시험 결과를 맞추기 위한 m에 대한 관계식을 보여주며, 어떻게 다음과 같은 하나의 C_N 관계가 양쪽 모두의 관입 시험에 대해 합리적으로 근사화할 수 있는지를 보여준다.

$$m = 0.784 - 0.521 \cdot D_R \tag{34}$$

여기서 낮은 상대밀도에서 보다 큰 m 값은(즉, 1 에 가까운 값은) 그림 58 에서 관입 저항력과 연직 유효응력의 그래프가 보다 더 선형에 가까워지는 조건에

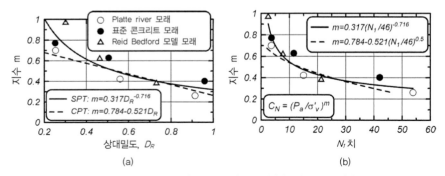

(a) (b)

그림 59. 상재압 정규화 계수의 지수(exponent) m과 (a) 상대밀도, (b) N_1 값과의 관계 그래프. 값들은 Marcuson and Bieganousky(1977a, 1977b)가 시험한 SPT 보정 챔버 시험에서 세 종류의 모래에 대해 얻어진 값이다(Boulanger 2003).

대응함을 알 수 있다. 반면에 보다 높은 상대밀도에서 보다 작은 m 값들은 그래프가 덜 선형적인 조건에 대응한다.

상기 표현을 실무에 적용하는 과정은 D_R과 관입 저항력 사이의 상관관계에서 출발하는데, 보편적인 SPT에 대한 식은 다음과 같다.

$$D_R = \sqrt{\frac{(N_1)_{60}}{C_d}} \qquad\qquad (35)$$

여기서 D_R은 %보다는 비(ratio)로서 표현된다. Meyerhof(1957)의 최초 관측 결과, C_d 값으로 41을 채택하였다. Skempton(1986)은 현장과 실내 데이터를 검토하고 정규압밀 자연 모래 퇴적토에 대한 최적의 평균 C_d 값을 세립질 모래에 대해 55를, 조립질 모래에 대해 65를 제안하였다. Skepmton은 추가적으로 퇴적층의 나이에 따라서 C_d 값은 상당히 크게 변하며, 세립질 모래에 대한 전형적인 C_d 값은 실내시험에서 35, 최근 조성된 매립지에서 40, 자연 퇴적토층에서 55로 제시하였다. Cubrinovski and Ishihara(1999)는 현장에서 동결융해 샘플링으로 얻은 고품질의 불교란 시료들로부터 평균 C_d 값을 깨끗한 모래 샘플에 대해 약 51을, 실트질 모래 샘플에 대해 약 26을, 그리고 모든 샘플에 대해 약 39로 요약하였다.

CPT 선단 저항력 또한 다양한 형태로 D_R과 연관 지어왔다. 깨끗한 모래에 대한 Salgado et al.(1997a, 1997b)의 관계식은 다음과 같이 근사될 수 있다.

$$D_R = 0.465\left(\frac{q_{c1N}}{C_{dq}}\right)^{0.264} - 1.063 \qquad\qquad (36)$$

여기서 q_{c1N}은 편의상 무차원이다. 상수 C_{dq} 값은 Salgado et al.(1997b)의 연구에 의해 모래 물성의 범위에 대하여 0.64–1.55 이다.

이러한 $q_{c1N} - D_R$과 $(N_1)_{60} - D_R$ 상관관계는 Idriss and Boulanger(2003b)

가 3.10 장에서 기술한 것처럼 SPT 기반 및 CPT 기반 액상화 유발 상관관계 사이의 상호 일치성(consistency)을 검토하기 위해 사용하였다. SPT 관계를 위해서는 $C_d = 46$ 을 사용하였고, CPT 관계를 위해서는 $C_{dq} = 0.9$ 를 사용하였다. 따라서 다음 수식들을 얻을 수 있다.

$$D_R = \sqrt{\frac{(N_1)_{60}}{46}} \qquad (37)$$

$$D_R = 0.478\,(q_{c1N})^{0.264} - 1.063 \qquad (38)$$

상기 관계식들을 m에 대한 표현(수식 34)으로 치환하면, C_N을 결정하기 위한 다음 표현식을 얻게 된다.

$$C_N = \left(\frac{P_a}{\sigma'_{vc}}\right)^{0.784 - 0.0768\sqrt{(N_1)_{60}}} \leq 1.7 \qquad (39)$$

이 표현식에서 $(N_1)_{60}$는 46 이하의 값에 한정되며, CPT 에 대해서는,

$$C_N = \left(\frac{P_a}{\sigma'_{vc}}\right)^{1.338 - 0.249\,(q_{c1N})^{0.264}} \leq 1.7 \qquad (40)$$

여기서 q_{c1N}은 21 과 254 사이의 값들로 한정된다. 식 39 와 40 을 사용하는데, $(N_1)_{60}$와 q_{c1N}에 대한 수치적 한계는 지수항이 활용 가능한 데이터 범위에 있도록 하기 위함이다.

위의 표현식들을 통해 계산된 C_N 값은 최댓값 1.7 로 제한되는데, 이는 실무적인 고려와 함께 이러한 표현식들이 매우 낮은 유효응력에 대해 유도되지는 않았다는 사실에 기인한다. 예를 들어, 상기 C_N 표현식들은 연직 유효응력이 '0'에 접근함에 따라 매우 큰 값들을 산출한다. 그러므로 얕은 심도에서 이러한

식들에서의 불확실성 때문에 C_N의 최댓값에 제한치를 두어야 하는 것이다(여러 학자들에 의해 제한값은 1.7-2.0 로 추천되었다).

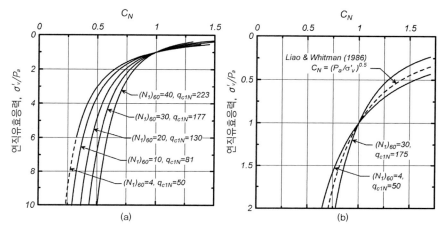

그림 60. (a) 연직 유효응력 10atm까지에 대한, 그리고 (b) 연직 유효응력 2atm까지에 대한 상재압 보정계수 C_N

이러한 결과 얻게 되는 C_N 곡선은 그림 60 과 같으며, 심도가 증가함에 따라 D_R의 중요성을 보여주고 있다(즉, 이 그림에서 D_R의 역할은 관입 저항력으로 대표된다). 위의 표현을 통한 C_N 값을 구하는 과정은 반복을 필요로 하는데, 이는 $(N_1)_{60}$가 C_N에 의존적이며, C_N은 $(N_1)_{60}$에 의존적이기 때문이다(그리고 CPT 의 경우도 유사하게 q_{c1N}은 C_N에 의존적이며, C_N은 q_{c1N}에 의존적이다). 이러한 반복계산은 대부분의 스프레드시트 소프트웨어에서 순환참조 기능을 사용하여 쉽게 해결할 수 있다.

D_R에 따른 C_N의 변화는 연직 유효응력이 0.5-2.0atm 일 때 덜 중요하며, 이는 많은 실무적 환경에서 마주치는 응력의 범위를 대표한다(즉, 심도가 약 10-15m 이내). 이러한 사유로 과거 실무에서는 D_R과는 독립적인 C_N 표현식을 자주 사용하곤 하였다. 이러한 C_N 표현식 중에서 가장 널리 쓰였던 식은 Liao and Whitman(1986)에 의해 제안된 아래 식이다.

$$C_N = \left(\frac{P_a}{\sigma'_{vc}} \right)^{0.5} \leq 1.7 \tag{41}$$

이 관계식은 $D_R \approx 54\%$, $(N_1)_{60} \approx 14$, $q_{c1N} \approx 99$ 일 때 기존에 기술한 표현식과 일치하며, $\sigma'_{vc} = 1$atm 에서 크게 변하지 않는 연직 유효응력 조건에 대해 활용 가능한 데이터를 간단하고 합리적으로 근사화할 수 있다.

전단파 속도

V_s 값 또한 유효 구속응력의 증가에 따라 증가하며, 따라서 이 값들은 만약 연직 유효응력이 1atm 이었다면 동일한 모래에서 얻었을 등가의 값으로 보정할 수 있다. 모래지반에서 V_s 값들에 대한 상재압 정규화는 최대(저변형률) 전단탄성계수($G_{\max}$) 값이 대략적으로 유효 구속응력의 제곱근에 비례한다는 시험적인 관찰 결과를 따르게 된다. V_s 가 $G_{\max}/\rho$의 제곱근과 동일하기 때문에(여기서 ρ는 밀도), 모래의 등가 V_{s1} 값은 다음과 같이 얻을 수 있다.

$$V_{S1} = V_S \left(\frac{P_a}{\sigma'_{vc}} \right)^{0.25} \tag{42}$$

이러한 정규화는 관입시험의 경우보다 상재응력에 덜 민감하며 따라서 모래의 D_R과는 무관하다고 생각할 수 있다.

3.6 규모 보정 지수(Magnitude Scaling Factor)

CRR 은 지진규모 M 과 관계되는 하중재하 사이클 횟수(number of loading cycles)에 의존적이기 때문에(Seed et al. 1975b), CSR 이나 CRR 을 보편적인 M 값으로(편의상 M=7.5 를 취함) 보정해주기 위해 규모 보정 지수(Magnitude Scaling Factor)를 사용한다. MSF 의 기본적인 정의는 다음과 같다.

$$\mathrm{MSF} = \frac{\mathrm{CRR}_M}{\mathrm{CRR}_{M=7.5}}$$

(43)

MSF 관계식은 (1) CRR 과 일정 응력 사이클 횟수 사이의 실내시험 기반 관계식과 (2) 등가의 일정 사이클 횟수와 지진 규모와의 상관관계를 병합함으로써 유도할 수 있다. 이 두 관계들은 아래에서 설명하듯이 서로 독립적이어서 호환성(compatibility)과 일관성(consistency)을 유지하기 위해 병렬적으로 개발되어야 한다.

불규칙적인 응력 시간 이력을 등가의 일정 시간 이력으로 변환하기

불규칙적인 시간 이력(irregular time series)을 등가의 일정 사이클(equivalent uniform cycles)로 변환하는 방법은 피로 연구에 사용되는 기법과 유사하다. 우선 CRR 과 일정 응력 사이클 횟수(N, number of uniform stress cycles) 사이의 관계식을 개발한다. 2 장에서 설명한 것처럼 이 관계식은 다음과 같은 형태를 사용함으로써 합리적으로 근사화될 수 있다.

$$\mathrm{CRR} = a \cdot N^{-b}$$

(44)

이 급수 관계식은 $\log(\mathrm{CRR})$과 $\log(N)$ 사이의 그래프 상에서 $-b$의 기울기를 갖는 직선으로 표현되며, b 값은 깨끗한 모래에서 대표적으로 0.34 가 된다. CSR_A 와 CSR_B를 갖는 두 종류의 응력 사이클에 대하여 이 두 응력 비에서 파괴를 일으키는 상대적인 사이클 횟수는 다음과 같이 얻어진다.

$$\frac{N_A}{N_B} = \left(\frac{\mathrm{CSR}_B}{\mathrm{CSR}_A}\right)^{1/b}$$

(45)

CSR_B에서 단일 응력 사이클로부터의 손상은 만약 CSR_A 와 CSR_B의 두 사이클 횟수가 각각의 CSR 에서 파괴에 이르는 사이클 횟수의 동일한 비율(fraction)로

표현된다면 CSR_A에서 X_A 사이클로부터의 손상과 동등할 것이다. 이는X_A를 다음과 같이 계산할 수 있음을 의미한다.

$$\frac{X_A \, cycles}{N_A} = \frac{1 \, cycle}{N_B} \tag{46}$$

따라서 다음 표현식을 유도할 수 있다.

$$X_A = \left(\frac{CSR_B}{CSR_A}\right)^{1/b} (1 \, cycle \;\; at \;\; CSR_B) \tag{47}$$

이 식은 개별 응력 사이클을 어떤 참조 응력 수준에서 등가의 사이클 횟수로 변환하는 데 적용한다. 상기 $CRR-N$ 관계식의 형태는 고유한(unique) 결과를 산출하는 변환에 필요하며, 등가의 일정 사이클 횟수는 참조 응력 수준을 얼마로 선택하는지에 따라 영향을 받는다.

포화된 모래에 대해 불규칙한 응력 시간 이력을 등가의 일정 응력 사이클 횟수로 변환하는 작업은 다음과 같이 간단히 설명할 수 있다. 포화된 모래에 대한 비배수 동적 시험 결과 CSR=0.45 일 때 액상화를 유발하기 위해서 일정 사이클 10 회가 필요한 반면, CSR=0.30 에서는 40 회가 필요하다고 가정해보자. 이제 이 동일한 모래가 두 개의 사이클, 즉 하나는 CSR=0.45 이고, 다른 하나는 CSR=0.30 인 두 사이클로 구성된 불규칙적인 응력 시간 이력 하에 있다고 가정해보자. 이 불규칙적인 시간 이력은 CSR 이 일정하게 0.45 인 조건에서 1.25 사이클을 갖는(즉, 1 사이클+10/40 사이클) 등가의 일정 응력 시간 이력으로, 또는 CSR 이 일정하게 0.30 인 조건에서 5 사이클을 갖는(즉, 40/10 사이클+1 사이클) 등가의 일정 응력 시간 이력으로 변환될 수 있다.

MSF, 등가의 일정 응력 사이클 횟수와 지진 규모의 상관관계

주어진 지진 시간 이력에 대한 등가의 일정 응력 사이클 횟수(N)는 정해진 참조 응력 수준과 CRR$-N$ 관계에서 지수 b에 의존적이다. 참조 응력은 지진으로 인한 최대 전단응력의 65%로 취하는데, 이는 이전에 기술한 바와 같이 지진 시 동적 응력을 추정하기 위해 Seed$-$Idriss 간편법을 설명하면서 언급된 바 있다. 여기서 참조 수준의 설정은 다분히 주관적임을 알아야 한다. 다른 참조 응력 수준을 선택하게 되면 어떤 계수값들과 관계식들은 변경되지만, 액상화 평가 절차를 유도한 최종 결과에 대해서는 이 참조 응력이 일정하게 사용되기만 한다면 결과적으로 별다른 영향을 미치지 못할 것이다.

N 값은 그림 61 에서 보인 것처럼 각기 다른 지진 시간 이력에 대해 계산할 수 있으며, 그 결과는 다양한 지진의 속성과 연관 지을 수 있다. 이러한 과정은 지진 가속도 시간 이력에 대해 등가의 일정 사이클 횟수가 대략 동적 전단응력 에 대한 경우에도 동일하다는 근사적 가정을 전제로 실행되어왔다. N 값은 상 대적으로 단층면까지의 거리와 부지 조건에는 영향을 덜 받고, 대부분 지진 규 모에 강하게 영향을 받는다는 사실을 발견해왔다(Liu et al. 2001). Green and Terri(2005)는 등가의 사이클 횟수를 계산하는 다른 방법의 효과를 평가하고 결론적으로 사이클 횟수는 지진 규모, 소스까지의 거리, 지반 프로파일에서 심

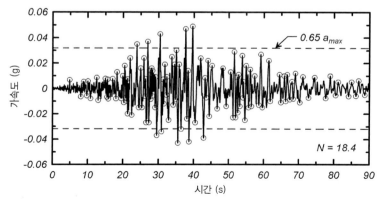

그림 61. 지진기록에서 최대 가속도의 10%를 초과하는 각각의 사이클과 최대 가속도의 65%에서 등가의 일정 사이클 횟수를 보여주는 시간 이력 사례

도에 의존한다고 발표하였다. N의 경향은 그림 62 에서 경험적 상관관계에 의해 예시하였듯이 온전히 지진 규모의 함수로서 간편하게 표현될 수 있다.

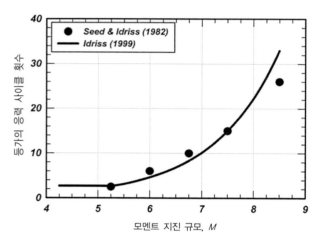

그림 62. 지진 규모와 최대 응력의 65%에서 등가의 일정 사이클 평균 횟수

MSF 는 N과 M 관계식으로부터 다음 식을 통해 유도될 수 있다.

$$\text{MSF}= \frac{\text{CRR}_M}{\text{CRR}_{M=7.5}} = \left(\frac{N_{M=7.5}}{N_M} \right)^b \tag{48}$$

여기서 $N_{M=7.5}$는 M$=7.5$ 일 때의 일정 사이클 횟수이다. MSF 의 상한은 단일 최대 응력이 전체 시간 이력을 지배할 수 있는 매우 작은 규모의 지진에 해당하는 경우이다. 모든 다른 응력 사이클이 무시할 정도로 충분히 작은 단일 응력 펄스(즉, 대칭성에 따라 0.5 에서 1 사이클)에 의해 지배되는 시간 이력을 생각해보자. 만약 이 임계 사례가 최대 응력에서 3/4 사이클로 대표된다면, 최대 응력의 65%에서 일정 사이클의 등가 횟수는 다음과 같을 것이다.

$$N_{\min} = \left(\frac{1.0}{0.65}\right)^{1/0.34}\left(\frac{3}{4}\text{cycle}\right) \approx 2.7 \tag{49}$$

이때 MSF 의 상한은 다음과 같이 계산된다.

$$(\text{MSF})_{\max,\,\text{cohesionless}} = \left(\frac{15}{2.7}\right)^{0.34} \approx 1.8 \tag{50}$$

각기 다른 M 값에서 MSF 는 상기 식과 그림 62 에서 N 과 M 사이의 상관관계를 이용하여 비슷하게 계산될 수 있다. 이 기법은 Idriss(1999)가 MSF 와 M 사이의 다음 관계식을 이끌어내는 데 사용되었다.

$$\text{MSF} = 6.9\exp\left(\frac{-M}{4}\right) - 0.058 \tag{51}$$

$$\text{MSF} \leq 1.8 \tag{52}$$

상기 추천식으로 얻은 MSF 값들을 다른 학자들이 주창한 관계들과 함께 그림 63 에 제시하였다. 이러한 MSF 값들은 Seed and Idriss(1982), Tokimatsu and Yoshimi(1983), Cetin et al.(2004) 등이 제안한 값들보다(M < 7.5 에서) 다소 크게 나타난다. 반면에 Idriss(1999) MSF 값들은 Ambraseys(1988)와 Arango (1996)이 제안한 값들보다 상당히 작은 값들이다. 후자의 학자들은 MSF 와 r_d 의 영향을 혼합한 경험적 기법들을 적용하여 다른 r_d 관계식을 사용하였다. 따라서 엄격히는 그들의 MSF 값들과 Idriss MSF 값들을 직접 비교하는 것은 적절하지 않다.

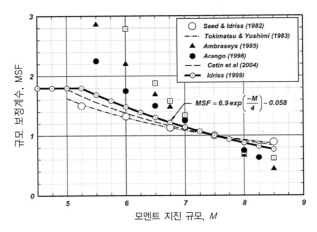

그림 63. 다양한 학자들이 제안한 규모 보정 지수(Magnitude scaling factor)

3.7 상재압 보정계수, K_σ (Overburden Correction Factor)

상재압 보정계수(K_σ)는 CSR과 CRR을 공통의 유효 상재응력 값으로 보정하기 위해 Seed(1983)에 의해 도입되었다. 이는 모래의 CRR이 유효 상재응력에 의존적이기 때문이다. K_σ의 정의는,

$$K_\sigma = \frac{\mathrm{CRR}_{\sigma'_{vc}}}{\mathrm{CRR}_{\sigma'_{vc}=1}}$$ (53)

여기서 $\mathrm{CRR}_{\sigma'_{vc}}$는 특정 σ'_{vc} 값에서 흙의 CRR이며, $\mathrm{CRR}_{\sigma'_{vc}=1}$은 $\sigma'_{vc}=1$atm일 때 동일한 흙의 CRR이다. Harder and Boulanger(1997)의 검토에서 설명하였듯이 대부분의 K_σ 관계식들은 실내시험 결과로부터 유도되었으며, 반면에 일부 K_σ 관계식들은 이론적 고찰에 의해서(Hynes and Olsen 1998, Boulanger 2003b), 또는 현장 사례로부터 회귀분석에 의해(Cetin et al. 2004) 도출되어 왔다.

신선한(freshly) 재형성 모래에 대한 시험적 연구 결과로부터 CRR 은 모래의 상대적 상태(relative state)와 직접적으로 관련될 수 있음이 밝혀졌으며(예 : 그림 24), 따라서 CRR 과 ξ_R 사이의 관계는 (그림 25 에 도시한 바와 같이) 실제적으로 K_σ 관계를 정의한다. 이는 주어진 유효 상재응력에서 각기 다른 CRR-D_R 관계식들을 갖는 모래에 대해 각기 다른 K_σ 관계식들을 예측할 수 있음을 의미한다(즉, p' 는 일정하며, CRR-D_R 관계는 전적으로 CRR-ξ_R 관계를 정의한다). 그러나 CRR 값은 2.3 장에서 토의한 바와 같이, 또는 그림 37-40 에서 보인 바와 같이, 신선한 재성형 모래의 경우 튜브 샘플링 기술로 얻은 현장 시료나 동결 샘플링 기술로 얻은 현장 시료의 경우에 비해 상당히 다를 수 있다. 이러한 차이점들은 결국 매우 다른 K_σ 값들을 도출할 것으로 예상할 수 있으며, 이는 서로 다른 연구자들이 얻은 결과에서 발견되는 상당한 분산을 부분적으로 설명할 수 있다(예 : 그림 22).

결과적으로 Boulanger(2003b)는 (3.8 장에서 보인 바와 같이) 현장 CRR 과 관입 저항력 사이의 반경험적 상관관계와 일치하는 K_σ 관계식을 유도하였다. 이 유도식은 관입 저항력을 ξ_R 과 연관시켜 현장의 CRR 이 ξ_R 의 함수로서 표현될 수 있도록 하였다. 이 현장 CRR 과 ξ_R 관계는 그림 25 에서 보인 절차를 통해 K_σ 값을 유도하기 위해 사용되었다. 결과적으로 얻어진 K_σ 관계식들은 ξ_R 의 계산을 필요로 하지 않는데, 이는 그것이 단지 유도 과정에서만 사용되었기 때문이다. 더 나아가 유도된 K_σ 관계식들은 ξ_R 과 관입 저항력 사이의 가정된 관계식 변화에 상대적으로 둔감하다. 이는 현장의 상관관계를 CRR-ξ_R 관계식에 구현하는 데(mapping), 그리고 그것을 K_σ 관계식으로 다시 구현하는 데 동일한 관계식들이 사용되었기 때문이다.

추천하는 K_σ 관계식은 다음과 같이 계산된다.

$$K_\sigma = 1 - C_\sigma \ln\left(\frac{\sigma'_{vc}}{P_a}\right) \leq 1.1 \tag{54}$$

여기서 C_σ는 모래의 D_R 또는 보정된 상재 관입 저항력의 함수로 다음과
같이 표현될 수 있다(Boulanger and Idriss 2004a).

$$C_\sigma = \frac{1}{18.9 - 17.3 D_R} \le 0.3 \tag{55}$$

$$C_\sigma = \frac{1}{18.9 - 2.55 \sqrt{(N_1)_{60}}} \le 0.3 \tag{56}$$

$$C_\sigma = \frac{1}{37.3 - 8.27 (q_{c1N})^{0.264}} \le 0.3 \tag{57}$$

상기 식에서 계수 C_σ는 $(N_1)_{60}$와 q_{c1N}을 각각 ≤ 37 과 ≤ 211 로 제한함으로
써 상한값을 0.3 으로 정하게 된다. 식 56 과 57 을 통해 계산된 K_σ 값들은
$(N_1)_{60}$와 q_{c1N} 값의 범위에 대해 그림 64 와 같이 도시할 수 있다. 이 도표는

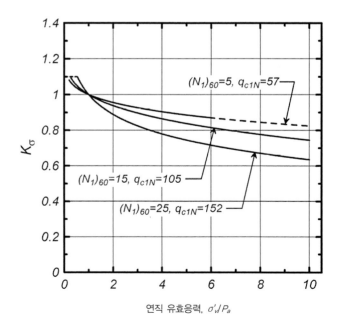

그림 64. ξ_R 관계식에서 유도된 K_σ 관계(Boulanger and Idriss 2004)

K_σ 값이 낮은 구속압에서는 1.0 보다 약간 큼을 보여주며 이는 시험적 결과와도 일치한다. 그러나 상기 회귀식들은 이러한 낮은 응력에서 유도된 K_σ 값을 약간 과대평가한다. Idriss and Boulanger(2006)는 식 56 과 57 을 통해 계산된 K_σ 값을 반경험적 액상화 상관관계에 사용하기 위해서 최댓값을 1.0 으로 제한할 것을 제시한 바 있다. 본 서에서는 상기 표현식에서 계산된 K_σ 값의 최댓값은 시험적 데이터를 보다 잘 표현할 수 있도록 최댓값을 1.1 로 제시하였다.

3.8 정적 전단응력 보정계수(Static Shear Stress Correction Factor), K_α

CRR 은 사면이나 필댐 내에 존재하는 경우와 같이 정적 전단응력 존재 여부에 의해 영향을 받는다. 그러나 활용 가능한 실 사례 데이터가 충분치 않아 이러한 효과를 경험적으로 결정하는 것이 쉽지 않다. Seed(1983)는 CRR 을 정적 전단응력 효과에 대해 보정하기 위해 보정계수 K_α 를 도입하였다. K_α 의 정의는 다음과 같다.

$$K_\alpha = \frac{\mathrm{CRR}_\alpha}{\mathrm{CRR}_{\alpha=0}} \tag{58}$$

여기서 α 는 관심있는 면에서 유효 압밀응력에 대한 정적 전단응력의 비이고, CRR_α 는 특정 α 값에서 흙의 CRR 이며, $\mathrm{CRR}_{\alpha=0}$ 은 $\alpha=0$ 일 때 동일한 흙의 CRR 이다. Harder and Boulanger(1997)에 의해 검토되었듯이 다수의 K_α 관계들이 실내시험 결과에 기초하여 유도되어왔다. 실제 현장 모래에서 이러한 관계식들의 유효성은 평가하기가 어려운데, 이는 동결 샘플링 기술로 얻어진 현장 샘플에 대한 실내시험 데이터나 경험적인 현장 데이터가 불충분하기 때문이다.

Idriss and Boulanger(2003a)는 그림 29 에서의 데이터를 근사화하는 표현식을 유도하였다. 이는 주로 단순전단시험과 3% 전단 변형률의 파괴 기준을 이용하여 정적 전단응력비(α), 상대밀도, 유효 구속응력의 주요 효과들을 설명한다. 이러한 표현식들은 ξ_R 지수를 사용하여 다음과 같은 함수적 형태를 갖는다.

$$K_\alpha = a + b \cdot \exp\left(\frac{-\xi_R}{c}\right) \tag{59}$$

$$a = 1267 + 636\alpha^2 - 634 \cdot \exp(\alpha) - 632 \cdot \exp(-\alpha) \tag{60}$$

$$b = \exp(-1.11 + 12.3\alpha^2 + 1.31 \cdot \ln(\alpha + 0.0001)) \tag{61}$$

$$c = 0.138 + 0.126\alpha + 2.52\alpha^3 \tag{62}$$

$$\alpha = \frac{\tau_s}{\sigma'_{vc}} \tag{63}$$

ξ_R 지수는 관입 저항력으로부터 다음과 같이 계산된다.

$$\xi_R = \frac{1}{Q - \ln\left(\dfrac{100(1 + 2K_o)\sigma'_{vc}}{3P_a}\right)} - \sqrt{\frac{(N_1)_{60}}{46}} \tag{64}$$

$$\xi_R = \frac{1}{Q - \ln\left(\dfrac{100(1 + 2K_o)\sigma'_{vc}}{3P_a}\right)} - (0.478(q_{c1N})^{0.264} - 1.063) \tag{65}$$

이 식의 적용은 $q_{c1N} \geq 21$ 로 제한된다. 또한 α 와 ξ_R 은 다음 범위로 제한되어야 한다.

$$\alpha \leq 0.35 \tag{66}$$

$$-0.6 \leq \xi_R \leq 0.1 \tag{67}$$

이러한 제한식들은 식 59-65 에 사용된 데이터 범위와 호환된다.

$K_o = 0.45$ 와 $Q=10$ 을 적용한 상기 식들을 통해 계산된 K_α 값들의 예가 관입 저항력 범위와 σ'_{vc} =1atm 과 4atm 에 대하여 그림 65 에 도시되어 있다.

K_α 파라미터는 종종 수평 지반이나 완만한 경사 지반에서의 측방유동(lateral spreading) 분석에서 생략되기도 한다. 이는 K_α 가 초기 작은 정적 전단응력비에 대해 개략적으로 1 로 수렴하기 때문에 합리적이라 볼 수 있다. 하지만 보다 급경사 사면과 필댐 제체 내에서의 액상화 해석에서 K_α 항목의 고려는 중요할 수 있다.

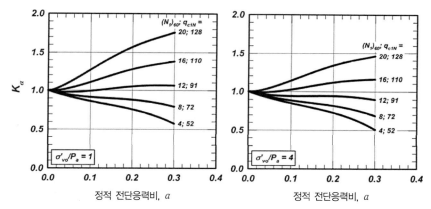

그림 65. 유효 상재응력 1 및 4atm에서 SPT와 CPT 관입 저항력에 대한 K_α의 변화

3.9 현장 사례로부터의 액상화 유발 상관관계 개발

실제 사례들로부터 액상화 상관관계를 개발하는 작업은 특별히 상당한 시간을 들여 각각의 사례들을 조사하는 방법으로 수십 년간 수많은 학자들에 의해 발전해왔다. 최초의 노력은 일본에서 1964 년 Niigata 지진 시 액상화와 비액상화 지반을 구분짓기 위해 SPT 데이터를 사용하면서 시작되었다(예 : Kishida 1966). SPT 절차는 그 후 Seed et al.(1984, 1985)에 의해 추천된 SPT 상관관계와 함께 진화해왔는데, 이것이 기념비적인 이유는 향후 20 년간 업계에서 실무적인 표준이 되었기 때문이다. 최초의 CPT 액상화 상관관계는 1978 년 Tangshan

지진 시 관찰된 실 사례들을 직접 이용하여 Zhou(1980)가 발표한 성과물에 소개되었다. Seed and Idriss(1981)과 Douglas et al.(1981)은 SPT와 CPT 사이의 상관관계를 제안하여 활용 가능한 SPT 기반의 도표를 CPT로도 변환하여 사용할 수 있도록 하였다. 그 후 CPT 상관관계 개발과 평가 절차는 Shibata and Teparaksa(1988), Stark and Olson(1995), Suzuki et al.(1995, 1997), Robertson and Wride(1997, 1998), Olsen(1997) 등에 의해 발전해왔다. National Center for Earthquake Engineering Reserch와 National Science Foundation (NSF)에 의한 1996-1997 워크샵(NCEER 1997)에서는 당시 존재하는 대부분의 SPT, CPT, V_s 기반 상관관계와 해석적 절차들을 요약하여 제시하였다(Youd et al. 2001). 이후 몇 년 동안 몇몇 대형 지진들로부터 새로운 일련의 실 사례들이 관찰되었으며(Cetin et al. 2000, 2004; Seed et al. 2001, 2003; Moss 2003; Moss et al. 2006), 이는 액상화 절차와 상관관계에서 데이터들을 통합하고 수정하는 귀중한 기회를 제공하였다.

이렇게 수집된 데이터베이스들은 이전 절에서 설명했던 향상된 틀(예 : 수정 r_d, MSF, K_σ, C_N 관계)을 사용하여 재평가되었다. 이러한 틀은 C_N이 낮은 구속응력에서 1.0을 초과하도록 수정된 것 외에는 Idriss and Boulanger (2004, 2006)가 사용한 방법과 동일하다. 현재와 이전의 데이터베이스 재평가 간 차이점은 충분히 작아서 Idriss and Boulanger(2004, 2006)에 의한 액상화 상관관계가 아직도 적용 가능함을 보여준다.

각각의 부지에서 가장 중요한 존을 대표할 수 있는 지진으로 인한 CSR과 현장 관입 저항력을 묶어서 구분 지음으로써 각각의 사례들에 대한 정보를 수집하였다. 사례들을 보편적인 데이터 세트로 수집하는 데 각각의 사례들이 보정될 수 있는 어떤 표준적인 참조 조건을 택하는 작업이 필요하다. 이를 위해 M= 7.5 지진과 유효 상재응력 σ'_{vc}=1atm의 참조 조건을 채택하였다. 대부분의 사례들은 상대적으로 작은 정적 전단응력비(α)를 갖기 때문에 결과적인 상관관계는 α=0에 대해서도 적용 가능한 것으로 간주된다. 각 부지에서 지진으로 인한 CSR은 M=7.5와 σ'_{vc}=1atm의 참조 값에 대해 등가의 CSR로 다음과 같이 보정되었다.

$$\text{CSR}_{M=7.5,\,\sigma'_{vc}=1} = \text{CSR}_{M,\,\sigma_{vc}}\frac{1}{\text{MSF}}\frac{1}{K_\sigma} \tag{68}$$

$$\text{CSR}_{M=7.5,\,\sigma'_{vc}=1} = 0.65\frac{a_{\max}}{g}\frac{\sigma_{vc}}{\sigma'_{vc}}r_d\frac{1}{\text{MSF}}\frac{1}{K_\sigma} \tag{69}$$

결과적으로 $\text{CSR}_{M=7.5,\,\sigma'_{vc}=1}$ 값들은 $(N_1)_{60}$와 q_{c1N} 값에 대해 그래프를 그려서 액상화 발생과 액상화 미발생 사례를 분리하는 경계선을 개발하는 작업을 거쳤다.

이러한 경계선들의 개발은 두 가지 추가적인 고려사항을 반영하여 개선되었다. 우선, 동결 샘플링으로 얻어진 현장 모래의 시험적 결과들은(그림 37) 높은 관입 저항력에서 액상화 상관관계 형태를 부분적으로 안내하는 데 사용되었다. 이는 이러한 상관관계 곡선의 상부를 결정지을만한 충분한 사례 데이터가 부족하기 때문이다. 두 번째로, SPT와 CPT 두 데이터에 대해 CRR과 ξ_R 그래프에 중첩해봄으로써 상관관계의 일관성을(3.5 장에서 소개한 D_R과 관입 저항력 사이의 경험적 관계식에 기초하여) 점검하였다. 여기서 유효 상재응력 $\sigma'_{vc}=1$에서 보편적인 CRR과 D_R 관계는 보편적 CRR-ξ_R 관계를 얻는 것과 유사하다.

결과적인 액상화 상관관계는 현장 사례 데이터를 해석하는 데 사용되었던 다양한 관계(예 : r_d, MSF, K_σ, C_N)에 영향을 받는다는 점을 유념하여야 한다. 어떤 인자들은 현장 사례 데이터 해석에 단일 관계 이상의 더 많은 영향을 미친다.

- 심도는 C_r, C_N, r_d, K_σ에 영향을 미친다.
- 지진 규모는 MSF와 r_d에 영향을 미친다.
- 세립분 함유량은 CRR에 영향을 주며, 다른 모든 관계들에서 그 효과가 매우 명확하지 않다.

그러므로 액상화 상관관계는 그 개발 과정에서 사용되었던 동일한 관계들만을 사용하여야만 한다.

3.10 깨끗한 모래에서 액상화 유발을 위한 SPT와 CPT 상관관계

그림 66과 67에서는 Idriss and Boulanger(2004)에 의해 유도된 경계선과 이보다 앞서 연구한 학자들에 의해 제안된 경계선들을 깨끗한 모래에 대한 SPT와 CPT 데이터와 함께 도시하였다. 그림 68에는 Idirss and Boulanger 에 의한 액상화 상관관계로부터 유도된 $CRR-\xi_R$ 관계를 보여주는데, 이는 두 액상화 상관관계 사이에 얻어진 일관성(consistency)을 잘 나타내고 있다. 이 렇게 유도된 CRR과 관입 저항력 사이의 상관관계들은 SPT와 CPT에 대해 각각 다음과 같은 표현식으로 표현할 수 있다.

$$CRR_{M=7.5,\sigma'_{vc}=1} \tag{70}$$

$$= \exp\left(\frac{(N_1)_{60cs}}{14.1} + \left(\frac{(N_1)_{60cs}}{126}\right)^2 - \left(\frac{(N_1)_{60cs}}{23.6}\right)^3 + \left(\frac{(N_1)_{60cs}}{25.4}\right)^4 - 2.8\right)$$

$$CRR_{M=7.5,\sigma'_{vc}=1} = \exp\left(\frac{q_{c1Ncs}}{540} + \left(\frac{q_{c1Ncs}}{67}\right)^2 - \left(\frac{q_{c1Ncs}}{80}\right)^3 + \left(\frac{q_{c1Ncs}}{114}\right)^4 - 3\right)$$

$$\tag{71}$$

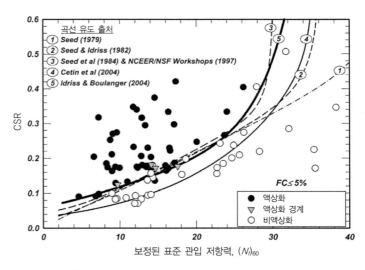

그림 66. M=7.5와 σ'_{vc}=1atm인 깨끗한 모래에 대한 CRR과 $(N_1)_{60}$ 사이의 관계 곡선

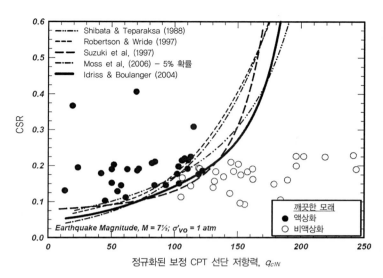

그림 67. M=7.5와 σ'_{vc}=1atm인 깨끗한 모래에 대한 CRR과 q_{c1N} 사이의 관계 곡선

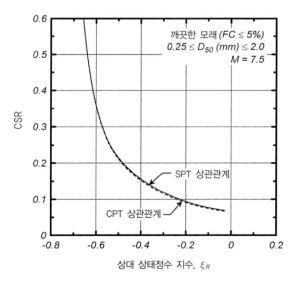

그림 68. Idriss and Boulanger(2004)에 의한 SPT와 CPT 기반 액상화 상관관계에서 유도된 현장 CRR-ξ_R 관계

$(N_1)_{60cs}$와 q_{c1Ncs} 용어에서 아랫첨자 cs는 그 값들이 깨끗한 모래를 참조하였음을 나타낸다. 이러한 상관관계들은 M=7.5와 유효 상재응력, σ'_{vc}=1atm 에 적용 가능하다.

CRR에 대한 위 상관관계들은 그 상관관계들을 유도하는 데 사용되었던 동일한 보정계수들을 사용함으로써 다른 지진 규모와 유효 상재응력 값들에까지 확장될 수 있다. 즉, 다음 식과 같다.

$$\text{CRR}_{M,\sigma'_{vc}} = \text{CRR}_{M=7.5,\sigma'_{vc}=1} \cdot \text{MSF} \cdot K_\sigma \tag{72}$$

액상화 유발에 대한 안전율은 모래의 CRR과 지진으로 인한 CSR에 대한 비로써 계산될 수 있으며, 두 CRR과 CSR 값들은 설계 지진 규모와 현장의 유효 상재응력에 관계된 값들이다.

$$FS_{liq} = \frac{\text{CRR}_{M,\sigma'_{vc}}}{\text{CSR}_{M,\sigma'_{vc}}} \tag{73}$$

또는 지진으로 인한 CSR 값을 3.9장에서 소개한 참조 조건으로 변환하여 산술적으로 등가의 안전율을 다음과 같이 얻을 수 있다.

$$FS_{liq} = \frac{\text{CRR}_{M=7.5,\sigma'_{vc}=1}}{\text{CSR}_{M=7.5,\sigma'_{vc}=1}} \tag{74}$$

각기 다른 액상화 유발 상관관계들은 그림 66과 67에서와 같은 도표상에서 상대적인 위치에만 전적으로 근거하여 비교될 수는 없는데, 이는 각각의 해석적 틀(C_N, K_σ, r_d 등)의 다양한 요소들 사이의 차이점을 반영하지 못하기 때문이다. 예를 들어, 그림 66에서 Cetin et al.(2004)에 의한 곡선은 다른 학자들의 곡선보다 상당히 낮은데, 이는 부분적으로 Cetin et al.이 다른 종류의 해석적 관계들을 사용함으로써 현장 사례 데이터 점들과 이에 대응하는 그래프 곡선을 낮게 만들기 때문이다. 다른 액상화 상관관계들에 대한 보다 완전한 비교는 각기 다른 심도에서 측정된 관입 저항력에 근거하여 예측되었을 CRR 과 FS_{liq} 값들을 비교함으로써 얻을 수 있다.

이러한 유형의 비교는 예를 들어, 깊이 20m 까지에 대해 그림 69 와 70 에 묘사되어 있다. 여기서는 NCEER/NSF 워크숍에서 제시된 SPT 기반의 액상화 상관관계(Youd et al. 2001)와 Idriss and Boulanger(2006)와 Cetin et al.(2004)에 의한 업데이트 자료를 이용하였다. 이러한 비교의 조건은 깨끗한 모래(FC=5%), 지하수위 1m, 그리고 지진 규모 M=7.5 에 해당하였다. 그림 69a 는 CRR_{IB}/CRR_{NCEER} 비의 등고선도를 나타내며, 여기서 CRR_{IB}는 Idriss and Boulanger(2006) 절차로 얻어진 CRR 값이며, CRR_{NCEER}는 NCEER/NSF 워크숍 절차에서 얻어진 CRR 값이다. 그림 69b 는 FS_{IB}/FS_{NCEER} 비의 등고선도를 보여주며, 여기서 FS_{IB}는 Idriss and Boulanger 절차를 통해 얻어진 액상화에 대한 안전율이며, FS_{NCEER}은 NCEER/NSF 워크숍 절차로부터의 안전율이다. 그림 70 에는 Cetin et al.(2004) 절차(즉, $CRR_{Cetin\ et\ al.}$ 과 $FS_{Cetin\ et\ al.}$)와

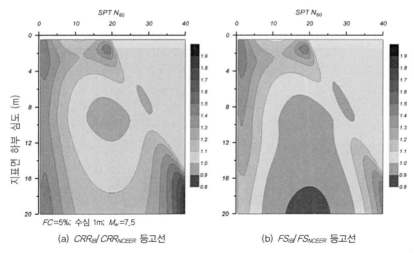

(a) CRR_{IB}/CRR_{NCEER} 등고선   (b) FS_{IB}/FS_{NCEER} 등고선

그림 69. Idriss and Boulanger(2006)와 NCEER/NSF 워크숍(Youd et al. 2001)에서 얻어진 액상화 해석 절차의 비교: (a) CRR 값들의 비와 (b) FS_{liq}의 비

NCEER/NSF 절차가 나타나 있다. 여기서 Cetin et al.은 그 절차를 3.12장에서 설명한 것처럼 확률론적으로 개발하였는데, 후에 그들은 $(N_1)_{60cs}$ 값이 32 이하에서 15%의 액상화 확률(P_L)에 대한 곡선과 동등한 곡선을 사용할 수 있으며, $(N_1)_{60cs}$ 값이 32를 초과할 때에는 P_L =15% 곡선보다 조금 높은 곡선을 결정론적 해석 결과로 사용할 수 있음을 추천하였다. 이를 단순화시켜 그림 70에 보인 비교는 P_L =15% 곡선을 사용하였다.

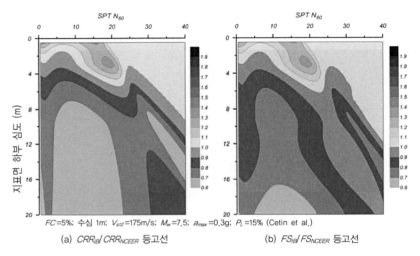

FC=5%; 수심 1m; V_{st2}=175m/s; M_w=7.5; a_{max}=0.3g; P_L =15% (Cetin et al.)

(a) CRR_{IB}/ CRR_{NCEER} 등고선   (b) FS_{IB}/ FS_{NCEER} 등고선

그림 70. Cetin et al.(2004)와 NCEER/NSF 워크숍(Youd et al. 2001)에서 얻어진 액상화 해석 절차의 비교: (a) CRR 값들의 비와 (b) FS_{liq}의 비

그림 69에서의 비교는 Idriss and Boulanger 절차에 의해 얻어진 CRR과 FS_{liq} 값들이 심도 4-14m에서 N_{60} =8-40인 경우에 대해, NCEER/NSF 절차에 의해 얻어진 결과의 ±10% 내에 대체로 분포함을 보여준다. 대다수 사례 데이터가 주어진 조건 범위에 들어오고, 두 절차가 광역적으로 동일한 데이터를 적용하였다는 점에서 이러한 범위의 N_{60} 값과 심도에서 CRR과 FS_{liq} 사이의 양호한 일치성은 놀라운 일이 아니다. 주어진 N_{60}와 심도 값 범위 밖에서 CRR_{IB} 값들은 CRR_{NCEER} 값들보다 일반적으로 10-40% 정도 더 크게 나타나

며, N_{60} 가 35 보다 크고 심도가 16m 를 초과할 때 그 차이는 한층 더 커진다. CRR 값에서 이러한 차이점의 가장 큰 원인은 이 두 절차상의 데이터 처리 세트에서의 C_N 과 K_σ 관계에 있다. 12m 초과 심도에서 FS_{IB}/FS_{NCEER} 비는 CRR $_{IB}$/CRR$_{NCEER}$ 비보다 작은데, 이는 이러한 심도에서 CSR 을 계산하기 위해 사용된 r_d 값이 NCEER/NSF 절차에서보다 Idriss-Boulanger 절차에서 더 크기 때문이다. 심도 20m 근처에서 FS_{IB} 값은 대체적으로 FS_{NCEER} 값의 88-140%에 해당한다.

그림 70 에서의 비교 결과 Cetin et al.(2004) 절차에 의해 얻어진 CRR 및 FS_{liq} 값들은 심도 4m 근처에서 NCEER/NSF 절차에 의해 얻어진 값들의 ±10% 내에 있으나, 다른 심도에서 그 차이는 빠르게 커짐을 보여준다. 약 8m 이상 심도에서는 Cetin et al. 절차에 의한 CRR 값들이 일반적으로 CRR$_{NCEER}$ 값보다 약 20-45% 더 작게 나타나며, $FS_{Cetin\ et\ al.}$ 값은 FS_{NCEER} 값보다 대체로 10-45% 작게 나타난다. Cetin et al. 절차는 r_d, C_N 및 K_σ 관계의 차이점 및 그러한 관계들이 현장 사례 데이터를 해석하는 데 미치는 영향 등을 포함하여, 몇 가지 이유로 이러한 심도에서 CRR 과 FS_{liq} 관계를 상당히 낮게 추정한다.

3.11 실트질 모래에서 액상화 유발에 대한 SPT와 CPT 상관관계

SPT 상관관계

그림 71-74 에서는 실트질 모래에 대한 SPT 상관관계의 개발 과정을 담고 있다. 현장 사례 데이터는 각기 다른 세립분에 따른 데이터 그룹으로 수집되어 깨끗한 모래에 대한 기본(baseline) 액상화 곡선과 비교하였다. 예를 들어, 그림 71 은 NCEER/NSF 워크숍 곡선(Youd et al. 2001)과 Idriss and Boulanger (2004)의 수정 곡선과 함께 FC≥35%인 비점성 지반에 대한 현장 사례 데이터 점들을 보여준다. 새로운 곡선은 NCEER/NSF 워크숍에서 제시된 FC≥35% 경계 곡선 아래로 떨어지는 몇몇 최근의 현장 사례 데이터 점들에 의해 조정된다.

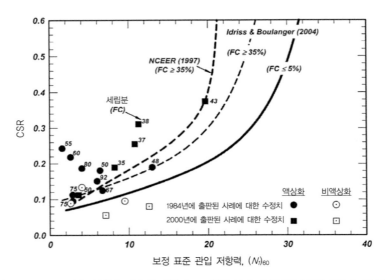

그림 71. FC≥35%인 비점성 지반에 대한 SPT 현장 사례, NCEER/NSF 워크숍 곡선(Youd et al. 2001) 및 M=7.5와 σ'_{vc}=1atm에 대한 깨끗한 모래와 FC≥ 5%에 대한 추천 곡선

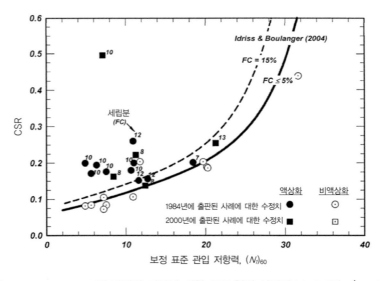

그림 72. 5%＜FC＜15%인 비점성 지반에 대한 SPT 현장 사례와 M=7.5와 σ'_{vc}=1atm에 대한 깨끗한 모래와 FC=15%에 대한 추천 곡선

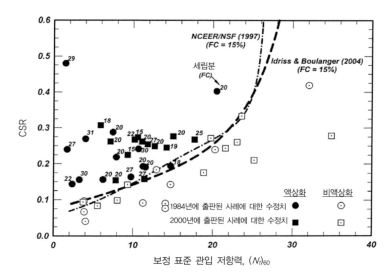

그림 73. 15%≤FC<35%인 비점성 지반에 대한 SPT 현장 사례, NCEER/NSF 워크숍 곡선 (Youd et al. 2001) 및 M=7.5와 σ'_{vc}=1atm에서 FC=15%에 대한 추천 곡선

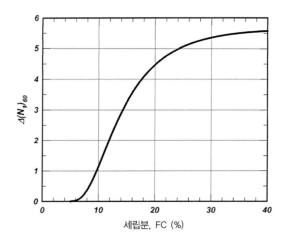

그림 74. 세립분에 따른 $\Delta(N_1)_{60}$ 변화

유사하게 수정 FC=15% 경계 곡선은 그림 72 와 73 에서 NCEER/NSF 워크숍 곡선과 비교할 수 있다. 그림 72 는 5%< FC< 15%인 비점성 지반에 대한 현장 사례 데이터 분포를 보여주고 있으며, 그림 73 은 15%≤ FC< 35%에 대한 현장 사례 데이터 분포를 나타내고 있다. 여기서, 수정 곡선은 NCEER/NSF 워크숍 곡선보다 역시 낮은 양상을 보이는데, 이는 Cetin et al.(2000)에 의해 수집된 최근의 SPT 현장 사례 데이터 세트의 영향을 반영하고 있다.

실트질 모래에 대한 수정 경계 곡선은 깨끗한 모래에 대한 경계 곡선의 수평 이동과 같으며, 따라서 등가의 깨끗한 모래의 SPT 관입 저항력을 이용하여 다음과 같이 간편하게 계산될 수 있다.

$$(N_1)_{60cs} = (N_1)_{60} + \Delta(N_1)_{60} \tag{75}$$

$$\Delta(N_1)_{60} = \exp\left(1.63 + \frac{9.7}{FC+0.01} - \left(\frac{15.7}{FC+0.01}\right)^2\right) \tag{76}$$

식 75 와 76 을 통해 계산되는 FC(% 단위)에 따른 $\Delta(N_1)_{60}$ 의 변화를 그림 74 에 제시하였다. 여기서 세립분에 대한 보정은 FC 값이 약 35% 이상일 때 일정한 양상을 띠며, 이는 이 정도 수준의 세립분을 함유한 실트질 모래의 거동이 세립분의 매트릭스에 의해 주로 지배된다는 시험적 관찰결과(즉, 모래 입자들이 필연적으로 이 매트릭스 내에서 떠다니는 모양새)와 일치한다(예 : Mitchell and Soga 2005). 자갈이 15-20%까지 함유된 실트질 모래의 경우, 액상화 저항력은 주로 실트질 모래 매트릭스에 의존할 것으로 예측된다. 그러한 경우, SPT $(N_1)_{60}$ 값은 자갈질 입자의 영향을 주의 깊게 검토하여야 하며(예 : 그림 52), 이때 $\Delta(N_1)_{60}$ 를 계산하기 위해 사용되는 FC 는 No. 4 체 통과분에 기반을 두어야 할 것이다.

모래와 실트질 모래, 모래질 실트에서 SPT 액상화 현장 사례들을 등가의 $(N_1)_{60cs}$와 함께 그림 75 에 도시하였다. 여기서 각기 다른 범위의 세립분은 서로 다른 기호로 표기하였다. 예상한 바와 같이 깨끗한 모래에 대해 정하였던 경계 곡선은 어느 범위의 세립분에 대해서도 동일하게 잘 일치하는 모습을 보여 준다. 결과적으로 M=7.5 지진 규모 및 유효 연직응력 σ'_{vc}=1atm 에 대한 CRR 값은 위의 깨끗한 모래에서 제시한 동일한 표현식을 통해 $(N_1)_{60cs}$ 값에 근거하여 계산할 수 있다.

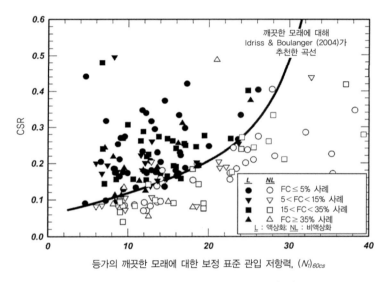

그림 75. M=7.5와 σ'_{vc}=1atm인 경우 등가의 깨끗한 모래의 $(N_1)_{60cs}$ 값과 다양한 세립분을 함유한 비점성 지반에서 액상화 SPT 현장 사례 그래프

여기서 실트질 모래에 대한 C_N 값은 등가의 깨끗한 모래에서의 $(N_1)_{60cs}$ 값을 통해 계산하였다. 이는 세립분이 이 관계에 어떻게 영향을 미치는지에 대해 보다 나은 시험적 정의를 유보시키면서 동시에 합리적인 근사화일 것으로 보인다. 이 관계가 후에 실무에서 사용될 때 동일한 접근법이 적용 가능하다.

NCEER/NSF 절차(Youd et al. 2001)와 Idriss and Boulanger(2006)에 의한 업데이트, 그리고 Cetin et al.(2004) 등으로부터 상관관계를 적용함으로써

얻어진 FC=35%에 대한 CRR 값들을 그림 76에서 비교하였다. 이러한 비교는 지하수위 심도 1m와 지진 규모 M=7.5에 대해 이루어졌다. 그림 76a는 CRR_{IB} / CRR_{NCEER} 비의 등고선을 나타내고 있으며, 그림 76b는 $CRR_{Cetin\ et\ al.}$/CRR $_{NCEER}$ 비의 등고선을 보여준다. Idriss and Boulanger의 업데이트와 Cetin et al. 모두 NCEER/NSF 절차를 통해 얻어진 값들보다 대체로 작은 CRR 값을 산출하고 있다. 이 차이점은 보다 높은 FC의 모래지반을 포함하는 최근의 지진 현장 사례를 포함시킨 결과이다. Cetin et al. 절차는 Idriss and Boulanger 절차에 의해 얻어진 CRR 값보다 상당히 작은 값들을 산출한다. 이 차이는 심도 가 증가할수록 대체로 증가한다. CRR_{IB}와 $CRR_{Cetin\ et\ al.}$ 값들 사이의 차이점은 FC≤5% 모래에서 상대적인 값들에 영향을 미친 동일한 인자들의 결과에서 기 인한다(그림 69와 70).

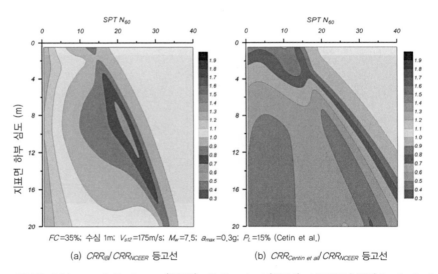

FC=35%; 수심 1m; V_{s12}=175m/s; M_w=7.5; a_{max}=0.3g; P_L=15% (Cetin et al.)

(a) CRR_{IB}/CRR_{NCEER} 등고선   (b) $CRR_{Centin\ et\ al}$/CRR_{NCEER} 등고선

그림 76. Idriss and Boulanger(2006), Cetin et al.(2004), NCEER/NSF(Youd et al. 2001)에 의한 액상화 해석 절차들의 비교(FC=25%)

CPT 상관관계

Robertson and Wride(1997)와 Suzuki et al.(1997)은 '지반 거동 유형 지수 (soil behavior type index)', I_c(Jefferies and Davies 1993)의 사용을 제안하 였는데, 이 지수는 높은 세립분을 가진 비점성 지반에 대한 CRR 값을 추정하기

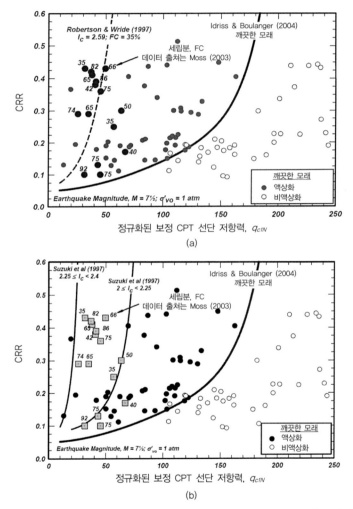

그림 77. I_c = 2.59(겉보기 FC = 35%)인 지반에 대한 Roberson and Wride(1997) 곡선 및 (b) Suzuki et al.(1997)의 I_c = 2.0−2.4에 대한 곡선과, 높은 세립분을 가진 비점 성 지반에 대한 현장 사례 데이터들과의 비교

위해 관입 저항력(q_c)과 주면 마찰력 비(R_f)의 함수로 표현된다. 그림 77에는 Robertson and Wride가 추천한 I_c = 2.59(그들이 '겉보기(apparent)' 세립분 FC = 35%에 대응하는 것으로 정의한 지수 값)에서 CRR-q_{c1N} 관계 곡선을 보여주고 있다. 이 도표에서는 또한 Moss(2003)와 Moss et al.(2006)이 FC≥35%인 비점성 지반(실트질 모래, 모래질 실트, 저소성 실트)에 대하여 조사하였던 사례들의 CPT 기반 데이터 포인트들을 함께 도시하였다. 도표에서 보듯이 Robertson and Wride(1997)가 추천한 곡선은 이러한 새로운 현장 사례 데이터 포인트들에 대해 보수적이지 않은 경향을 보여준다. 높은 세립분을 가진 비점성 지반에 대한 Suzuki et al.(1997)의 관계 곡선도 이러한 새로운 데이터의 견지에서 유사하게 보수적이지 않다.

CPT 기반의 접근은 SPT 기반의 접근법에서 사용하였던 사례와 유사한 방법으로 액상화 저항력에 대한 비소성의 세립분 효과를 고려하도록 수정될 수 있다. 따라서 등가의 깨끗한 모래에 대해 보정된 선단 저항력(q_{c1Ncs}) 값은 다음과 같이 계산할 수 있다.

$$q_{c1Ncs} = q_{c1N} + \Delta q_{c1N} \tag{77}$$

Δq_{c1N}에 대한 표현은 세립분이 q_{cN}/N_{60} 비에 미치는 개략적인 효과와 일치하도록 유도되었다. 결과적인 Δq_{c1N} 표현식은 FC와 q_{c1N} 모두의 영향을 받는다.

$$\Delta q_{c1N} = \left(5.4 + \frac{q_{c1N}}{16}\right) \cdot \exp\left(1.63 + \frac{9.7}{FC + 0.01} - \left(\frac{15.7}{FC + 0.01}\right)^2\right) \tag{78}$$

그림 78에는 이 관계식에 따라 FC 및 q_{c1N}에 대한 Δq_{c1N}의 변화를 보여주고 있다.

그림 79 는 FC≥35%에 대하여 이 관계식에 의해 도출된 곡선과 FC≥35%의 비점성 지반에 대하여 Moss et al.(2006)이 조사한 사례들을 비교하고 있다. 그림 80 에는 다른 FC 값들에 대한 곡선이 도시되어 있다.

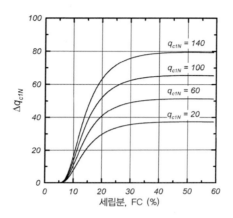

그림 78. 세립분과 q_{c1N}에 대한 Δq_{c1N} 변화

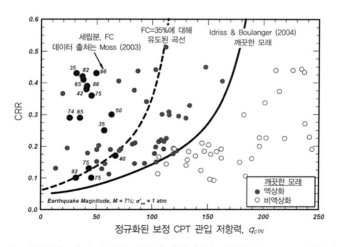

그림 79. 높은 세립분을 가진 비점성 지반에 대한 현장 사례들과 FC＝35%인 비점성 지반에 대한 추천 곡선과의 비교

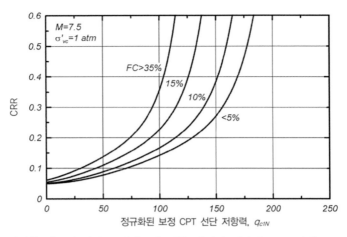

그림 80. 다양한 비소성 세립분 퍼센트에 대한 비점성 지반의 CPT 관계

세립분의 소성(Plasticity) 영향

세립분의 소성도 또한 지반의 동적 하중 거동에 영향을 미친다. 이 영향을 검토하기 위해서는 우선 매트릭스가 세립분에 의해 지배되는 흙의 거동을 생각해보는 것이 유용하다. 세립분은 FC가 약 35-50%를 초과할 때 매트릭스를 지배하는 것으로 판단하고 있다(예 : Mitchell and Soga 2005).

세립질 지반 (또는 흙의 거동이 세립분 매트릭스에 의해 지배되는 지반)의 정적, 동적 하중 거동은 전반적으로 좁은 범위의 소성지수에 걸쳐 ―즉, 보다 기본적으로 모래와 같은 거동(sand-like 거동)을 보이는 지반에서 점토와 같은 거동('clay-like' 거동)을 보이는 흙에 이르기까지― 변화되는 것으로 보인다. 이러한 구분은 직접적으로 흙의 지진 시 거동을 평가하는 데 가장 적합한 공학적 절차의 종류에 대응하게 된다. 실용적으로 Boulanger and Idriss(2004)는 모래와 같은 거동은 소성도(PI)가 약 7 미만인 흙에서 관찰되며, 점토와 같은 거동은 PI가 약 7을 초과하는 세립질 흙에서 관찰됨을 제안하였다. 이러한 경계는 PI가 단지 흙의 거동에 영향을 주는 광물과 기타 다른 요소들에 대한 대리 인자일 뿐이기 때문에 근사적일 뿐이다. 점토와 같은 거동으로 분류되는 세립질 지반은 여전히 지진동으로 인한 반복 연화(cyclic softening) 또는 파괴에 대한 가능성을 가질 수 있으나, 이러한 유형의 거동에 대한 평가는 다른 공학적 절차를 필요로 한다. 흙의 거동을 구분하는 기준에 대한 보다 상세한 토의와 점토와 같은 흙의 잠재적인 반복 연화를 평가하는 절차는 6 장에 소개되어 있다.

3.12 액상화 유발에 대한 확률론적 SPT와 CPT 상관관계

모래와 실트질 모래 지반에서 액상화 유발에 대한 SPT 기반과 CPT 기반의 확률론적 상관관계는 Liao et al.(1988), Liao and Lum(1998), Youd and Noble (1997), Toprak et al.(1999), Juang et al.(2002), Cetin et al.(2004), Moss et al.(2006) 등 다수의 학자들에 의해 개발되어왔다. 예를 들어, Toprak et al.(1999)와 Cetin et al.(2004)에 의한 SPT 기반 관계가 그림 81 에 소개되어 있으며, 여기에서는 액상화 확률(P_L)의 범위가 5-95%에 대응하는 CSR 과 $(N_1)_{60cs}$ 등고선을 보여주고 있다. 이러한 관계와 다른 확률론적 관계들 사이의 차이점은 부분적으로 서로 다른 통계적 접근을 사용한다는 점과 기저에 있는 현장 사례 데이터베이스와 관련된 파라미터들(예 : C_N, MSF, r_d, K_σ, a_{max})에서의 차이에 기인한다. 많은 확률론적 관계에서 Toprak et al.(1999)의 상관관계는 P_L=5%와 P_L=95% 등고선 사이의 매우 큰 차이점을 보여준다. 반면에 Cetin et al.(2004) 상관관계는 다양한 P_L 등고선 사이의 퍼져 있는 정도가 상당히 작은 경향을 보인다(즉, 동적 강도에서 보다 작은 불확실성을 가짐). Cetin et al.(2004)의 P_L 등고선도에서 상대적으로 좁게 퍼진 경향은 주로 통계적 접근에 있어 차이점 때문이며, 주어진 관입 저항력에서 동적 강도의 변화를 보다 합리적으로 표현하는 것으로 판단된다.

서로 다른 학자들에 의한 확률론적 그리고 결정론적 액상화 유발 상관관계를 비교하는 것은 그러나 그들의 기저에 있는 데이터베이스와(r_d, K_σ, C_N 등과 같은) 중간 연결 관계들의 차이점에서 기인하는 편향성으로 매우 복잡한 양상을 띤다. 따라서 통계적 분석 기법의 향상으로 액상화 상관관계에서의 변화를 보다 잘 추정할 수 있게 되었지만, 그럼에도 불구하고 절대적인 부분은 가정한 해석적 상관관계(analytical relationships)에 의해 지속적으로 영향을 받는다.

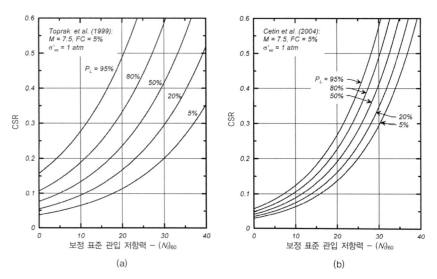

그림 81. M＝7.5에서 깨끗한 모래의 CRR에 대한 SPT 기반 확률론적 상관관계: (a) Toprak et al.(1999), (b) Cetin et al.(2004, ASCE 허가 아래)

확률론적 액상화 상관관계의 잠재적 가치는 구조물 또는 시설물의 성능, 그리고 관련된 위험들을 확률론적으로 온전히 평가하는 데 궁극적으로 사용할 수 있다는 점에 있다. 이는 지반운동 위험도(hazard), 부지 특성(site characteristics), 액상화 평가, 액상화 결과, 그리고 평가 대상 특정 구조물이나 시설물에 중요할 수도 있는 기타 적용 가능한 인자들에 대하여 확률론적 표현을 필요로 한다. 이러한 유형의 문제들에 대한 완전한 확률론적 절차들은 아직 서로 다른 개발단계에 있으며(예 : Kramer and mayfield 2007), 향후 충분히 개발되면 이들은 실무에서 매우 귀중한 발전이 될 것이다.

3.13 액상화 유발에 대한 V_s 기반 상관관계

V_s 기반의 절차는 Andrus and Stokoe(2000)와 Andrus et al.(2003)이 최근 요약하였듯이 보다 향상된 상관관계들과 보다 많은 데이터베이스와 함께 상당 수준으로 발전해왔다. 이 절차는 특별히 관입이나 샘플링이 어려운 지반 (예 : 자갈, 전석, 호박돌)에 유효할 수 있다. 이와 같이, V_s 기반의 상관관계는 이상적으로는 SPT 또는 CPT 기반의 액상화 상관관계와 가능하면 더불어 사용될 수 있는 귀중한 도구가 될 수 있다. 그러나 문제는 SPT와 CPT, 그리고 V_s 절차에 의한 평행적 분석 결과가 상당히 다를 때 어떤 방법에 보다 가중치를 두어야 하는가에 있다.

SPT, CPT, V_s 측정법 각각은 액상화 평가 시 특별한 장점과 단점을 가지게 되나 중요하게 고려할 점은 검토하고 있는 비점성 지반의 상대밀도, D_R에 미치

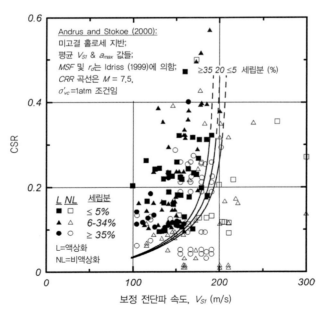

그림 82. 깨끗한 미고결(uncemented) 모래에 대한 V_{s1} 기반 액상화 상관관계 (ASCE 허가 아래 Andrus and Stokoe 2000)

는 각각의 민감도에 있다. 예를 들어, 깨끗한 모래의 D_R 값이 30%에서 80%로 변화하면, 3.5 장에서 소개한 경험적 관계에 의하여 SPT 타격 횟수는 약 7.1 배 정도 증가할 것으로 예측되며(예 : $(N_1)_{60}$ 는 4 에서 29 로 증가), CPT 선단 저항력은 약 3.3 배 증가할 것으로 예상된다(예 : q_{c1N} 은 53 에서 173 으로 증가). 여기서 표면적으로 SPT 의 D_R 에 대한 민감도가 더 크게 나타나는 것은 CPT 데이터에서보다 SPT 데이터에서 보통 더 큰 불확실성이 존재한다는 사실 때문이다. SPT 와 CPT 에 반하여, 동일한 D_R 의 변화는 발표된 상관관계(Harden and Drnevich 1972)에 기초하여 깨끗한 모래의 V_s 를 대략 1.4 배 정도만 변화시키는 것으로 예측되며, 보다 최근의 발견에 의하면, 아마도 자갈질 지반에 대해 약간 더 큰 값을 보일 것으로 예측된다(Stokoe 2007).

D_R 이 포화된 모래의 반복하중 및 반복 후(postcyclic) 하중 거동에 큰 영향을 미치는 것으로 알려져 있다는 점에서, V_s 측정은 서로 다른 유형의 거동을 구분하기 위한 가장 덜 민감한 방법으로 보인다. 따라서 미소 변형률 강성과(보다 넓은 범위의 변형률을 포함하는) 액상화 거동 사이의 (지반 고유의 상관관계에 반하는) 일반적 상관관계는 제한된 정확성을 갖는 것으로 예측된다. 이것은 Liu and Mitchell(2006)이 지적하였듯이 그림 82 에 보인 상관관계가 왜 잘못된 '양(positive)'의 경향 (즉, 경계선 위쪽으로 비액상화 현장 사례 점들이 존재하는 경향)을 많이 보이고 있는지에 대한 부분적 이유이다.

이러한 이유로 V_s 현장 사례 데이터베이스를 액상화 가능성이 높음, 낮음, 또는 불확실함을 구분하는 조건으로서의 경계로 보는 것이 보다 적절하다. 그와 같이 SPT 와 CPT 기반의 상관관계와 관련하여 V_s 기반 상관관계의 이해와 그 정확도 및 활용성 평가 연구개발이 필요하다. 그 과정 중에는 SPT 또는 CPT 기반 액상화 평가 결과에 보다 중점을 둘 것을 추천한다.

3.14 액상화 유발 분석(Liquefaction Triggering Analyses)-예제와 토론

일반적 고려사항

한 부지를 특성화(site characterization)하는 작업은 일반적으로 항공사진에서부터 현장시험에 이르기까지 다양한 소스로부터의 정보를 합성하는 과정을 포함한다. 액상화 유발 분석은 몇 가지 다른 방법들로 진행할 수 있으며, 이는 각 부지 고유의 특성과 가장 관심 있는 액상화의 잠재적 결과에 따라 적절한 접근법을 선택함으로써 가능하다. 한 가지 중요하고도 어려운 점은 부지의 층상 구조(예 : 주된 층상과 공간적 불균질성)와 그것이 잠재적인 액상화 결과에 어떻게 관련되는지(예 : 고립된 임의의 액상화 영역의 경우와 상당한 침하를 유발할 수 있거나 자유면을 향해 활동을 유발할 수 있는 연속적인 층의 경우)를 적절히 고려하는 방식으로 액상화 유발 분석을 구성하는 작업이다.

액상화된 존의 공간적 분포가 잠재적 액상화의 결과에 미치는 영향은 가능한 변형량을 추정하는 다양한 기법들을 소개한 뒤에 4 장에서 논의하기로 한다. 현 시점에서는 주어진 구조물에 대한 일부 변형 모드가 특정 층상의 평균적인 물성에 보다 의존적이며, 반면에 다른 변형 모드는 층상 내의 가장 약한 존에 보다 의존적일 수 있음을 언급하는 것으로 충분하다.

단일 SPT 보링과 CPT 사운딩에 대한 액상화 유발 분석(Liquefaction Triggering Analyses)

1989 Loma Prieta 지진 시 액상화로 인한 측방유동이 관찰되었던 부지의 서로 근접한 위치에서 단일 SPT 보링과 단일 CPT 사운딩을 수행한 사례에 대한 액상화 유발 분석 예제를 제시하고자 한다. 앞에서 언급한 대로, 전체 부지에 대한 이러한 해석들의 확장은 부지 고유의 특성과 고려되고 있는 잠재적 변형 모드의 메커니즘에 의해 설명되어야 하며, 보다 자세한 사항은 4 장에서 기술하기로 한다.

그림 83 에 SPT 데이터에 대한 액상화 유발 분석 결과를 도시하였다. 이 분석

절차는 스프레드시트를 사용하였으며, 참고자료의 편의상 부록 A 에 셀의 수식들을 함께 표기하여 수록하였다.

인접한 CPT 데이터에 대한 액상화 유발 분석 결과는 그림 84 에 도시되어 있다. 이 해석 역시 스프레드시트를 이용하여 수행하였으며, 부록 B 에 셀의 수식들과 함께 수록하였다. 스프레드시트의 한 열에는 보다 연약한 점토층과의 접촉부 근처 모래에서의 값인 '해석상 q_{cN}(interpreted q_{cN})'이 표기되어 있는데, 이는 경계면으로부터 약 30cm 떨어진 거리에 있는 모래에서의 q_{cN} 값을 취함으로써 얻어진 해석상 값들을 의미한다. 이러한 해석에 의한 결과는 인근의 SPT 보링에 대한 결과와 비교하였으며, 비교 결과 이 부지에서 그 두 해석이 합리적으로 서로 일치함을 분명히 보여주고 있다.

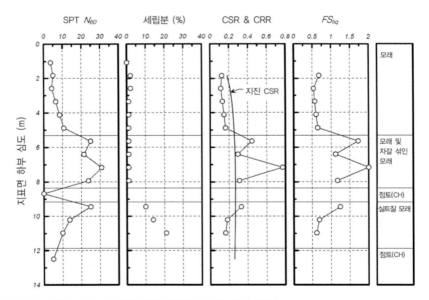

그림 83. 단일 SPT 보링에 대한 액상화 유발 해석 예제

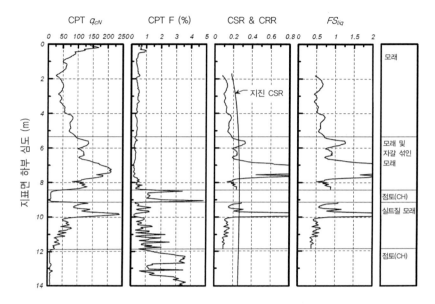

그림 84. 단일 CPT 사운딩에 대한 액상화 유발 해석 예제

CPT 해석은 세립분의 구성비 명시가 필요하며, 이는 CPT 자체에서 직접 제 공하지 않는 정보이다. 이 예제에서 인접한 SPT 보링 자료로부터 지반 샘플에 대한 실내시험 데이터를 통해 적절한 세립분 구성비를 얻는 것은 매우 당연한 일이다. 일반적인 부지 조사에 대해, 모든 CPT 사운딩 외에 추가로 보링하는 것은 일반적으로 필요하거나 타당하지는 않다. 대신(세립분을 포함하여) 주요 층상의 특성들을 파악하기 위하여, 그리고 CPT 측정치와 주요 층상에서 지반의 특성 사이의 상관관계를 설정하기 위하여 몇몇 위치에서 추가로 SPT 보링과 CPT 사운딩을 서로 병행 수행할 수 있다. CPT로 인해 부지에서 다른 곳에서 확인되었던 결과와 견줄 만한 지반 조건들을 마주친다면, 전반적인 지반 조사 (특성화)에 기초하여 추정된 세립분 구성비와 함께 추가적인 CPT 사운딩을 다 른 위치에서 수행할 수 있다.

해당 부지의 복잡성과 다른 영향인자들을 고려하여 CPT 데이터와 지반 특성 (예 : 세립분과 소성도) 사이의 부지 고유의 상관관계를 설정하기 위해 다양한 기법들이 사용될 수 있다. 부지에서 각각의 주요 층상에 대해 시추공 데이터를 수집하여야 하며, 세립분의 분포와 다른 지수들 특성을 결정해야만 한다. 일부 경우에는 이러한 값들이 상대적으로 작은 공간적 변화를 보이거나 또는 공간적 변화가 최종 결과에 영향을 미치지 않을 때, 특히 세립분과 다른 특성들에 대한 평균값을 간단히 결정하기에 충분할 수 있다. 예를 들어, 그림 83 에서 나타냈듯이 부지에서 시추 데이터는 상부 모래층이 깨끗한 모래로 구성되어 있으며 (따라서 세립분은 해석에서 5% 이하로 정해질 수 있으며), 8.4-9.1m 심도와 11.9m 하부 심도의 세립질 지반은 높은 소성도의 점토로 이루어져 있음을 보여준다(따라서 이들의 잠재적 지진 시 거동은 이러한 액상화 상관관계를 통해 해석되지 않는다). 다른 층상에서는 q_{cN}, R_f, I_c 값들로 지반 특성에서의 변화를 직접적으로 관련짓는 것이 유리할 수 있다. 예를 들어, 그림 83 과 84 에 묘사한 부지에서의 시추 데이터는 9.1-11.9m 심도에서 실트질 모래층의 세립분이 심도에 따라 증가하며 (즉, 상부에서 10% 근처에서 하부에서 21%까지 증가하며), 이는 선단 저항력에서의 점진적 감소, 주면 마찰력 비에서의 점진적 증가와 직접적으로 연결되며, 따라서 I_c 지수에서의 점진적 증가와 연관된다. 이러한 경향이 공식적인 보정이나 보다 간편한 근사화를 통해 대표성을 보장할 수 있는지는 특정 프로젝트의 중요성에 의해 결정된다.

자동 해석 프로그램

자동화된 해석 기법과 컴퓨터 소프트웨어는 SPT 또는 CPT 데이터를 통한 액상화 평가를 수행하기 위해 널리 활용되고 있으나, 사용자는 그러한 프로그램들이 SPT 와 CPT 데이터의 품질을 검토하거나 전반적인 부지 특성을 해석할 수 있는 필수적인 과정들은 수행할 수 없음을 인지해야만 한다. 자동화된 계산 절차를 사용할 때 마주칠 수 있는 다양한 어려움들과 그러한 어려움들을 피하는 데 필요한 과정들에 대해 Boulanger et al.(1999)과 Kulasingam et al.(1999)이 1989 Loma Prieta 지진 후에 Moss Landing 에서의 사면 경사계에 인접하여 수행한 CPT 사운딩 사례를 통해 찾아볼 수 있다. 각각 다른 위치에 설치된 세

개소의 사면 경사계들은 지반이 근처 강을 향하여 측방으로 유동되었음을 보여 주었다. 경사계로부터의 변위 프로파일을 통해 심각한 전단 변형률을 겪은 구간을 식별할 수 있었으며, 따라서 액상화가 일어난 것으로 판단되었다. CPT 데이터만을 사용하였던 자동화된 해석 (즉, CPT 측정치와의 일반적인 상관관계로부터 추정된 세립분 특성을 이용한 점 단위 계산)은 깊이에 따른 변형률과 변형을 예측하는 데 잘못된 결과를 나타내었다(예 : Kulasingam et al. 1999). 예를 들어, 상당히 다른 관입 저항력을 가진 지반과 미세하게 서로 교호하는 지반 사이의 경계부 근처에서의 q_c와 f_s 측정치는 실제 지반 조건을 대표하지 못하였으며, 결과적으로 Moss Landing에서 그러한 데이터들을 이용한 자동화된 점 단위 액상화 해석 결과 전혀 변형률이 관찰되지 않은 몇몇 경계면에서 변형률을 예측하기도 하였다. 더구나 Robertson and Wride(1998)에 의한 CPT 절차에 대한 기본 파라미터들은 높은 소성도의 실트층에서 액상화를 잘못 예측하였다. 다행히도 이러한 종류의 흔한 착오들은 지반 샘플 데이터 및 부지 층상 구조의 직관적인 고려와 해석 결과들의 주의 깊은 검사를 통해 피할 수 있다.

04

액상화 결과
(Consequences of Liquefaction)

04

액상화 결과
(Consequences of Liquefaction)

4.1 일반사항

액상화의 결과는 부지 조건, 지진하중 특성과 부지 내 구조물 특성 등에 의해 다양하게 나타난다. 이러한 결과들은 완만한 사면에서부터 제방 사면에 이르기까지 토사 지반의 변형과 불안정성, 흙막이 구조물에 대한 횡토압 증가, 얕은 기초나 깊은 기초에 대한 지지력 손실, 매설 구조물이나 파일의 횡방향 지지력 손실, 평평한 지반의 흔들림, 매설 관로나 터널의 부상, 액상화된 지반의 재압밀 침하 등의 제반 현상을 포함한다. 이러한 일련의 결과들을 보여주는 사진이 1장에 소개되어 있다.

이 장에서는 세 가지 액상화로 인한 결과들을 기술하고 있다.

- 사면이나 제방의 불안정성을 초래하는 전단강도 손실
- 완만한 사면의 측방유동(lateral spreading)
- 액상화된 지반의 재압밀로 인한 침하

이러한 세 가지 결과들을 선택한 이유는 실무적인 중요성과, 흔히 관련되는 문제의 범위와 그러한 문제들을 평가하기 위한 접근법들을 보여주기 때문이다.

액상화로 인한 변형에 중대하게 영향을 미치는 요소들은 전 장에서 토의되었으며, 다음과 같이 거시적으로 분류할 수 있다.

- 지반의 특성(예: 상대밀도, 입도, 세립분, 에이징(age), 수위 표고, 고결(cementation), 선행응력 및 변형률 이력, K_o, 퇴적 환경)
- 지진 지반운동 특성(예: 진동 정도, 진동 지속시간, 진동의 주파수 특성)
- 부지 응답에 영향을 주는 부지의 지층 및 지형 특성, 과잉간극수압의 발생과 소산, 간극 재배열(void redistribution), 변형 패턴(예: 층후와 층의 순서, 느슨한 구역의 연속성, 수위 표고, 투수계수, 경사면이나 경사층, 자유면과의 근접성)
- 다른 복잡한 현상들, 예를 들어, (a) 측방유동체가 주변의 안정한 토체에 의해 국부적으로 구속될 수 있는 3차원 효과, (b) 수압을 소산시키고 저투수성 층 하부에 형성된 수막(water film)을 제거할 수 있는 지반 균열, (c) 구조적 기초나 매설된 구조물의 영향

현재의 공학적 해석법으로는 이러한 다양한 요소들을 전부 합리적으로 고려하거나 현장에서 관찰되는 복잡한 변형 패턴을 전부 예측할 수 없는 실정이다. 따라서 액상화 해석법은 유발(triggering)과 결과(consequence) 측면 모두 다양한 간략화와 가정을 통하여 해석을 다루기 쉽게 하고, 해석방법에 의한 예측에서의 불확실성을 정량화하기 위해 본래의 복잡성과 엄격함을 다소 희생해야만 한다.

4.2 액상화된 지반의 불안정성과 잔류(residual) 전단강도

지반의 변형과 관련된 가장 심각한 결과는 액상화된 지반의 전단강도가 정적인 하중 하에서도 (즉, 지진동이 종료된 후에도) 안전성을 유지하기에 충분하지 못할 때에 발생한다. 이러한 경우, 정적 불안정성은 매우 큰 변형을 수반하여 정적으로 안정한 형태, 즉 전보다 훨씬 완만한 사면으로의 변형을 초래한다. 그림 6 과 같이 Lower San Fernando 댐의 상류 측 사력 존 활동은 그러한 결과의 좋은 예를 제공한다.

액상화된 지반의 전단강도를 논함에 있어 강진동 지진동 동안과 포화된 현장

지반의 응력-변형률 관계를 묘사하는 데 사용될 수 있는 각기 다른 강도 측정법들에 대한 명확한 구분이 필수적이다. 궁극적인 전단 저항력 또는 한계상태 강도는 비배수 정적(monotonic) 요소(element) 실내시험으로 측정 가능하며, S_{cs}로 표기할 수 있다. 비배수 정적 요소 실내시험에서 응력-변형률 곡선의 국부적 최저점에 해당하는 준-한계상태(QSS; Qusai-Steady State) 전단 저항력은 S_{QSS}로 표기될 수 있다. S_r로 표기되는 잔류 전단강도는 현장의 액상화된 지반에서 발현되는 전단 저항력을 의미하는데, 이는 토립자의 혼합(particle intermixing), 간극 재배열(void redistribution), 그리고 실내 요소 시험에서 재현되지 못하는 기타 현장 메커니즘 등의 복합적인 영향을 내포한 값이다.

현장 샘플의 실내시험에 근거하여 액상화된 모래의 현장 강도를 추정하는 절차는 동결 샘플링(frozen sampling) 기술(Robertson et al. 2000)을 통해 획득한 현장 샘플을 실내에서 시험하는 방법과 함께, 샘플링하는 동안 발생하는 체적 변화를 추정하여 전단강도를 보정하는 절차(Castro 1975; Castro and Poulos 1977; Poulos et al. 1985)를 결합하는 고품질의 튜브 샘플링 기술 등을 포함하고 있다. 실내시험은 현장 조건들을 최대한 근사적으로 반영해야 하는데, 이는 측정된 전단 저항력이 압밀압과 하중재하 방향의 영향을 받기 때문이다(그림 11과 13 참조). 실내에서 측정된 S_{cs} 또는 S_{QSS}는 시험 당시의 간극비에 대응하여 산정된 값이다. 지진 시 유발된 과잉간극수압의 소산이 일부 존에서 보다 더 느슨한 지반을 만들게 되면(그림 43), 그 존에서의 현장 S_{cs} 값은 지진 이전의 간극비 하에서 측정된 값과 연계되어서 감소할 것이다. 간극 재배열과 토립자 혼합으로 인한 현장 S_{cs} 값의 잠재적인 변화는 현재 정량화하기 어려우며, 이는 현장 샘플의 실내시험 결과 얻어진 성과들을 신뢰하기 어려운 이유가 된다.

액상화된 모래의 현장 S_r을 추정하는 경험적인 방법들은 액상화 유동 활동(flow slide)의 역해석에 의해 분석하여왔으며, 최초 Seed(1987)에 의해 제시된 이후로 다양한 학자들이 수정 및 보완을 가하였다(Davis et al. 1988; Seed and Harder 1990; Ishihara 1993; Wride et al. 1999; Yoshimine et al. 1999;

Olson and Stark 2002). 역해석 절차는 지반 구조물의 지진 후 정적 안정성 해석 수행을 포함하는데, 이 경우 액상화되지 않은 지반의 각 존은 최적의 추정 전단강도값들을 할당하고, 액상화가 의심되는 존에 대해서는 미지의 전단강도 값, $S_r(\phi_u = 0)$을 할당한다. 그림 85 와 같이 이 방법을 Lower San Fernando 댐에 대해 적용하였다. S_r의 상한 추정 값은 변형 전 사면 형상에 대해 안전율이 1.0 이 되는 값이다. 또 다른 S_r 추정 값은 사면의 변형 후 형상에 대해서 합리적으로 기록되어 있다면, 비슷한 방법으로 얻어질 수 있다. 이러한 두 가지 S_r 추정 값을 보간하기 위해 활동 관성력(sliding inertia), 변화하는 사면 형상, 인접한 물과의 혼합에 의한 강도 저하와 다른 영향 인자들을 고려한 다양한 방법들이 사용되어왔다. Lower San Fernando 댐에 대한 Olson and Stark (2002)의 해석 결과에 의하면 S_r 값은 변형 전 형상에 대해 36kPa, 변형 후 형상에 대해 5kPa 로 추정되었으며, 보간에 의한 최적의 추정 값은 19kPa 였다. 이 사례는 변형 전과 후 사이의 강도 보간이 실제 사례들을 해석하는 데 얼마나 중요한 단계인지를 보여주고 있으며, 매우 복잡한 메커니즘들로 인한 S_r 추정의 불확실성을 크게 증가시킨다.

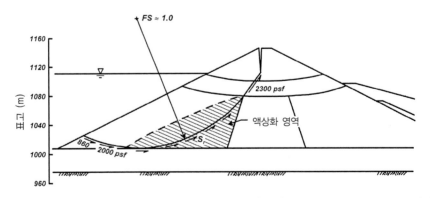

그림 85. 한계 평형 해석(limit equilibrium analyses) 적용, Lower San Fernando 댐의 액상화된 쉘 재료에 대한 잔류 전단강도(S_r) 역해석(Seed 1987)

액상화된 지반에서 역산한 S_r 값은 지진 전 또는 후의 현장 관입 저항력 (penetration resistance)과 연관되어왔다. 도출된 관계들은 간극 재배열이나 토립자 혼합과 같이 발현 전단강도에 영향을 미치는 다양한 현장에서의 현상들을 내포하고 있다(Seed 1987). 대표적인 관입 저항치의 선택은 그림 86 과 87 에서 지진 후 Lower San Fernando 댐의 하류 측 쉘 존에서 얻어진 CPT 와 SPT 데이터에서 보듯이 지반의 불균질성(heterogeneity)에 의해 복잡한 성격을 지닌다. CPT 선단 저항력의 변화는 댐의 물다짐(hydraulic fill) 존에서 조립질과 세립질의 토사가 얇은 층후로 층상 배열되어 있음을 보여준다. 이 사례를 표현하는 데 일부 학자들은 추정되는 가장 취약한 존에서의 평균(mean) 값을 사용하였다. 예를 들어, Seed and Harder(1990)는 그림 87 로부터 하류 측 쉘의 비점착성 지반에 대해 지진 후 평균 $(N_1)_{60}$ 대푯값을 14.5 로 산정하였다. 또한 지진 전 상류 측 쉘 지반에 대해 평균 $(N_1)_{60}$ 대푯값을 11.5 로 추정하였다. 다른 학자들은 평균값보다 훨씬 작은 관입 저항력을 산정하기도 하였는데, 이는 활동(sliding)이 가장 취약한 층을 따라 발생한다는 논리에 근거한 것이었

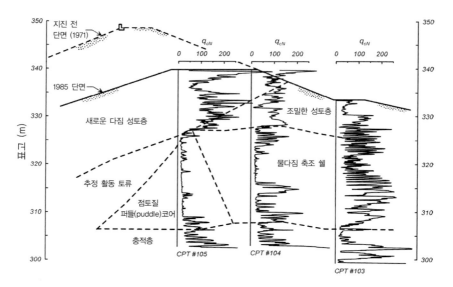

그림 86. 1985년 Lower San Fernando 댐 하부 쉘에서의 지진 후 CPT 시험 결과 (단면 자료는 Castro et al. 1989, CPT 데이터는 R. Olsen으로부터)

다. 그럼에도 불구하고, 결과적으로 산정되는 관계의 적용은 그 관계를 개발하는 데 사용되었던 대표 관입 저항력을 추정하기 위해 동일한 일반적 접근을 근거로서 사용해야만 한다.

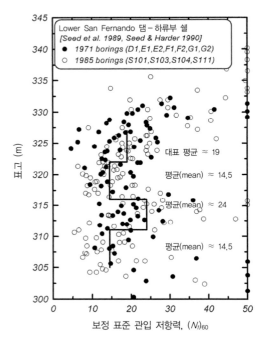

그림 87. 비점성 지반이 지배적인 Lower San Fernando 댐 하류 측 쉘에서 지진 후 SPT 데이터 요약자료(Seed et al. 1989; Seed and Harder 1990)

Seed(1987)는 또한 세립분(fines content)이 S_r 에 미치는 영향은 측정하거나 추정한 지진 전 SPT $(N_1)_{60}$ 값을 '등가의 깨끗한 모래(equivalent clean sand)'의 값, $(N_1)_{60cs-Sr}$ 으로 보정해줌으로써 대략적으로 설명될 수 있다고 하였다. 그 식은 다음과 같이 제안하였다.

$$(N_1)_{60cs-Sr} = (N_1)_{60} + \Delta (N_1)_{60-Sr} \tag{79}$$

Seed(1987)가 추천한 $(N_1)_{60cs - Sr}$ 값은 표 4 에서 보듯이 보정값을 유도해낼 수 있는 물리적인 데이터의 부족으로 현재까지는 공학적 판단(engineering judgment)에 주로 근거하고 있다. 참고로 이러한 세립분에 대해 보정된 값들은 액상화 유발 관계에 대해 이전에 채택된 모든 값들과는 상이하다.

표 4. Seed(1987)가 추천한 $(N_1)_{60cs - Sr}$ 값

세립분(No. 200체 통과분 %)	$\Delta(N_1)_{60 - Sr}$
10	1
25	2
50	4
75	5

18 개의 액상화로 인한 유동 활동(flow slide) 사례를 분석하여 그림 88 에는 $S_r - (N_1)_{60cs - Sr}$ 관계를, 그림 89 에는 정규화된 강도비(normalized strength ratio), $S_r / \sigma'_{vc} - (N_1)_{60cs - Sr}$ 관계를 도시하였다(Idriss and Boulanger 2007). 이 사례 조사에 적용된 토사의 세립분은 0-90%였고, SPT 데이터는 표 4 의 값들에 기초하여 세립분 보정을 적용하였다. 그림 88 과 89 는 다른 세 연구자 (Seed 1987; Seed and Harder 1990; Olson and Stark 2002)에 의한 사례 해석 결과를 보여준다. Group 1 은 그림의 18 개 사례 중 7 개 사례를 포함하며, 충분한 양의 현장 관입시험 성과(SPT 또는 CPT)와 합리적으로 완전한 상세 기하학적 형상이 존재하는 사례들을 보여주고 있다. Group 2 는 충분한 양의 현장 관입시험 결과가 있으나, 상세 기하학적 형상 자료가 불충분한 경우이다. Group 3 는 합리적으로 완전한 상세 형상 자료를 제공하나, 현장 관입 저항치 에 대한 추정값만을 제시하고 있다. 이러한 사례 조사는 잠재적으로 액상화와 관련된 심각한 강도 손실을 보여주고 있으나, 잘 기록된 경우가 매우 드물어 역산된 전단강도값과 관계를 짓는 데 상당한 불확실성을 가중시킨다.

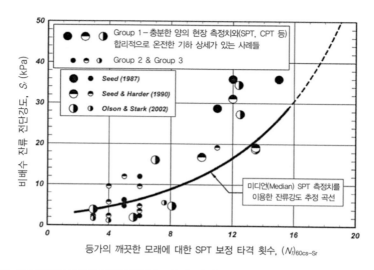

그림 88. 액상화된 모래의 잔류 전단강도와 등가의 깨끗한 모래로 보정된 SPT 타격 횟수 관계(사례 데이터 출처 : Seed 1987; Seed and Harder 1990; Olson and Stark 2002)

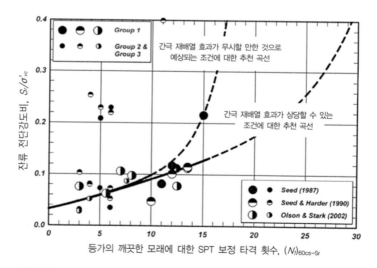

그림 89. 액상화된 모래의 정규화된 잔류 전단강도비와 등가의 깨끗한 모래로 보정된 SPT 타격 횟수 관계(사례 데이터 출처 : Seed 1987; Seed and Harder 1990; Olson and Stark 2002)

그림 88 처럼 S_r 을 $(N_1)_{60cs - Sr}$ 과 관련짓는 작업이 Seed(1987)와 Seed and Harder(1990)에 의해 제안되었다. S_r 과 $(N_1)_{60cs - Sr}$ 의 직접적인 연관성은 한계상태 개념(예 : 대변형률에서 한계상태 강도값은 간극비 단독의 함수이다)과 상재하중을 보정한 관입 저항력과 현장 상대밀도 사이의 이미 정립된 관계에 기초하여 합리적인 것으로 여겨졌다. 그림 88 에서는 또한 Seed and Harder(1990)가 추천한 범위에 해당하는 설계 곡선을 나타내었으며, 이 관계는 지난 10 년간 평균(median) 관입 저항력에 근거한 S_r 값 추정을 위해 현업에서 널리 사용되어 왔다.

그러나 보다 최근 이루어진 일련의 연구로부터 채택된 방법, 즉 액상화된 지반의 S_r 을 표현하기 위해 정규화된 잔류 전단강도비 S_r/σ'_{vc} 를 사용 가능하며, 이 경우 몇 가지 이점이 있다(Vasquez-Herrera et al. 1990; Stark and Mesri 1992; Ishihara 1993; Vaid and Sivathayalan 1996; Wride et al. 1990; Yoshimine et al. 1999; Olson and Stark 2002; Idriss and Boulanger 2007). S_r 보다 S_r/σ'_{vc} 를 사용하는 가장 보편적인 근거는 S_r/σ'_{vc} 관계가 비배수 단순 요소 실내시험 시 일반적인 변형률 수준까지 비배수 응력-변형률 거동을 보다 효과적으로 묘사할 수 있기 때문이다. 이에 더하여 S_r/σ'_{vc} 를 사용하는 것이 다음과 같은 이유로 간극 재배열에 의한 잠재적인 강도 손실 효과를 보다 잘 반영할 수 있을 것으로 판단된다. 간극이 느슨해지고 있는 존에서의 전단 저항력은 만약 수막이 형성된다면 국부적으로 0 이 될 수 있으나, 넓은 면적에 걸친 평균적인 전단 저항력은 0 이 되기 어려운데, 이는 형성된 수막이 사면 변형이 진행됨에 따라 균열부 등을 통한 파이핑에 의해 사라질 수 있고, 간극이 느슨해지고 있는 곳의 지질학적 경계면들은 보통 불규칙하게 형성되어 연속적인 수막이 넓은 면적에 걸쳐 이어지는 것을 방지하기 때문이다. 간극 재배열로 인해 심각한 사면 변형을 일으킬 가능성은 상대밀도, D_R 의 증가에 따라 빠르게 감소한다. 이는 보다 큰 D_R 값은 수축하는 영역(contracting zone)에 의해 배출되는 물의 양을 줄이고, 이와 동시에 팽창하는 존(dilating zone)에 의해 흡수되는 물의 양을 증가시키는 장점이 있기 때문이다. S_r/σ'_{vc} 값은 지진 전 배수강도의 작은 일부(fraction)로서 표현하는 방법이 될 수도 있다. 예를 들어, 느슨한 모래에 대해 $\tan\phi' \approx 0.6$ 으로 가정하면, S_r/σ'_{vc} 값은 대부분의 사례 조사에서 0.05-0.12 로 나타나며, 이는 지진 전 배수강도의 약 8-20%에 대응하는 값 (다시 말하면, 액상화로 인해 80-92%의 강도 손실)이 된다. 간극 재배열이 심각한 현장에 대해서는 전단강도가 지진 전 배수 전단강도의 작은 일부로까지 떨어질 것으로 예측하는 것이 합리적일 것이다. 왜냐하면, 간극수의 침투가 방해받음으로 인해 지반이 매우 낮은 σ'_v 값에서 전단되기 때문이다. 따라서 S_r/σ'_{vc} 비는 S_r 과 직접 연관 짓는 것보다 간극 재배열 효과를 보다 더 잘 대표하는 것으로 믿어진다. 단, 두 방법 모두 간극 재배열 과정에 영향을 주는 수많은 인자들을 완전히 설명하지는 못한다.

그림 89 는 설계에서 S_r/σ'_{vc} 를 추정하는 두가지 다른 관계를 보여준다. 활용 가능한 데이터의 한계가 있지만, 두 관계선 모두 $(N_1)_{60cs-Sr}$ 값이 약 12 미만일 때 동일한 값을 나타낸다. 그러나 $(N_1)_{60cs-Sr}$ 값이 14 를 초과할 때 잔류 강도를 추정하는 일이 필요하므로, 활용 가능한 데이터의 한계를 벗어나 잔류 강도 관계도를 외삽하는 작업이 불가피하다. 그림 89 의 두 관계도는 이러한 두 조건의 외삽에 대한 안내를 보여준다.

그림 89 의 상한 상관관계는 간극 재배열 효과가 확실히 무시할 만하다고 판단되는 조건에 대응하는 선이다. 이 조건은 지층구조가 지진 후 과잉간극수압의 소산을 방해하지 않아서 모든 심도에서 지반의 조밀화(densification)를 초래하는 부지를 포함한다. 이러한 경우, 활용 가능한 시험 데이터와 D_R 과 $(N_1)_{60cs}$ 사이의 상관관계는 비배수 전단 저항력이 $(N_1)_{60cs}=15$ 에 가까워질수록 급격히 증가하는 현상을 보여준다. 이 상관관계는 다음 식으로 표현될 수 있다.

$$\frac{S_r}{\sigma'_{vo}} = \exp\left(\frac{(N_1)_{60cs-Sr}}{16} + \left(\frac{(N_1)_{60cs-Sr}-16}{21.2}\right)^3 - 3.0\right)$$
$$\times \left(1 + \exp\left(\frac{(N_1)_{60cs-Sr}}{2.4} - 6.6\right)\right) \leq \tan\phi' \tag{80}$$

그림 89 의 하한 상관관계는 간극 재배열 효과가 심각한 조건에 대응한다. 이 경우는 상대적으로 두터운 액상화 지반층 상부에 저투수성 지반이 위치하여 지진 후 발생한 과잉간극수압의 소산이 방해를 받는 부지를 포함한다. 이 경우, 저투수성층 아래에 상향으로 흐르던 간극수가 갇히게 되어 국부적인 연화, 강도 손실과 수막 형성까지도 야기할 수 있다(Whitman 1985). 이 상관관계는 다음 식으로 표현될 수 있다.

$$\frac{S_r}{\sigma'_{vo}} = \exp\left(\frac{(N_1)_{60cs-Sr}}{16} + \left(\frac{(N_1)_{60cs-Sr}-16}{21.2}\right)^3 - 3.0\right) \le \tan\phi' \qquad (81)$$

현재로서는 현장 사례에서 간극 재배열의 잠재적 역할이나 기타 강도 손실의 원리 등은 분명히 밝혀지지 않았다. 물리 모델(physical model)과 해석적 모델로부터 간극 재배열은 느슨한 모래에서 가장 심하며, 현재 알려져 있는 현장 사례의 많은 경우에 상당한 역할을 했을 것으로 여겨진다. 이는 두 가지 설계 상관관계가 낮은 관입 저항력에서 다소 다르다는 것을 암시하나, 현재의 지식 수준으로는 차이점을 규합할 만한 근거를 제공하지 못한다.

CPT 에 기초한 S_r/σ'_{vc} 평가에 대한 유사한 상관관계를 그림 90 에 나타내었다. 사용된 현장 사례들은 그림 89 의 SPT 기반 상관관계를 개발하는 데 사용되었던 사례들과 동일하다. 이를 위해 Idriss and Boulanger(2007)에서 기술한 바와 같이, 많은 현장 사례의 경우, 활용 가능한 SPT 데이터를 경험적인 관계를 이용하여 CPT 데이터로 변환하는 작업이 필요하였다(Suzuki et al. 1998; Cubrinovski and Ishihara 1999; Salgado et al. 1997b). CPT 관입 저항력은 Seed(1987)가 추천한 SPT 보정식과의 호환을 위해, 표 5 의 Δq_{c1N} 값을 적용하여, 등가의 깨끗한 모래 값으로 보정되었다. 추천하는 S_r/σ'_{vc} 관계식은 다음과 같이 계산될 수 있다. 간극 재배열 효과가 심각할 수 있는 경우에 대해,

$$\frac{S_r}{\sigma'_{vo}} = \exp\left(\frac{q_{c1Ncs} - Sr}{24.5} - \left(\frac{q_{c1Ncs} - Sr}{61.7}\right)^2 + \left(\frac{q_{c1Ncs} - Sr}{106}\right)^3 - 4.42\right) \leq \tan\phi' \quad (82)$$

간극 재배열 효과가 무시할 만한 경우에 대해,

$$\frac{S_r}{\sigma'_{vo}} = \exp\left(\frac{q_{c1Ncs} - Sr}{24.5} - \left(\frac{q_{c1Ncs} - Sr}{61.7}\right)^2 + \left(\frac{q_{c1Ncs} - Sr}{106}\right)^3 - 4.42\right)$$
$$\times \left(1 + \exp\left(\frac{q_{c1Ncs} - Sr}{11.1} - 9.82\right)\right) \leq \tan\phi' \quad (83)$$

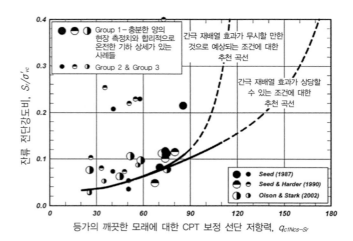

그림 90. 액상화 지반에서 정규화된 잔류 전단강도비와 상재하중에 대해 보정된 CPT 관입 저항력과의 상관관계

표 5. CPT를 이용한 잔류 강도와의 상관관계를 위한 대략적인 Δq_{c1N-Sr} 값

세립분(No. 200체 통과분 %)	Δq_{c1N-Sr}
10	10
25	25
50	45
75	55

그림 89-90 에 제시된 곡선은 σ'_{vc}가 400kPa 미만일 때 적용 가능하다. $\sigma'_{vc} >$ 400kPa 에 대한 적절한 S_r/σ'_{vc} 비는 그림 89-90 에서 추천한 값들보다 작을 것으로 예측된다. 예를 들어, Yoshimine et al.(1999)이 수행한 삼축압축시험 결과에 의하면, 주어진 D_R에서 S_r/σ'_{vc} 비는 약 500kPa 까지의 σ'_{vc} 내에서 σ'_{vc}와 상대적으로 무관하나, 보다 높은 σ'_{vc} 값에서는 감소하는 경향을 나타냈다. 이러한 효과는 위 관계식들에서 상태 보정된 관입 저항력, $(N_{1\xi})_{60cs-Sr}$ 또는 $q_{c1Ncs-Sr}$ 을 사용하여 대략적으로 설명될 수 있다(Boulanger and Idriss 2004a).

특정한 지층의 잔류 전단강도를 결정하기 위한 대표 관입 저항력의 선택은 (1) 잠재적인 파괴면의 축척(scale)과 관련된 공간적 분산도(spatial variability)의 고려와 (2) 경험적 관계식이 개발되었던 방식과의 통일성 등을 감안할 필요가 있다. 사면안정은 잠재적인 파괴면을 따라 발현되는 누적(cumulative) 전단 저항력의 영향을 받으며, 따라서 평균 전단강도는 파괴면의 일부 구간(segments)에 걸쳐 사용 가능하다. 이러한 사유로, 공간적 불균질성(heterogeneity)이 임의적인지(random), 아니면 사면의 안정성에 영향을 미칠 수 있는 연속된 취약층이나 존과 같이 체계적인 변화(variation)가 있는지를 고려해야 한다.

그림 87 에서 Seed et al.(1989)에 의한 Lower San Fernando Dam 의 SPT 데이터 해석 자료는 어떻게 불균질성이 몇몇 보편적인 잔류 전단강도값을 개발하는 데 (여기서 제시된 값들을 포함하여) 고려되었는지를 보여준다. $(N_1)_{60}$ 값들은 주요 층상과 지반 형태를 따라 최초 분류되었다. 즉, 충적층과 물다짐 쉘(hydraulic fill shell), 점토질 퍼들 코어(clayey puddle core)와 필(fill) 재의 SPT 데이터는 서로 섞지 않았으며, 하류 측 쉘 층에서 점토와 모래 층위(interlayer)의 데이터 값도 섞이지 않았다. 그림 87 의 결과 데이터는 하류 측 물다짐 쉘 존에서의 비점성토 샘플만을 주로 표현한 값이다. 하류 측 물다짐 쉘 존의 $(N_1)_{60}$ 패턴은 다시 합리적인 판단하에 네 개의 표고 간격으로 나누어져, 각각 19, 14.5, 24, 14.5 의 대표 평균값들로 구분되었으며, 최종적으로 Seed et al.(1989)은 조사 당시 하류 측 물다짐 존의 대푯값으로 14.5 를 채택하였다.

이제 그림 87 을 다시 음미함으로써, 또 다른 대안적 해석이 대표 $(N_1)_{60}$ 값의
선택에 미치는 영향을 고찰할 수 있다. 예를 들어, 모든 물다짐 쉘 존의 데이터를
차별 없이 함께 그룹화하면 평균값은 18 에 가까워진다. 반면에 쉘 존을 보다 얇
은 표고 간격으로 세분화한다면 평균값은 아마도 12 까지 낮아질 수 있다. 만약
30 번째 퍼센트 값을 평균값보다 더 적절한 값으로 간주하면, 평균값들은 네 개의
표고 간격에 대해 대략적으로 각각 16, 12, 18, 12 로 대표될 것이다. 이 경우
쉘 데이터가 함께 모아지면 대표 평균값은 14 가 될 것이며, 만약 쉘 존의 표고
간격을 대단히 세분화한다면, 대표 평균값은 11 까지 낮아질 수 있다. 그림 87 에
도시한 바와 같이, Seed et al.(1989)과 Seed and Harder(1990)에 의해 사용된
대푯값들과 접근법은 잠재적 파괴 메커니즘과 연관된 세부 간격의 축척(scale)이
주어진다면, (그림 85 와 같이) 보다 더 합리적일 것으로 판단된다.

4.3 측방유동(Lateral Spreading) 변형

변형 패턴과 공간적 불균질성

그림 91 과 92 에서 보듯이, 액상화로 인한 측방유동은 매우 복잡한 변형 패
턴을 나타낸다. 개수로나 자유면을 향하는 측방유동이 완만하게 경사진 지반에
서 발생할 수 있으며, 이 변형은 자유면으로부터 매우 광범위한 거리까지 확장
될 수 있다. 측방유동 내의 변위의 크기는 자유면으로부터의 거리와 자유면에
평행한 위치에 있어 모두 강한 공간적 분산을 나타낼 수 있다.

지표 하부 흙의 불균질성은 액상화로 인한 지반 변형의 크기와 분포에 중대한
영향을 미친다. 예를 들어, Holzer and Bennett(2007)이 소개한 몇몇 사례들
은 지질학적 면들의 갑작스런 변화(예 : 묻혀 있는 하천 모래의 선단 또는 매립
층 선단) 또는 토질 특성의 점진적인 변화(예 : 세립분) 등, 어떻게 측방유동의
경계면들이 종종 지표 하부의 지질이나 수문지질학적 조건들에 의해 결정되는
지를 보여준다. 유사하게 측방유동 내의 변형의 다변성은 지표 하부 지반과 지
하수 조건에서 관찰되는 변화와 자주 연계될 수 있다.

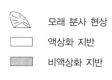

모래 분사 현상
액상화 지반
비액상화 지반

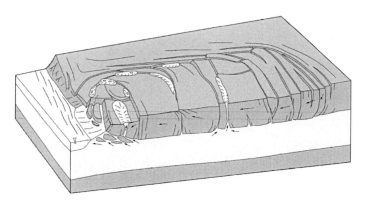

그림 91. 측방유동의 복잡한 변형 양상(Rauch 1997)

그림 92. 1999 Kocaeli 지진 시 발생한 Golcuk의 측방유동 (사진은 GEER로부터)

액상화된 존(zone)의 잠재적 분포를 이해하는 일의 중요성을 그림 93 에서 간단한 사례를 들어 설명하였다. 그림 93a 에서의 간단한 빌딩 사례는 지표 하부를 통해 액상화가 유발될 것으로 예상되는 퇴적층, 즉 불연속적으로 흩어져 있는 포켓들에 걸쳐 확대기초(spread footing)로 지지되어 있다. 이 경우, 해당 부지는 측방유동에 대해 상대적으로 더 저항력이 있는데, 이는 각각의 기초는 여전히 상당한 양의 연직 침하를 경험할지라도 액상화된 포켓들이 주변의 비액상화된 지반에 의해 둘러싸여 변형이 억제되기 때문이다. 그림 93b 는 동일한 빌딩 조건에서 전체 빌딩 면적에 걸쳐 연속적인 액상화 층이 확인된 경우이다. 그림 93a 와 그림 93b 에서 액상화 가능한 모래의 양은 대략 동일할지라도, 그림 93b 의 경우 연속적인 층을 가졌다는 사실로 인해 이 지반은 불안정성 또는

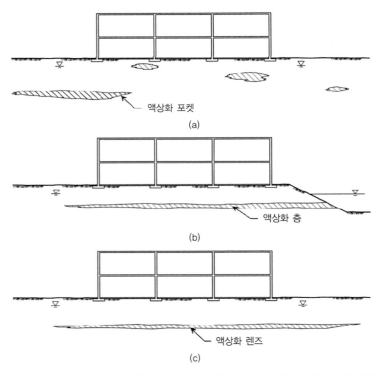

(a)

액상화 포켓

(b)

액상화 층

(c)

액상화 렌즈

그림 93. 구조물 하부 액상화된 존의 공간적 분포: (a) 고립된 포켓, (b) 근처 자유면을 향하는 측방유동 가능성이 있는 층, (c) 측방유동 가능성이 없는 수평 지반 하부의 고립된 층

우측의 하천을 향하는 측방유동에 보다 취약할 수 있다. 그림 93c 의 예시는 그림 93b 와 유사하나, 액상화 가능한 층이 열려진 하천에 접하기보다는 우측의 비액상화 지반에 의해 제한되어 있다는 점이 다르다. 이 경우, 액상화로 인한 일시적·영구적 측방유동 변위량은 하천이 인접한 경우보다 작을 것이라 예상할 수 있다. 구조물 기초의 연직 침하는 그림 93a 에 비해 93c 가 더 일정할 것으로 예상되는데, 이는 액상화 지반이 더 깊은 심도에 있고 두터운 비액상화 층에 의해 덮여 있기 때문이다. 그림 93b 에서 연직 변형은 액상화된 존의 재압밀 효과와 측방유동 또는 하천을 따르는 침하(slumping) 효과를 포함하며, 따라서 구조물의 기초는 특별히 부등침하를 경험할 수 있을 것이다. 이러한 고려는 효과적인 해석 방법의 선택과 사용에서 중요하며, 이어지는 장에서 좀 더 상세히 다루어진다.

측방유동 변위를 추정하는 방법들

측방유동 변위를 추정하기 위해 제안된 다양한 접근법들이 존재한다. 여기에서는 네 가지 방법들을 소개하는데, 각기 다른 상황에서 효율적일 수 있는 여러 방법들의 범위와 형태를 기술하고자 한다.

- 액상화된 존 내에서 (그리고 확증할 수 있다면 비액상화 존에서) 예측되는 영구 전단 변형률을 추정하고, 그 전단 변형률들을 심도에 대해 적분하여 지표면에서의 잠재적인 측방변위를 예측하는 방법. 예측된 측방변위는 또한 실 사례 관측자료에 대한 보정에 기초하여 경험적으로 조정된다.
- 과거 지반변위의 관측 데이터들을 회귀분석하고, 관측된 변위 값들에 강한 영향을 미치는 입력 정수들을 규합하여 유도된 주로 경험적인 모델을 적용, 영구 지표면 변위를 예측하는 방법
- Newmark Sliding Block 해석을 통한 지표면의 영구 변위량 계산. 이 방법은 지진동으로부터 관성력이 불안정에 대한 안전율을 일시적으로 1 이하로 떨어뜨릴 때마다 발생하는 변위들을 계산한다.
- 상세 비선형 동적 해석과 지진 후 비선형 정적 해석을 수행하는 방법

이 방법들은 각각 상당한 단순화된 내용들을 포함하고 있는데, 이는 도출된 결과가 측방유동의 확실한 물리적 메커니즘을 명쾌하게 규명하지 못하기 때문이다. 이러한 단순화는 실무에 있어서 예상되는 지반변위의 가능한 범위를 추정하기 위한 손쉬운 수단을 제공하면서 동시에 예측된 측방변위의 불확실성에도 기여한다.

잠재적인 전단 변형률 예측

개념적으로 지표면에서 영구 측방변위(LD; permanent lateral displacement)는 예상되는 전단 변형률(γ)을 깊이에 대해 수학적으로 적분함으로써 계산할 수 있다.

$$LD = \int_0^{Z_{\max}} \gamma \cdot dz \tag{84}$$

이 방법은 Seed et al.(1975a)이 흙댐에서 액상화로 인한 변위량을 추정하기 위해 개발한 변형률 예측 기법을 1차원적으로 단순화한 기법이다. 이 일반적인 접근법은 연구와 실무에서 다양한 형태로 광범위하게 적용되었다. 흔히, 전단 변형률을 예측하기 위한 관계는 실내시험 데이터에 기초를 두고 있으며, 다른 고려 사항들을 토대로 수정되기도 한다(예 : Seed 1979). 측방유동 문제에서 계산된 지반변위는 종종 다른 영향 인자들의 효과를 고려하여 수정되는데 (예 : 자유면으로부터의 거리), 이는 경험적인 현장 관측자료들과의 비교를 통해 식별될 수 있다. (예 : Tokimatsu and Asaka 1998; Shamoto et al. 1998; Zhang et al. 2004; Faris 2004; Faris et al. 2006)

비배수 반복하중 하에서의 실내시험 시 발생하는 최대 전단 변형률은 Ishihara and Yoshimine(1992)에 의해 액상화 유발(triggering)에 대한 안전율과 연관지어져왔다. 그림 94는 초기 정적 전단응력이 없고 불규칙한 일방향과 다방향(multidirectional) 하중을 적용한 깨끗한 재성형 모래에 대한 비배수 반복 단순 전단시험 결과를 보여준다(Nagase and Ishihara 1988). 그림 94 에서는 '액상화 (즉, r_u=100% 또는 이 도표에서 최대 전단 변형률이 3.5%인 경우)' 유발에 대해 1 보다 작은 안전율을 갖는 결과가 조밀한 모래보다 느슨한 모래에 대해 훨씬 더 심각함을 보여준다.

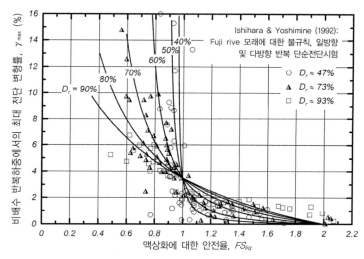

그림 94. 서로 다른 상대밀도에서의 깨끗한 재성형 모래에 대한 비배수 반복 단순전단시험에 근거한 최대 전단 변형률과 액상화에 대한 안전율 사이의 관계 (Ishihara and Yoshimine 1992)

액상화에 대한 낮은 안전율에서 발생하는 최대 전단 변형률은 실용적인 목적으로 모래의 상대밀도가 증가함에 따라 한계 값들을 향하여 감소한다. 한계 전단변형률(limiting shear strain)과 $(N_1)_{60}$ 값 사이의 관계는 그림 95 의 윗부분에 도시하였다. 그림의 해치영역으로 표시된 존은 지진하중 조건에서 Seed et al.(1984)에 의해 추정된 범위를 표현하고 있다. 이 범위는 동결 샘플링 기술(Yoshimi et al. 1994)로 얻어진 모래 시료에 대한 실내시험 결과를 포함하여, 실내시험 제한사항의 영향에 관한 전문가 의견 반영 (예 : 자연상태와 재성형된 흙, 응력 변형률의 불균질성 등은 어떤 경우에 불합리하게 큰 변형률을 초래하기도 한다) 등 다양한 자료 정보를 고려하여 만들어졌다(Seed 1979b).

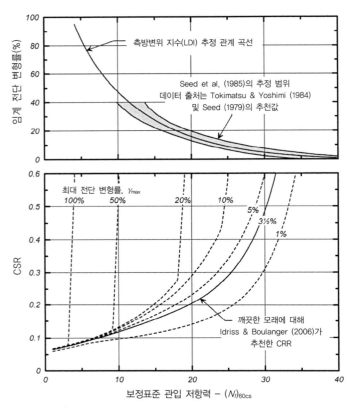

그림 95. M = 7.5와 σ'_{vc} = 1atm에서 깨끗한 모래에 대한 SPT 기반 액상화 상관관계들: (a) 한계 전단 변형률, (b) 최대 전단 변형률 등고선

그림 95b(SPT 기반)와 그림 96(CPT 기반)에서 보듯이, 지진으로 인한 CSR 과 $(N_1)_{60cs}$ 값의 다양한 조합에 대해 예상되는 최대 전단 변형률은 액상화 상 관관계를 따라 도시될 수 있다. 이러한 도표들은 그림 95a 에서의 한계 변형률 값을 고려하여, 그림 94 에서 나타난 관계를 3 장에서 소개된 CRR-$(N_1)_{60cs}$ 와 CRR-q_{c1Ncs} 관계와 통합함으로써 생성되었다. 어느 정도 세립분을 포함하는 모 래에 대한 이러한 관계들의 사용은 일반적으로 등가의 깨끗한 모래의 관입 저항 력을 사용함으로써 개략적으로 설명될 수 있는 것으로 가정되어왔다. Shamoto et al.(1998)은 세립분이 0%, 10%, 20% 섞인 모래에 대한 대체적인 SPT 관계들

을 제시하였으며, 이러한 관계들 사이의 차이점은 전체적인 기법의 정확도를 고려할 때 상대적으로 경미하다. 실무적인 목적에서, 그림 95 및 96 과 같이 다양한 세립분에 대하여 단일 $CSR-(N_1)_{60cs}-\gamma_{\max}$ (또는 $CSR-q_{c1Ncs}-\gamma_{\max}$) 관계를 사용하는 것은 합리적인 근사화로 여겨진다.

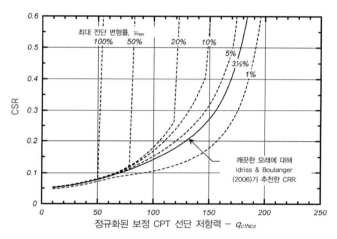

그림 96. M＝7.5와 ＝1atm에서 깨끗한 모래에 대한 CPT 기반 액상화 상관관계로 최대 전 단변형률 등고선을 보여주는 도표

최대 전단 변형률, CSR, 그리고 SPT $(N_1)_{60cs}$ 사이의 상기 관계는 그림 97 과 같이 Tokimatsu and Asaka(1998)과 Wu(2002)에 의해 추천된 유사한 관계 들과 비교될 수 있다. 그림 97 은 최대 전단 변형률이 5%, 20%, 50%인 경우에 대한 곡선들을 비교하고 있다. 그림 94 데이터에서의 분산정도뿐만 아니라 이 렇게 다른 관계들 사이에 분산정도를 통해 이러한 종류의 일반화된 관계들에 있어 내재하고 있는 불확실성을 파악할 수 있다.

최대 전단 변형률을 심도에 대하여 적분함으로써 산출할 수 있으며, 측 방유동 변위를 Zhang et al.(2004)이 제시한 '측방변위 지수(LDI; lateral displacement index)'를 계산함으로써 잠재적인 최대 변위 값을 표현할 수 있 다. LDI 값은 다음과 같이 계산된다.

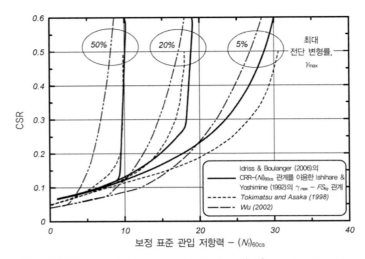

그림 97. 세 종류의 최대 전단 변형률에 대한 CSR, SPT $(N_1)_{60cs}$, 최대 전단 변형률 사이의 관계 비교

$$\text{LDI} = \int_0^{Z_{\max}} \gamma_{\max} \cdot dz \tag{85}$$

여기서 최대 전단 변형률은 위 관계식을 이용하여 추정할 수 있다. 4.5 장에 LDI 의 스프레드시트 계산 예제를 수록하였다. 이전에 기술한 바와 같이 실제 발생하는 측방변위는 몇몇 다른 요인들의 영향을 받는다(예 : 지반의 경사, 공간적 불균질성, 자유면으로부터의 거리, 매설된 구조물로부터의 구속효과 등).

스프레드시트 계산에서 그림 95 의 해치영역으로 표현된 구역의 중간 범위에 대략적으로 대응하는 한계 전단 변형률(γ_{lim})을 다음 식으로 근사될 수 있다.

$$\gamma_{\lim} = 1.859 \left(1.1 - \sqrt{\frac{(N_1)_{60cs}}{46}} \right)^3 \geq 0 \tag{86}$$

이 γ_{lim} 에 대한 표현식은 이전에 제시된 관입 저항력과 D_R 사이의 상관관계를 사용함으로써 D_R 또는 CPT 관입 저항력의 함수로서 또한 표현될 수 있다. 대응하는 수식은 따라서,

$$\gamma_{\lim} = 1.859(1.1 - D_R)^3 \geq 0 \tag{87}$$

$$\gamma_{\lim} = 1.859(2.163 - 0.478(q_{c1Ncs})^{0.264})^3 \geq 0 \tag{88}$$

매우 낮은 상대밀도에서 식 86-88 은 잔류 전단강도가 충분히 낮아서 유동 활동(flow slide), 즉 불안정(instability)을 발생시키고 따라서 무제한의 전단 변형률이 발달할 수 있는 상당히 큰 최대 전단 변형률을 산출한다.

그러나 단일값으로서 낮은 $(N_1)_{60cs}$ 값의 효과는 LDI 계산의 근간인 1 차원 근사화에 의해 과장될 수 있기 때문에 γ_{lim} 값 역시 각각의 보링이나 사운딩으로부터 LDI 를 계산할 때 약 50% 정도로 제한될 수 있다. 만약 느슨한 모래가 해당 부지에 편만하게 존재한다면 계산된 LDI 는 아마도 여전히 클 것이며, 불안정에 대한 가능성은 별개로 검토해야만 한다.

주어진 액상화 안전율에 대해 최대 전단 변형률은 한계 전단 변형률이라는 추가적인 구속조건(그림 95)과 함께 그림 94 에서의 곡선들을 근사화하는 표현 식들을 통합함으로써 추정할 수 있다(예 : Yoshimine et al. 2006).

$$F_\alpha = 0.032 + 4.7D_R - 6.0(D_R)^2 \tag{89}$$

$$\gamma_{\max} = 0 \text{ if } FS_{liq} \geq 2 \tag{90}$$

$$\gamma_{\max} = \min\left(\gamma_{\lim}, 0.035(2 - FS_{liq})\left(\frac{1 - F_\alpha}{FS_{liq} - F_\alpha}\right)\right) \text{ if } 2 > FS_{liq} > F_\alpha \tag{91}$$

$$\gamma_{\max} = \gamma_{\lim} \text{ if } FS_{liq} \leq F_\alpha \tag{92}$$

식 89 의 사용을 위해서는 D_R 값이 0.4 이상으로 제한되어야 한다. 이 표현식은 D_R이 있는 상관관계를 F_α 항으로 대체함으로써 SPT 와 CPT 관입 저항력의 식으로 다음과 같이 사용될 수 있다.

$$F_\alpha = 0.032 + 0.69 \sqrt{(N_1)_{60cs}} - 0.13\,(N_1)_{60cs} \tag{93}$$

이 식의 사용을 위해서는 $(N_1)_{60cs} \geq 7$ 로 제한되어야 한다. 또한,

$$F_\alpha = -\,11.74 + 8.34\,(q_{c1Ncs})^{0.264} - 1.371\,(q_{c1Ncs})^{0.528} \tag{94}$$

이 식의 사용을 위해서는 $q_{c1Ncs} \geq 69$ 로 제한되어야 한다.

측방유동 변위를 추정하는 핵심 절차는 부지의 불균질성(site heterogeneity)의 효과를 고려하는 것인데, 이는 복잡한 퇴적 환경 또는 제한적인 지반조사 데이터를 가진 곳에서 특히 중요하다. 예를 들어, 그림 98 과 같은 상황을 생각해볼 수 있다. 이 그림은 해안선을 따라 기존의 건물과 관로를 보여주고 있으며, 건물 주변으로 8 공의 시추조사를 통해 이 부지의 특성을 파악하였다. LDI 는 각각의 시추공에 대해 계산할 수 있으며, 그림 98a 와 같이 평면도상에 벡터로 나타낼 수 있다.

Case 1(그림 98b)의 경우, 모든 시추공에서 (LDI 값들을 통하여) 상당한 측방유동 가능성을 나타내고 있으며, 따라서 측방유동은 전체 건물을 감싸고 있는 것으로 예측할 수 있다.

Case 2(그림 98c)의 경우, 건물의 한쪽 측면을 따라 오직 시추공 3, 4, 5 에서만 상당한 측방유동 변위 가능성을 나타내었고, 다른 시추공들은 액상화가 발생하지 않을 것으로 예측되었다. 이 경우, 측방유동은 보다 국부적(localized)일 것이나, 여전히 건물에는 손상을 발생시킬 것이다. 액상화될 수 있는 층을 구분하기 위해 다른 시추공 데이터를 포함시키는 것은 비보수적일 것이다. 즉, 만약 모든 시추공에서의 데이터를 함께 도시하고 그 특성을 관입 저항력의 일부

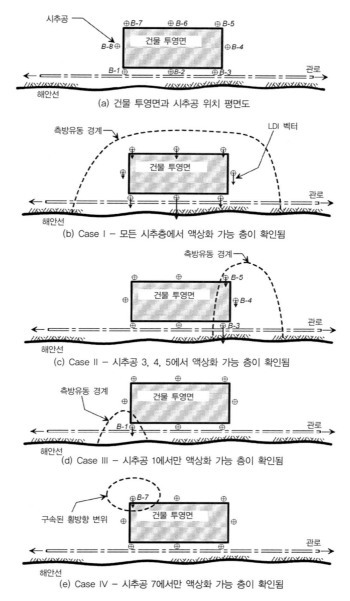

(a) 건물 투영면과 시추공 위치 평면도

(b) Case I – 모든 시추층에서 액상화 가능 층이 확인됨

(c) Case II – 시추공 3, 4, 5에서 액상화 가능 층이 확인됨

(d) Case III – 시추공 1에서만 액상화 가능 층이 확인됨

(e) Case IV – 시추공 7에서만 액상화 가능 층이 확인됨

그림 98. 기존 건물 주변 시추공에서 LDI 벡터의 해석이 어떻게 잠재적으로 각기 다른 측방 유동의 범위에 영향을 주는지에 대한 모식도

퍼센티지 값으로 표현한다면, 다른 시추공들로 인해 해당 부지는 보다 조밀하게 대표될 수 있는 인상을 줄 것이다.

Case 3(그림 98d)의 경우, 오직 시추공 B-1 만이 액상화 가능한 층으로 분류되며, 이는 건물 코너 아래로 향하는 한층 더 국부적인 측방유동 가능성을 나타낼 것이다. 이 경우, 측방유동은 오직 단일 시추공에 의해서만 올바로 특성화될 것이며, 다른 시추공들과의 평균화는 확실히 잘못된 결과를 도출할 것이다. Case 3 은 또한 관로의 취약성을 평가할 때 고려할 수 있는 중요한 상황인데, 이는 그 축을 따라 단일 시추공에서의 액상화 예측이 관로를 손상시킬 수 있는 국부화된 측방유동을 나타낼 수 있기 때문이다.

이와 대조적으로 액상화가 오직 (건물의 대지 쪽 면에 위치한) 시추공 B-7 에서 제한된 심도 간격 내에서만 예측되고 다른 시추공 위치에서는 발생하지 않는 Case 4(그림 98e)와 같은 조건을 생각해보자. 이 조건에서는 시추공 B-7 에서 국부화된 포켓에서의 액상화가 건물의 침하를 유발할 수는 있지만 이 부지에서 상당한 측방유동을 발생시키지는 못할 것이라고 합리적으로 결론 지을 수 있을 것이다.

심도에 따른 최대 전단 변형률의 변화는 또한 그것이 지표면에서 측방유동 변위로서 온전히 나타날 것인지에 영향을 줄 수 있다. Chu et al.(2006)은 높이 H_{ff}(약 3m)의 자유면을 향하는 측방유동을 포함, 다수의 현장 사례들을 분석하였다. 결론적으로 그들은 LDI 의 계산은 최대 심도를 $z_{max} = 2H_{ff}$로 제한할 수 있다고 하였는데, 이는 보다 대심도에서의 지반(예 : 인접한 하천 바닥 아래에서 H_{ff} 이상되는 지반)은 횡방향 운동에 대해 충분히 구속되어 있어서 그러한 경우 지표면에서의 횡방향 변위는 상대적으로 거의 없을 것이기 때문이다. 이는 일부 상황에서 합리적인 가이드라인이 될 수 있는데, 특히 z_{max} 한계 이내에 가장 느슨한 층이 포함되어 있을 때에 유용하다. 그러나 H_{ff}가 작거나 (예 : 약 3m 미만이거나), 또는 엄격한 적용 결과, 계산된 LDI 값의 큰 감소를 유발할 때 (예 : 두터운 느슨한 층이 $2H_{ff}$ 아래에 존재할 때)에는 이 가이드라인에 전적으로 의존하는 것이 적절하지 않을 수 있다.

많은 현장 사례들에서 관찰되어온 것처럼, 측방유동 토체 내의 횡방향 변위는 또한 자유면으로부터의 거리에 따라 일반적으로 감소할 것이다. 자유면으로부터의 거리(L)에 따른 LD 의 변화는 Youd et al.(2002)과 Zhang et al.(2004)에 의해 액상화된 층 바닥까지의 깊이(H)에 대한 L의 비와 연관을 지어왔으며, Tokimatsu and Asaka(1998)는 자유면에서 임의의 국부적 불안정 효과를 배제한 채 횡방향 변위의 크기(LD_o)에 대한 L의 비와 상관성을 제시하였다. 이 두 가지를 함께 취하여 이러한 데이터와 관계식들은 LD 값이 L/H ≈5-20 의 거리에서 LD_o의 약 절반 정도로 감소할 것으로 예측할 수 있으며, L/H≥20 의 거리에서는 만약 측방유동이 그 정도로 넓게 분포한다면 LD_o의 약 20% 미만까지 감소할 것으로 예상될 수 있다. 그러나 많은 부지에서 변위 값들의 유형은 자유면 근처의 국부적 불안정, 매설 구조물의 영향, 지질학적 또는 수문지질학적 요건들의 존재에 의해 보다 강하게 지배받는다(예 : Holzer and Bennett 2007). 이러한 이유로 LDI 의 대푯값들을 자유면으로부터의 거리 효과를 고려하여 보정한 후에 그림 98 과 같이 LDI 값들을 매핑하고 변위 값들의 예상되는 유형을 분석하는 것이 효과적이다.

현장 사례들에 대한 LDI 절차의 경험적 보정이 Shamoto et al.(1998), Tokimatsu and Asaka(1998), Zhang et al. (2004), Faris et al.(2006) 등에 의해 이루어졌으며, 보정계수들은 주로 기하학적 요인에 의존하여 유도되거나 (Shamoto et al. 1998; Tokimatsu and Asaka 1998; Zhang et al. 2004), 또는 정적 전단응력과 지진 규모에 의하여 유도되었다(Faris et al. 2006). 보정 계수들은 LDI 를 계산하기 위한 중간 절차들의 영향을 받으며, 따라서 하나의 절차 기법으로 유도된 보정계수들이 다른 절차에 사용되기 위해 일반화될 수는 없다. 많은 경우에 횡방향 변위 추정의 불확실성은 지질학적 불균질성, 지반 조사 및 특성화의 제한사항들, 그리고 액상화 유발 예측과 LDI 의 계산에서 내재 된 많은 다른 단순화 등에 의해 영향을 받을 것이다. 이러한 불확실성에도 불구 하고, 한 부지에서 얻어진 보링과 사운딩 세트로부터의 LDI 값은 4.5 장의 예제에서 설명하였듯이 변화하는 내진 요구 수준(seismic demand)에 따라 점진적으로 증가하는 지반변위와 공간적 분포를 판단하기 위한 귀중한 통찰력을 제공해준다.

경험적 관계들

측방유동 변위에 대한 경험적 모델은 측방유동 현장 사례들로부터 수집된 데이터를 회귀분석함으로써 개발되어왔다. 표 6은 이러한 유형 중 세 가지 경험적 모델에서 사용한 입력 변수들을 요약하고 있다. 지진하중을 설명하기 위한 입력 변수로서 세 모델 모두 지진의 모멘트 규모와 지진 원점으로부터의 거리 측정을 포함하고 있으며, 반면에 Rauch and Martin(2000) 모델은 최대 지표면 가속도와 진동 지속시간을 또한 포함하고 있다. 세 가지 모델 모두에서 지형적 조건을 고려하기 위해서 지표면 경사, 자유면 높이, 그리고 측방유동의 길이(또는 자유면에서 관심 있는 지점까지의 거리)를 포함하고 있다. 지하의 지반 조건은 세 모델에서 서로 다르게 고려하고 있다. Bardet et al.(2002a)은 오직 15 미만의 $(N_1)_{60}$를 갖는 포화 자갈질 층의 누적 두께(T_{15})만을 고려하며, Bartlett and Youd(1995)와 Youd et al.(2002)은 T_{15}를 T_{15} 지반 내의 평균 세립분과 평균(median) 입경과 함께 사용하였으며, Rauch and Martin(2000)은 액상화된 지반 상부까지의 평균 깊이와 액상화에 대한 최소 안전율에서의 평균 깊이를 적용하였다.

표 6. 측방유동 변위에 대한 경험적 모델과 입력 변수들

Bartlett and Youd(1995), Youd et al.(2002)
M = 지진의 모멘트 규모
R = 부지에서 지진 에너지원까지의 가장 가까운 수평 거리
T_{15} = $(N_1)_{60}$<15인 포화 자갈질 층의 누적 두께
F_{15} = T_{15} 지반 내에서 평균 세립분(200번 체의 통과 백분율)
$D50_{15}$ = T_{15} 내의 자갈질 지반에 대한 평균(median) 입경
W = 자유면 저면에서부터 관심 있는 지점까지의 거리(L)로 나눈 자유면의 높이(H)
S = 자유면이 존재하지 않는 부지의 지반 경사

Rauch and Martin(2000)

M = 지진의 모멘트 규모
R = 단층의 파단(rupture) 또는 지진 에너지 방출 구역의 지표면 투영부까지의 가장
근접 수평 거리
a_{max} = 과잉간극수압의 발생 없이 일어날 수 있는 최대 수평 지표면 가속도
T_d = 지표면 가속도에서 0.05g 이상이 나타나는 최초와 마지막 사이의 지속시간
L_{slide} = 지배적인 운동 방향으로의 측방유동의 최대 수평 길이
S_{top} = 측방유동면에 걸친 두부(head)에서 토우까지의 평균 사면 경사
H_{face} = 자유면의 토우에서 마루까지 연직으로 측정한 자유면 높이
Z_{FSmin} = 잠재적으로 액상화 발생 가능한 지반에서 최소 안전율까지의 평균 깊이
Z_{liq} = 액상화된 지반의 상부까지의 평균 깊이

Bardet et al.(2002a)

M = 지진의 모멘트 규모
R = 부지에서 지진 에너지원까지의 가장 가까운 수평 거리
$T_{15} = (N_1)_{60} < 15$인 포화 자갈질 층의 누적 두께
W = 자유면 저면에서부터 관심 있는 지점까지의 거리(L)로 나눈 자유면의 높이(H)
S = 자유면이 존재하지 않는 부지의 지반 경사

이러한 경험적 모델들의 정확도는 대략적으로 비교 가능한데, 그림 99 에서
는 Youd et al.(2002)에 대한 결과를 측정된 변위와 계산된 측방유동 변위 값들
의 분포로 보여주고 있다. 대부분의 데이터는 비록 매우 큰 차이를 보여주는

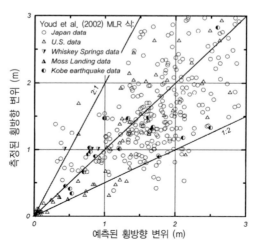

그림 99. Youd et al.(2002)의 경험적 다중 선형 회귀 모델에 대한 측정된 변위 값들과
예측된 변위 값들의 분포

수많은 사례들이 있긴 하지만, 예측된 값들의 2 배 이내에 대부분 들어온다.

이러한 현재의 경험적 모델들은 실무에서 마주치는 모든 영역의 조건들을 반영하지 못하며, 이 데이터베이스를 넘어서는 외삽 추정에 대한 어떠한 이론적 근거로 모델의 형태를 구속할 수도 없다. 따라서 이러한 모델들을 사용하기 위해서는 현장 사례 데이터베이스를 반영하는 데 제한사항들의 충분한 인지가 필요하다.

Newmark 활동 블록 해석

지표면의 변위는 또한 Newmark 활동 블록(sliding block) 형태의 해석을 적용하여 계산할 수 있는데, 이는 진동으로 인한 관성력이 가능한 전체 전단강도를 초과하는 전단응력을 유발할 때 토체는 점진적으로 미끄러진다고(활동) 가정하는 방법이다(Newmark 1965; Goodman and Seed 1966). 활동 토체는 전체 전단력(정적인 힘+관성력)이 지반의 전단 저항력을 초과할 때마다 하부 지반에 대하여 상대적으로 미끄러질 것이다. 이때 항복 시 (활동 개시 순간) 관성력을 항복 가속도(a_y)로 표현하는데, 이는 단순히 항복할 때의 관성력을 활동 토체의 질량으로 나눈 값이다. 그림 100 에서는 Newmark 활동 블록 형태의 해석기법에서 항복 가속도가 진동 중 감소하고 있는 모델을 보여주고 있다.

활동 블록 계산을 수행하기 위해서는 연계형(coupled)과 비연계형(decoupled) 방법이 있으며, 각각은 다른 종류의 적용성을 갖는다. 연계형 방법은 활동면 상부 토체의 동적 거동에 대한 활동(미끄러짐)의 효과를 분명하게(explicitly) 포함하며, 활동면을 따라 발생하는 상대적인 미끄러짐에 대해 직접적으로 해를 구한다. 연계형 해석에서 활동면에서의 (정적+동적) 전단응력은 지반의 전단 강도에 의해 제한되며, 활동 토체의 최대 관성력(또는 등가의 평균 가속도)는 항복 가속도에 의해 제한 받는다. 비연계형 해석에서는 파괴면을 따라 발생하는 미끄러짐을 포함하지 않고 지반 칼럼(column)의 동적 응답을 계산하며, 따라서 계산된 최대 관성력 (또는 등가의 평균 가속도)은 항복 가속도에서의 값을 초과할 수 있다. 비연계형 해석에서 상대적인 미끄러짐은 (일반적으로 한쪽 방향만으로 국한됨) 활동 토체와 그것의 항복 가속도에 대해 계산된 가속도 차를 이중 적분함으로써 얻어진다. 비연계형 해석은 예를 들어 직접적으로 영구 변형을 모사할 수 없는 등가선형 동적 유한요소 해석과 결합하여 사용되어왔다.

연계형과 비연계형 해석을 통해 계산된 변위 사이의 차이점은 토체와 지반 운동 특성에 의존한다(예 : Lin and Whitman 1983; Gazetas and Uddin 1994; Kramer and Smith 1997; Rathje and Bray 2000). 비연계형 해석 기법은 해석의 다른 측면들에서의 불확실성을 고려할 때 실무적으로 많은 경우에 합리적인 수준의 변위 값 예측이 가능하다. 참고로 활동 토체가 강체(rigid)로 거동한다고 판단될 때에는 연계형과 비연계형 해석은 동일한 결과를 산출한다.

다수의 학자들이 항복가속도와 특정 지반 운동의 특성들이 주어졌을 때 활동 블록 변위의 크기를 예측하는 회귀 모델(regression models)을 개발하여왔다.

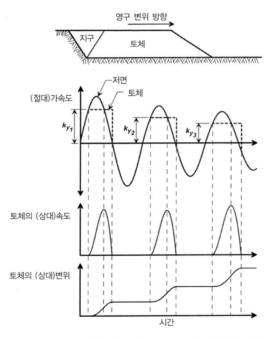

그림 100. 흙의 전단강도와 그에 대응하는 항복 가속도의 진동에 따른 감소를 보여주는 Newmark 활동 블록 기법 예시 (Idriss 1985, 원자료는 ASCE의 허가 아래 Goodman and Seed 1966로부터 발췌됨)

지반운동 특성은 이러한 계산에서 지배적인 역할을 하는데, 이는 수십 년 동안 제안된 다양한 관계식들이 주로 개발 당시에 활용 가능했던 지반운동 기록의 데이터베이스에 상당부분 의존하였기 때문이다. 그림 101 에서는 매우 광범위한 지반운동 기록들에 기반을 둔 Bray and Travasarou(2007) 모델을 도시하였는데, 강체 거동을 하는 토체의 한 방향(one-way) 활동을 가정하여 계산된 변위에 대하여 다양한 인자들의 영향을 보여주고 있다. 그림 101a 에서는 규모 7.5 의 지진에 대해 최대 가속도와 항복 가속도의 변화에 따른 평균(median) 변위들을 보여준다. 그림 101b 에서는 동일한 최대 가속도 및 항복 가속도에 대해 지진 규모의 증가에 따라 활동 변위가 증가하는 양상(지속시간 및 진동수 성분에 대한 지진 규모의 영향을 반영해 줌)을 보여주고 있다. 그림 101c 에서는 심지어 동일한 지진 규모와 최대 지반 가속도에서도 지반운동 특성의 변화는 활동 변위에 매우 큰 영향을 미침을 보여주고 있다. 예를 들어, ±1σ 결과는 평균(median) 값의 1.93 배와 0.52 배에 해당하는 변위 값들에 대응한다.

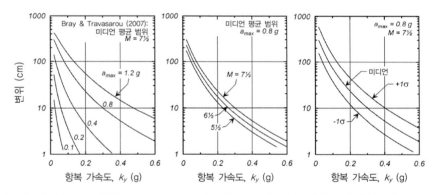

그림 101. Bray and Travasarou(2007) 회귀 모델에 의한 강체 블록 활동 변위

활동 블록모델은 액상화 결과로서 발생하는 변형 과정을 대강 근사화한 모델이다. 개별 활동면을 따르는 미끄러짐과 강체-소성 전단 저항력(rigid-plastic shear resistance) 가정은 대부분의 환경에서 실제 변형 메커니즘과 거의 유사성이 없다. 측방유동(lateral spreading) 문제는 특히 더 어려운데, 완만하게

경사진 지반 하에서 낮은 수준의 유발 전단응력(driving shear stress)과 가정된 잔류 전단강도(residual shear strengths)에 대한 해석 결과의 민감도 등에서 기인하는 추가적인 복잡성을 갖게 된다. 이런저런 이유로 측방유동 문제에 대해 활동 블록 모델을 사용하는 경우는 흔하지 않다. 그러나 활동 블록 모델은 파괴면이 액상화가 일어나는 지반과 일어나지 않는 지반 모두를 통과하게 되고, 구조적인 요소(예 : 말뚝기초)가 억지력으로 작용하는 경우의 사면이나 제방의 해석에 쉽게 확장될 수 있는 장점이 있다. Newmark 활동 블록 모델은 예상되는 변형의 대략적인 예측 값을 얻는 데 유용하다.

비선형 해석

유한요소 또는 유한차분 기법을 사용하는 비선형 동적 해석은 구조물에 대한 액상화의 영향을 평가하는 강력한 도구가 된다. 이러한 형태의 해석은 계산 방법에서 높은 수준의 전문성과 수행하는 데 상당한 노력을 동반하지만, 복잡한 문제를 다루는 데 매우 귀중하기 때문에 대형 프로젝트에 사용 사례가 증가하고 있다. 이러한 액상화 해석의 중요한 측면을 다루는 것은 본 서의 범주를 벗어난다.

비선형 해석의 정확도는 지반 조사, 해석을 위한 단순화, 현장시험 데이터로부터 지반 물성을 추출하는 데 사용된 상관관계들, 구성 모델과 그 모델들의 수치해석적 실행의 복잡성, 수치 모델에 포함되지 않는 중요한 현상들(예 : 지반 균열 또는 수막), 그리고 입력 지반운동의 선택 등에 직접적으로 영향을 받는다. 이러한 이유로 변형 예측에서 비선형 해석의 정교함이 높은 수준의 정확도를 보장하지는 못한다.

그럼에도 불구하고, 비선형 해석은 다른 방법으로 평가하기 어려운 복잡한 상호작용 메커니즘을 파악하는 것을 가능하게 해준다. 예를 들어, 비선형 해석은 댐 기초의 지반개량 범위를 변화시켜 흙댐 변형의 민감도를 평가하거나, 말뚝기초와 측방유동 지반 사이의 동적 상호작용을 평가하는 데 사용될 수 있다. 비선형 해석은 변형이 어떤 형태로 발생할지와 그 결과 구조물 성능에 어떤 영향을 줄지를 판단하는 데 특별히 유용하다. 그러한 경우에 개략적인 민감도 연구를 항상 포함하여야 하는 비선형 해석은 지반 변형을 최종 예측하는 일이 여전히 불확실한 경우에도 보다 다듬어진 의사결정을 내리는 데 귀중한 통찰력을 제공할 수 있다.

측방유동 변위 추정에서의 공학적 판단

현존하는 어떤 해석적 방법도 측방유동에 영향을 주는 모든 물리적 메커니즘을 설명하거나 포함하지 못하며, 따라서 의심의 여지없이 변위 값을 정확하게 예측할 수 있는 능력은 제한될 수밖에 없다. 보다 엄격한 모델을 사용하는 것이 보다 높은 정확도를 보장하지 못하는데, 이는 자연 퇴적층, 또는 국부화 (localiazation)의 복잡한 과정(예 : 수막 형성과 지반 균열), 그리고 지반운동 특성에서 내제된 불확실성 등을 정확하게 특성화할 수 있는 우리의 능력에 실제적인 한계로 인해 측방유동 예측에서 전반적인 불확실성이 지배하기 때문일 것이다.

액상화로 영향 받을 수 있는 하나의 지역 또는 토류 구조물에서 최종 지표면 변위를 추정하는 일은 단일 접근법 이상의 방법들을 통한 예측 변위를 계산하는 작업, 입력 인자들에 대한 계산된 변위의 민감도를 평가하는 일, 어떻게 각각의 방법의 제한사항들이 그 상황에서 연관될 수 있는지를 고려하는 것, 현장 사례들에 대한 부지의 유사성을 생각하는 것, 그리고 적절한 공학적 판단을 연습하는 과정 등을 통해 효과적인 답을 얻을 수 있다. 지표면 변위를 최종 추정하는 일은 불가피하게 근사화됨으로써 영향 받는 모든 부분에 고려되어야 한다. 어떠한 상부 또는 하부에 매설된 구조물에 대한 지반변위의 결과는 지표면 변위 추정의 불확실성을 다루는 데 필요한 보수성의 정도에 영향을 주게될 것이다.

4.4 액상화 후 재압밀 침하
(Post-Liquefaction Reconsolidation Settlement)

연직 변위는 두 가지 주요한 방법으로 발생할 수 있다. (1) 액상화된 지반의 재압밀에 의해 유발된 침하와 (2) 측방유동과 관련된 지반의 전단 변형에 의해 유발된 연직 변위가 그것이다. 이 장은 재압밀에 의해 유발된 침하만을 다룬다. 그러나 측방유동 지역에서는 지반의 전단 변형에 의해 유발되는 연직 변위 효과가 상당히 지배적일 것으로 인식되어야만 한다.

액상화 후 재압밀 변형률은 실내시험 연구로부터 유도된 관계식들을 사용하여 널리 계산하고 있지만, 현장 관찰 결과와 합리적으로 양호한 일치성을 보여주고 있다(Lee and Albaisa 1974; Tokimatsu and Seed 1987; Ishihara 1996). 그 중 하나의 방법이 Ishihara and Yoshimine(1992)에 의해 개발되었는데, 이들은 그림 102 에 나타낸 것처럼 모래 시료의 액상화 후 재압밀 동안 발생하는 체적 변형률이 비배수 동적 반복하중 동안 발달되는 최대 전단 변형률과 모래의 초기 상대밀도에 직접적으로 관계되는 것을 발견하였다. 그들이 추천하는 관계식들은 다음 식을 사용함으로써 합리적으로 근사될 수 있다(Yoshimine et al. 2006).

$$\varepsilon_v = 1.5 \cdot \exp\left(-2.5 D_R\right) \cdot \min\left(0.08, \gamma_{\max}\right) \tag{95}$$

여기서 D_R과 전단 변형률은 모두 소수 형태이다. 이 식은 다음과 같이 SPT 와 CPT 관입 저항력의 함수로 또한 표현될 수 있다.

$$\varepsilon_v = 1.5 \cdot \exp\left(-0.369 \sqrt{(N_1)_{60,cs}}\right) \cdot \min\left(0.08, \gamma_{\max}\right) \tag{96}$$

$$\varepsilon_v = 1.5 \cdot \exp\left(2.551 - 1.147 \left(q_{c1Ncs}\right)^{0.264}\right) \cdot \min\left(0.08, \gamma_{\max}\right) \tag{97}$$

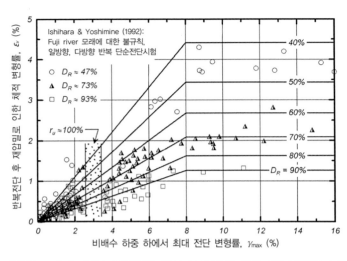

그림 102. 깨끗한 모래의 비배수 반복하중 작용 시 유발된 최대 전단 변형률과 액상화 후
체적 변형률 사이의 관계(Ishihara and Yoshimine 1992)

이러한 결과들은 그림 94 와 연계되어 서로 다른 초기 상대밀도에 대한 액상
화 후 체적 변형률과 액상화 안전율 사이의 관계를 유도해낼 수 있다. 비록 이전
의 두 관계에서의 엄격한 연계로 인해 안전율이 1 인 곳 근처에서 서로 교차하는
곡선들이 만들어지기는 하였지만, Ishihara and Yoshimine(1992)은 이러한
방식으로 그림 103 의 도표를 개발하였다. 각각의 곡선에 SPT 와 CPT 관입 저
항력을 할당하기 위해 상대밀도와의 상관관계를 사용하였다.

이제 다양한 조합의 지진으로 인한 CSR 과 $(N_1)_{60cs}$ 값들에 대한 액상화 후
체적 변형률(ε_v)을 액상화 상관관계와 더불어, SPT 의 경우 그림 104 와 같이,
CPT 의 경우 그림 105 와 같이 도시할 수 있다. 이 그림들은 그림 94 와 그림
102 로부터의 관계를 3.10 장에서 제시한 CRR−$(N_1)_{60cs}$ 및 CRR−q_{c1Ncs} 관계와
통합함으로써 생성되었다. 전단 변형률 산정에서 이미 논의하였듯이, 특정 세립
분을 갖는 모래에 대한 이러한 관계의 적용은 등가의 깨끗한 모래의 관입 저항력
을 사용함으로써 대략적으로 고려할 수 있다. 이러한 근사화는 실무적인 목적에
서 합리적인 것으로 여겨진다.

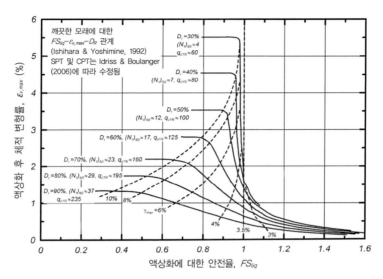

그림 103. 서로 다른 초기 상대밀도를 가진 깨끗한 모래에 대한 액상화 후 체적 변형률과 액상화 유발에 대한 안전율 사이의 관계(Ishihara and Yoshimine 1992)

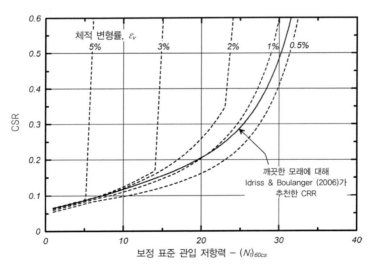

그림 104. 재압밀 시 계산된 체적 변형률 변화를 보여주는 M=7.5와 σ'_{vc} =1atm에서 깨끗한 모래에 대한 SPT 기반의 액상화 상관관계

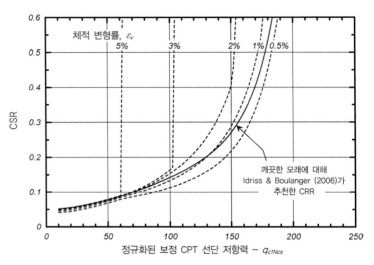

그림 105. 재압밀 시 계산된 체적 변형률 변화를 보여주는 M=7.5와 σ'_{vc}=1atm에서 깨끗한 모래에 대한 CPT 기반의 액상화 상관관계

위에서 소개한 액상화 후 체적 변형률, CSR, 그리고 SPT $(N_1)_{60cs}$ 사이의 관계는 그림 106 에서 Shamoto et al.(1998)과 Wu(2002)에 의해 추천된 유사한 관계와 비교할 수 있다. 그림 106 은 액상화 후 체적 변형률 1%, 3%, 5%에 대한 곡선들을 비교하고 있다. 그림 103 데이터에서의 분산뿐만 아니라 서로 다른 이러한 관계들 사이의 분산 정도는 이러한 유형의 일반화된 관계에 내재되어 있는 불확실성을 보여준다.

일차원적 재압밀(즉, 측방유동 변위 미발생)에 대한 지표면 침하량은 따라서 연직 변형률을 체적 변형률과 동일하게 생각하고(일차원 재압밀에 대해서 적절한 가정임), 연직 변형률을 관심 있는 깊이 간격에 대해 적분함으로 계산할 수 있다.

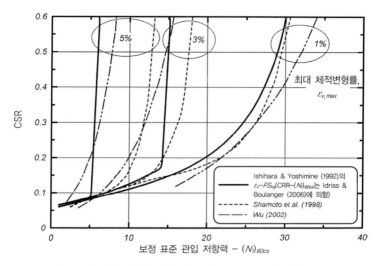

그림 106. 세 가지 수준의 최대 체적 변형률에 대한 CSR, SPT $(N_1)_{60cs}$, 그리고 최대 체적 변형률 사이의 관계 비교

$$S_{v-1D} = \int_0^{Z_{\max}} \varepsilon_v \cdot dz \tag{98}$$

일차원적 액상화 후 재압밀 침하의 결과는 액상화된 존의 공간적 분포와 평가 대상 구조물 유형에 영향을 받는다. 예를 들어, 그림 93a 에서 확대기초 건물 아래 액상화된 모래의 불연속적 포켓으로 인해 지표면 침하 유형을 잘못 분석할 수 있다. 이 경우 최악의 시나리오는 인접한 확대기초부에서는 거의 침하가 발생하지 않는 반면 하나의 확대기초 하부에서 즉각적으로 액상화된 포켓의 출현으로 인해 상당한 침하가 발생하는 경우 (아마도 지지력 불안정에 의해 붕괴되는 경우)가 될 것이다. 그러한 시나리오는 구조물의 확대기초에 대한 부등침하를 최악으로 추정하게 만들며, 이는 구조물 성능에 가장 큰 영향을 미치는데, 그러한 침하 가능성은 설계 단계에서 고려해야만 한다.

그러나 일차원적 침하의 결과는 액상화된 지반 상부의 두터운 비액상화 층의 존재에 따라 상당부분 경감될 수 있다(예 : Ishihara 1985; Naesgaard et al.

1998; Bouckovalas and Dakoulas 2007). 예를 들어, 그림 93c 의 건물을 생각해보자. 액상화 가능한 층의 제한된 수평적 범위와 인접 자유면 또는 하천이 없는 상황 등으로 볼 때 측방유동 변위 가능성이 제한된다. 건물의 기초와 액상화 층 사이의 두터운 비액상화 층이 응력을 전이시키거나 재배분시키는 일종의 연결층 역할을 함으로써 결과적으로 보다 균등한 지표면 침하를 유발한다. 이러한 방식으로 얕은 기초에 양호하게 시공된 건물은 약간의 침하는 발생할지언정 어떠한 손상을 동반하지는 않는데, 이는 부등침하량이 작기 때문이다.

Ishihara(1985)는 다수의 지진 후 지표면 손상 유형 관찰 결과를 바탕으로 액상화가 예측되는 층후 위의 두터운 비액상화 지표층의 이점에 대해 그림 107 과 같이 제시한 바 있다. 그림 107 은 지표면 손상과 그러한 손상이 없는 경우를 구분해준다. 이 그림에서의 정보는 측방유동이 없는 지역에서 일차원적 재압밀 침하와 지표면 손상과 관련된 결과들을 감소시키는 방안을 조사하는 데 사용할 수 있다. 이 그림의 내용은 측방유동이나 지반 불안정의 문제가 그림 93b 처럼 하부의 액상화 층을 따라 발생할 수 있는 경우나, 상부 지각의 일시적인 횡방향 변위(일시적 흔들림; lurching)가 말뚝 기초 또는 매설 구조물에 하중으로 작용

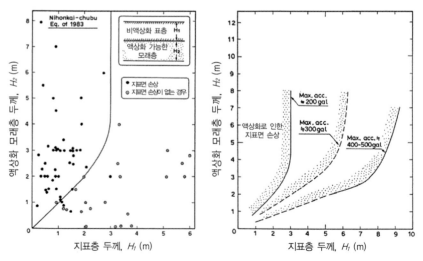

그림 107. 지표면 손상과 그러한 손상이 없는 경우를 구분할 수 있는 비액상화 지표층 두께, 액상화 층 두께, 그리고 최대 지표면 가속도의 상관관계(Ishihara 1985)

할 수 있는 경우에는 해당하지 않는다.

액상화 후 지표면 침하의 효과는 얕은 기초 구조물의 경우와 말뚝기초로 지지
되는 구조물의 경우가 다르다. 실례로서, 그림 108 은 1995 년 고베 지진 후에
Port Island 의 철도 고가교 말뚝기초 주변의 액상화 후 지표면 침하 양상을
보여준다. 그림에 보이는 지역에서의 말뚝기초 주변 지표면 침하는 30–60cm
였으나, 침하는 충분히 균등하게 발생하여 지표면 파단이나 뒤틀림 등의 손상
은 발생하지 않았다. 상대적으로 균등한 침하의 원인은 액상화된 느슨한 균등
매립층 상부에 존재하는 약 4m 두께의 비액상화 지표층에 기인한다. 그러나
다른 지진 사례들에서는 액상화로 유발된 침하는 일반적으로 균등한 분포와는
거리가 멀었고, 이 부지에서보다 한층 더 큰 피해를 유발하여왔다.

그림 108. 1995년 고베 지진 후 Port Island의 말뚝으로 지지되는 고가교 피어 주변의 액상
화로 인한 지표면 침하

Port Island 에서 얕은 기초로 지지되는 경량 건물들은 상대적으로 지반 침하의 피해를 입지 않은 것으로 보였다. 지표면 침하의 균등성으로 인해 상대적으로 작은 부등침하나 각변위 뒤틀림을 유발하였으며, 이러한 사실은 건물이 상당한 피해를 입지 않은 점을 설명해주는 근거이다.

충분히 강한 말뚝기초로 지지되는 보다 대형 건물들 역시 상대적으로 작은 침하를 겪었던 것으로 판단되며, 따라서 부등침하로 유발되는 어떠한 구조적 피해도 없었다. 그럼에도 불구하고, 건물 주변에서의 부등지반 침하는 공공시설의 연결부에 광범위한 피해를 입혀, 혼란을 가중하였다. 이에 더하여 침하하는 지반이 말뚝에 심각한 하향 항력(down-drag loads)을 유발한 것으로 추정되어, 이 점은 액상화 지역에서 말뚝 설계의 적용에 고려해야 할 설계인자로 판단되었다.

4.5 횡방향 변위와 침하 계산의 예제

단일 SPT 보링 또는 CPT 사운딩에 대한 계산 예제

여기서는 그림 83 과 부록 A 에서 동일한 액상화 해석에 사용되었던 Moss Landing State Beach 의 동일한 SPT 보링 데이터에 대해 LDI 와 재압밀 침하의 계산 예제를 제시하였다. 해석적 절차는 LDI 와 일차원적 재압밀 침하(S_{v-1D})를 동시에 계산할 수 있게 하는 최대 전단 변형률과 체적 변형률 계산 과정을 포함한다. 이러한 결과들의 스프레드시트 계산 절차는 부록 C 에 수록하였으며, 부록 A 에서 추가되어야만 하는 단계들을 주로 보여주고 있다. 계산된 변형률은 그림 109 와 같이 심도에 따라 도시할 수 있다. 이 예제에서 심도 1.8-5.2m 의 평균 체적 변형률은 약 4%에 이르고, 심도 10.0-11.9m 에서 평균 체적 변형률은 약 3%에 달하며, 다른 층후군에서는 상당히 작은 예측 변형률 값들을 보여주고 있다. 따라서 0.22m 로 예측되는 일차원 재압밀 침하량은 넓은 의미에서 이러한 두 층후군 두께에서 계산된 값들 때문에 주로 발생한다(즉, 0.04×3.4m＋0.03×1.9m＝0.19m).

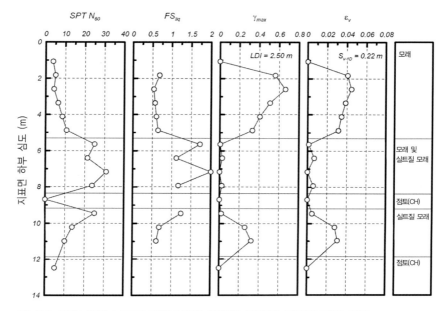

그림 109. 단일 SPT 보링에 대한 LDI와 일차원 재압밀 침하의 해석 예제

　해석의 일부로서 다양한 인자들에 대해 예측되는 지반 변형의 민감도를 평가
해야 한다. 예를 들어, 그림 110 에서 1989 Loma Prieta 지진 시 Moss Landing
State Beach 의 두 장소에 대해, 최대 수평 지표면 가속도(a_{max})가 계산된 LDI
와 일차원 재압밀 침하량(S_{v-1D})에 미치는 영향을 나타내었다. 입구부 간이
안내소 부근에 대한 결과들은, 그림 109 에서의 SPT 보링과 그림 84 에서 인접
한 CPT 사운딩과 동일한 사례를 이용하였다. 이 CPT 에 대한 결과는 비슷한
수준의 진동에 대해 보다 큰 변위를 예측함으로써 약간 더 보수적이라 할 수
있지만, 전반적으로 SPT 와 CPT 해석 모두 $a_{max} < 0.12g$ 에 대해서는 무시할
정도이며, 이 부지에서 a_{max} 가 약 0.25g 를 초과하는 진동 수준에서는 가능한
변위 값이 덜 민감해짐을 알 수 있다. 해변길 입구에서의 SPT 와 CPT 결과는
모두 입구부 간이 안내소에서의 가능 변위와 침하량에 비해 훨씬 더 작은 변위
와 침하량을 보여주고 있으며, 이 사례의 경우 SPT 결과가 CPT 보다 더 보수적
임을 알 수 있다. 이 부지에서 지진으로 유발된 최대 지반 가속도는 약

0.25-0.30g 이며, 그림 111 에서 보인 바와 같이 해변길 입구부에서보다 입구부 간이 안내소에서 훨씬 더 큰 지반변위가 발생되었음을 보여준다. 변위 발생 가능성의 계산된 지수들(LDI 와 S_{v-1D})은 관찰된 변위의 크기와 서로 인접한 이 두 장소에서 관찰된 변위 차이 모두를 합리적으로 예측할 수 있게 해준다.

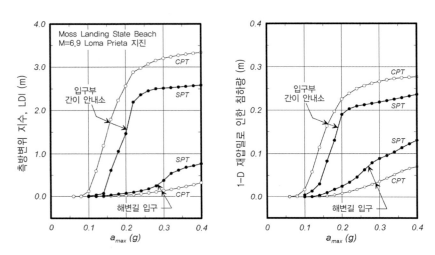

그림 110. M=6.9 지진 시 Moss Landing State Beach 접근도로를 따라 두 장소에서 최대 지반 가속도가 (계산된) LDI와 S_{v-1D}에 미치는 영향

(a)   (b)

그림 111. 1989 Loma Prieta 지진 시 Moss Landing State Beach 두 위치에서 액상화로 인한 지반 변형들: (a) 입구부 간이 안내소 (b) 해변길 입구

부지를 가로지르는 SPT 보링과 CPT 사운딩으로부터의 LDI 값 계산

1989 Loma Prieta 지진 시 액상화로 인한 측방유동 변위로, 1~2m 를 겪은 Moss Landing 해양 실험실은 계산된 LDI 값을 사용하는 예제를 보여준다. 이 실험실은 그림 112 에 나타낸 것처럼 Monterey Bay 와 Old Salinas 강 사이에 위치하였다. 그림 113 에는 건물의 남쪽 면을 가로지르는 지하 지반조건을 SPT 보링과 CPT 사운딩에서 얻은 관입 저항력과 함께 도시하였다. 건물의 기초에서

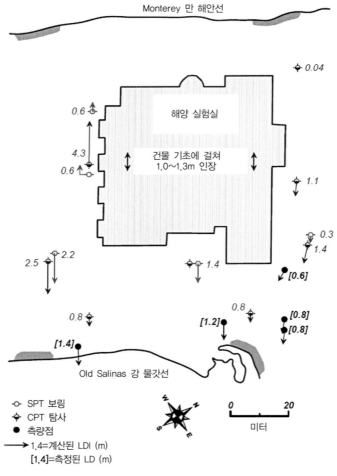

그림 112. 1989 Loma Prieta 지진 시 Moss Landing 해양 실험실에서 측정된 횡방향 변위와 계산된 LDI 분포

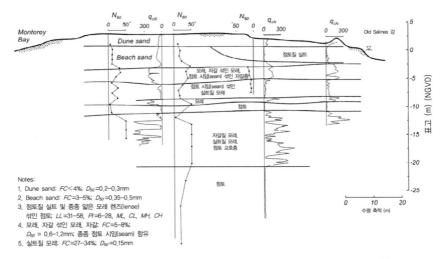

그림 113. Moss Landing 해양 실험실의 남쪽 면을 가로지르는 지하층 프로파일(Boulanger et al. 1997)

는 1.0-1.3m 인장되었고, 건물에서 Old Salinas 강 해안선을 따르는 측방유동은 0.6-1.4m 였다. 이 부지를 가로지르는 각각의 SPT 보링과 CPT 사운딩에 대한 계산된 LDI 값과 측정된 변위 값들을 그림 112 에 벡터로 도시하였다(계산된 LDI 벡터의 방향은 가장 가까운 해안선을 향하는 것으로 가정하였다). 계산된 LDI 값은 건물 북서쪽 코너 근처에서 매우 작은 값(0.04m)에서 건물의 남쪽 중간부 근처에서 매우 큰 값(4.3m)에 이르기까지 다양하게 분포하였으며, LDI 값의 2/3 범위는 약 0.6-2.2m 였다.

그림 93 과 98 에서 도시하였듯이 이러한 계산된 LDI 값들의 해석을 위해서는 액상화 존의 공간적 분포를 고려하는 작업이 필요하다. 다양한 SPT 보링과 CPT 사운딩에 대한 해석적 결과는 주요 층상에서 동일하게 액상화를 예측하였으며, 따라서 부지를 가로지르는 측방유동을 촉진시키기에 충분히 연속적인 층을 형성하였음을 보여준다. 그 건물은 만의 해안선에서 약 25m 떨어져 있으며 Old Salinas 강 해안선에서는 약 40m 이격되어 있다. 또한 예상되는 액상화 심도는 약 12m 이며, 이는 L/H 비가 약 2.0-3.3 임을 말해준다. 이 부지에서

액상화 변위는 해안선으로부터의 거리에 따라 감소하는 것으로 예측할 수 있으며, 사실 유동 방향이 동측에서 서측으로 전환되는 지점에서 변위가 0 이 되어야 함을 알 수 있다. 그러나 상대적으로 작은 L/H 비와 건물 기초에 걸쳐 변위 방향을 자신 있게 예측하기 어렵다는 점 등으로 인해 자유면으로부터의 거리에 대한 LDI 값의 보정작업은 정확한 결과의 보장이 쉽지 않은 것으로 판단된다. 어떠한 보정도 없이 계산된 LDI 벡터는 이 부지에서 관찰된 측방유동의 유형과 건물 기초에서 1.0−1.3m 의 인장 변위를 합리적으로 잘 표현해주고 있다(그림 112).

4.6 안전 마진(Margin of Safety)

액상화에서 허용 불가한 성능에 대한 바람직한 안전 마진은 예측된 성능에서의 불확실성, 허용 불가한 성능의 결과, 그리고 가능한 위험도 수준에 의해 영향을 받는다. 예측되는 성능에 관하여는 많은 경우 지반 변형이 주요한 관심사가 된다.

서로 다른 유형의 액상화 문제는 약간씩 다른 방식으로 안전 마진을 다루게 됨을 의미한다. 예를 들어, (1) 설계자가 예상되는 지반 거동을 변경시킬 수 있는 지반개량을 포함하는 경우와, (2) 설계자가 기존의 지반 조건을 받아들이는 대신 구조물이나 기초지반을 변경할 수 있는 경우 사이에서 차이점이 발생한다. 전자의 경우에는 바람직한 성능을 발현하기 위해 예측되는 목표 지반 조건을 직접적으로 명시하는 일이 가능하며, 따라서 허용 불가한 성능에 대한 안전 마진은 지반 개량의 정도 또는 범위에 의해 제시할 수 있다. 후자의 경우에는 예상되는 거동(변형 또는 불안정성)을 평가하는 일에 좀 더 초점을 맞추게 되며, 따라서 허용 불가한 성능에 대한 안전 마진은 예상되는 지반 거동 또는 구조물과 기초의 설계를 보수적으로 예측하는 과정을 통해 설정할 수 있다.

침하나 측방유동과 같은 액상화로 인한 지반 변형을 포함하는 경우에는 설계나 지지 구조물의 평가에 사용되는 지반 변형 시방서에 해석 방법의 부정확성에 대한 허용치와 지반 조사에서의 불확실성을 반드시 포함해야 한다. 다양한 해석적 방법에서 불확실성의 수준은 다른 많은 고려사항들 때문에 엄격하게 정의하기 어렵지만, 액상화에 의해 유발된 예측 변위 값과 측정 변위 값 사이의 각종 문헌들로부터 다양한 비교를 통해 계산된 변위에 대해 2 배 정도를 신중하게 적용하는 것이 시작점이 된다. 이와 유사하게 부지 조사에서 불확실성의 영향도 일반화시키기 어려우나, (1) 그림 112 에서 묘사한 것처럼 개별 보링 및 사운딩 사이의 계산된 변위 분포와 (2) 그림 110 에서와 같이 각각의 보링과 사운딩에 대해 계산된 변위가 지반 운동에 얼마나 민감하게 변하는지를 살펴봄으로서 유용한 통찰력을 얻을 수 있다.

토류 구조물의 잠재적 불안정에 관한 경우에는 지반 조사에서의 불확실성과 액상화가 예측되는 지반의 전단강도를 추정하는 작업의 불확실성에 대한 허용치를 규정하여야 한다. 토류 구조물의 안정성은 한계평형 사면안정 해석에서 얻어지는 것과 같은 불안정에 대한 안전율로서 표현할 수 있으나, 이러한 안전율 역시 일반적으로 잠재적 변형량을 일부 추정하는 작업을 동반한다. 그러한 문제를 평가하는 데 계산된 안전율과 변형량이 가정된 강도 정수들과 지반 조사에 얼마나 민감한지를 정량화하는 것이 중요하다.

액상화 유발 해석(liquefaction triggering analyses)은 지하층 내에 다른 점들에서 액상화에 대한 안전율(FS_{liq})을 계산하는 과정을 포함한다. FS_{liq}는 지하층 내에서 상당한 변형률과 과잉간극수압의 잠재적인 발달에 분명하게 연관되지만, 전반적인 지반 변형의 추정은 FS_{liq}에 의해 제시되는 것보다 더 많은 정보를 필요로 한다. 그러나 만약 FS_{liq}가 상대적으로 수평인 지반에서 모든 심도에 대해 1.2-1.3 보다 크다면, 이때 가능한 전단 변형률은 1-2% 미만이 될 것이고(예 : 그림 94), 가능한 체적 변형률은 약 0.5% 미만일 것이며(그림 103), 잔류 과잉간극수압비는 약 0.5 미만이 될 것이다. 그러한 조건들이 허용 가능한 수준의 지반 변형에 해당된다고 알려진 곳에서는 허용 불가한 성능에 대한 안전 마진을 최소 FS_{liq}의 항으로서 표현될 수 있다.

액상화 관련 성능을 예측하는 작업에서 기타 불확실성들은 문제의 초점이 지반 변형이던지 불안정성이던지, 다른 요소의 공학적 해석에 의해 부분적으로 고려될 수 있다. 예컨대, 부지 조사에서의 불확실성은 종종 지하수 표고나 대표적인 관입 저항력에 관한 보수적 가정에 의해 부분적으로 고려해볼 수 있다. 액상화 저항능력과 현장시험 측정치와의 상관관계에서 불확실성은 현장 사례들의 보수적인 해석에 의해, 또한 관찰된 액상화 사례들을 일반적으로 포함하는 상관관계 유도작업에 의해 고려해볼 수 있다. 지반 운동에서 불확실성은 설계 위험도 수준의 선택에서 고려할 수 있다. 어떠한 구조물의 허용 가능한 변형량에서 불확실성은 종종 허용 가능한 변형 수준을 보수적으로 규정함으로써 고려된다.

액상화로부터 허용 불가한 성능에 대한 최종 안전 마진은 각각의 해석 단계에서 포함되었던 보수성의 정도에 의존하게 된다. 수많은 해석적 단계 각각에서의 보수성은 필요한 정도보다 더 높은 안전 마진을 빠르게 축적할 수 있으며, 따라서 필요한 것보다 더 비경제적인 결론을 유도할 수 있다. 확률론적 방법은 각각의 단계에서 불확실성들이(또는 보수적 접근항목들이) 의사결정에 이르기까지 어떻게 전파되어 가는지를 이해하기 위한 수단을 제공해주지만, 이러한 방법들은 적용에서 상당한 노력과 공학적 판단을 필요로 한다. 모든 상황에서 시스템의 성능이 각각의 평가 단계에서의 불확실성에 의해 어떻게 영향을 받는지를 이해하기 위해 합리적인 공학적 판단이 필요하며, 여기에서 또한 각각의 해석 단계에서 낮은 확률 조건이 동시에 발생하는 것은 결과적으로 훨씬 더 낮은 발생 확률을 갖게 됨을 인지할 필요가 있다.

05

액상화 위험의 경감

05

액상화 위험의 경감

5.1 가능한 경감(Mitigation) 대책의 평가와 선택

주어진 구조물 또는 시스템에 대해 성공적인 액상화 경감 설계를 하기 위해서는 액상화 위험, 구조물에 대한 액상화의 잠재적 결과, 성능 목표, 그리고 활용 가능한 시공 재료와 방법에 대한 철저한 이해가 필요하다. 최종 액상화 경감 대책의 선택은 위험(risk)을 관리하는 접근법에 의존하게 되며, 자가발견식의 평가에서부터 매우 엄격한 위험도 평가에 이르기까지 다양한 접근법이 존재한다. 서로 다른 경감 대책들은 다음 사항들을 포함할 수 있다.

- 아무 대책 공법 없이 가능한 피해와 위험을 감수하는 것
- 해당 프로젝트를 포기하거나 다른 부지를 선택하는 것
- 지반을 개량하여 피해를 방지하거나 허용 가능한 수준으로 감소시키는 것
- 설계를 변경하여 지반 액상화가 구조물에 피해를 주지 않도록 하거나, 피해를 허용 가능한 수준까지 감소시키는 것

네트워크나 구조물의 시스템에 대해서 액상화 경감 대책은 전반적인 위험을 가장 최적으로 다루는 서로 다른 접근법을 조합하여 적용할 수 있다. 예를 들어, 주어진 설계 지진 기간 동안 시스템의 한 부분들에 대해서는 기능성(functionality)

을 유지해야 하는 반면, 다른 부분에 대해서는 오직 수명기간 동안 안전(life safety)을 필요로 하는 경우가 있을 수 있다. 전반적인 목표는 액상화 위험을 경감시키는 대안들을 개발하여 서로 다른 수준의 경감 노력에 대한 비용 대비 상대적인 이점을 평가하는 데 있다.

이 장은 액상화를 경감시키기 위한 지반 개량의 보편적인 방법들 중 일부를 간략히 소개한다. 주어진 부지에 대해 지반개량 공법의 적정성을 평가하기 위해서는 (1) 공학적 설계 절차와 품질 관리 또는 검증 기준이 합리적일 수 있도록 지반개량의 기본적인 메커니즘을 이해해야 하며, (2) 선택한 방법이 시공 가능하고 경제적일 수 있도록 시공성(constructability) 정도를 충분히 알아야 한다. 설계변경 추진전략에 대한 가능성은 본 서의 범위를 넘기 때문에 여기서 다루지는 않는다.

5.2 지반개량 공법

보다 보편적인 지반개량 공법들 중 일부를 그림 114에 나열하였으며, 이는 그 공법 적용이 유효하다고 판단되는 합리적인 흙의 입경 범위를 보여주고 있다

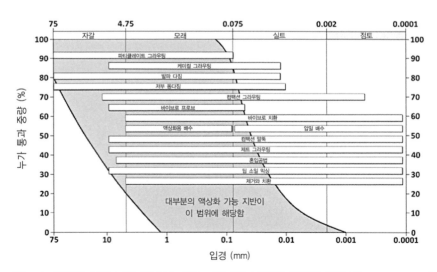

그림 114. 다양한 입도 분포 지반에 대한 지반개량 공법의 일반적 적용성(Mitchell 2007)

(Mitchell 2007). 이러한 안내 과정에서 첫 번째 기준은, 이 그림과 같이 처리해야 하는 지반에 잘 들어맞는 지반개량 공법을 선택하는 것임을 보여준다.

바이브로 공법들

바이브로 공법은 액상화 가능한 지반을 조밀하게 만들기 위해 진동 프로브를 반복적으로 지반에 관입하는 형식으로서 서로 다른 다양한 시공 절차들을 포함하는 공법이다. 현재 일반적인 이름들과 특허권이 걸린 다양한 범주의 이름들로 알려진 수많은 종류의 장비와 절차들이 있다(예 : PHRI 1997; Mosely and Kirsch 2004; Kitazume 2005). 바이브로 공법의 가장 간단한 분류는 다음과 같다.

- 바이브로-로드(Vibro-rod) : 연직 진동을 관입 프로브 또는 로드 상단에 재하한다.
- 바이브로플로테이션(Vibroflotation) : 관입 프로브 선단에 수평 진동 모터가 장착되어 있다.
- 바이브로 치환(Vibro-replacement) : 프로브 공동이 파쇄암, 자갈, 모래 또는 때때로 콘크리트와 같은 재료들로 채워진다.

그림 115는 바이브로 치환 스톤 칼럼(vibro-replacement stone column) 공법 시공 순서를 보여주고 있으며, 그림 116은 대표적인 시공 장비를 보여주고 있다.

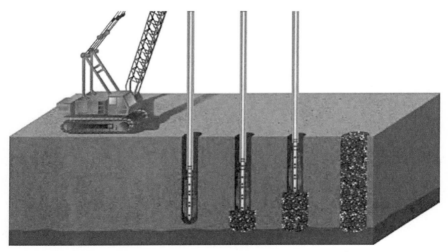

그림 115. 바이브로 치환 스톤 칼럼 시공 순서(Hayward Baker, Inc.)

그림 116. 바이브로 치환 스톤 칼럼 시공 과정에서 지반 관입을 촉진시키기 위해 워터젯을 병행하는 바이브로플로테이션

　바이브로 치환 공법은 (1) 현장 지반을 조밀하게 함으로써, (2) 현장의 횡방향 응력을 증가시킴으로써, (3) 채움재를 이용한 보다 강한 토체 기둥을 형성, 지반을 강화시킴으로써, (4) 현장 지반의 지진으로 인한 과잉간극수압의 배수를 촉진시킴으로써 액상화 가능한 지반 토층을 개량할 수 있다. 이 장의 이후 부분에서는 지진동 시 신속한 배수를 제공할 수 있는 토체 기둥의 능력과 영향 인자, 또한 중요한 제한사항등을 다른 배수 공법들과 함께 토의하기로 한다.

　바이브로 공법은 많은 상황에서 가장 효과적이고 경제적인 선택이기 때문에 대상 지반의 입도분포가 그림 114에 소개된 개량 범위에 있을 때, 광범위하게 사용되어왔다. 이 중 널리 활용 가능한 두 가지 공법으로 (일본에서 보편적인) 샌드 컴포져(sand composer) 공법과 (미국에서 보편적인) 바이브로 치환 스톤 칼럼 공법을 들 수 있다.

　바이브로 치환 스톤 칼럼 공법의 시공성과 유효성은 특정 부지 조건에서 제한될 수 있다. 비록 특정 사례에서 바이브로 치환 작업 전에 위크 드레인(wick drains)을 설치하여 바이브레이터로 인해 생성되는 과잉간극수압의 보다 빠른 소산을 촉진시켰으며, 그 결과 매우 높은 세립분을 가진 지반에서 조밀함의 정도를 향상시킨 경우가 있지만, 높은 세립분(예 : 약 20% 이상)을 가진 흙을 조밀하게 하는 것은 자주 비효율적이다(Luehring et al. 2001). 만약 액상화 가능한 층이 어떤 대단히 깊은 심도에서 제한적인 두께로 분포한다면, 바이브로 치환 공법은 전체 심도에 관입되어야 하고 상부의 보다 단단하고 조밀한 층을 관통해야 하기 때문에 비효율적인 선택이 될 수 있다. 후자의 경우 고결된 층(cemented strata) 또는 큰 전석이나 호박돌이 있는 층의 경우 관입 자체가 어려울 수 있다. 바이브로 공법은 주변 지반의 침하를 유발할 수 있으며, 이는 특별한 주의가 이루어지지 않으면 기존 구조물에 피해를 줄 수 있다. 시공된 스톤 칼럼은 또한 한 층에서 다른 층으로 환경적 오염물을 이동시키는 연직 관의 역할도 할 수도 있다.

저부 동다짐(Deep Dynamic Compaction)

저부 동다짐은 그림 117에 보인 것처럼 크레인으로 대단히 큰 템퍼 구조체(tamper mass)를 상당한 높이에서 지표면에 반복적으로 낙하시키는 공법이다. 크롤러 크레인은 33톤까지의 무게가 나가는 템퍼 구조체를 30m 높이에서 떨어뜨릴 수 있으며, 특별히 시공된 장비로 이보다 한층 더 큰 물체를 낙하시킬 수도 있다(Mosely and Kirsch 2004). 지표면에 주는 템퍼의 충격으로 인해 크레이터가 생기게 되며, 크레이터의 심도는 지표 토층의 강도에 영향을 받으며, 지하 지반을 따라 동적 응력파를 전달시킨다. 이러한 동적 응력은 충분히 크기 때문에 충격 지점 하부 지반을 액상화시키거나 적어도 높은 과잉간극수압을 발생시킬 수 있다. 이러한 과잉간극수압이 소산되면서 지표면 침하와 함께 지반을 조밀하게 만든다.

저부 동다짐은 주로 현장 지반을 조밀하게 만들고 현장의 횡방향 응력을 증가시킴으로써 액상화 가능한 토층을 개량한다. 저부 동다짐 공법의 이점은 다음 사항들을 포함한다. 특정 조건에서 넓은 면적을 개량하는 데 상대적으로 경제

그림 117. 주요 충격점의 패턴을 보여주는 저부 동다짐 전경(DGI-Menard, Inc.)

적이고, 장비와 절차가 상대적으로 간단하며, 지하층으로 어떠한 장비도 삽입할 필요가 없다. 후자의 이점은 큰 입경이나 쓰레기, 오염물 등을 포함하는 토층을 조밀하게 만들려고 할 때에 중요할 수 있다. 그러나 많은 경우, 큰 전석(호박돌, boulders)의 출현은 그 전석 주변의 지반을 조밀하게 개량하는 것을 방해할 수 있다.

저부 동다짐 역시 제한사항이 있다. 그 중 하나는 이 공법이 흔히 오직 상부 10m 지반에서만 유효하다는 것이다. 다른 제한 사항은 느린 간극수압 소산 속도로 인해 합리적인 시간 간격을 통한 템퍼 낙하 사이에 발생할 수 있는 조밀화를 감소시킬 수 있기 때문에 그 유효성은 지하 지반의 투수성이 감소함에 따라 감소한다. 이러한 사유로 이 방법의 유효성은 세립분이 약 20%를 초과하면서부터 감소하기 시작한다. 천부에서 연약지반(예 : 정규압밀 점토)의 교호하는 층 (interlayers) 또는 렌즈(lenses)는 동적 전단응력의 전달을 감쇠시킬 수 있으며, 따라서 연약한 지반 하부에서 개량의 유효성을 저하시킨다. 템퍼 충격에서 오는 진동은 기존 구조물이나 사용자에 지장을 줄 수 있어 이 또한 기존 구조물이나 시설물 근처에서 이 공법을 사용하는 것을 제한시킬 수 있다.

컴팩션 그라우팅(Compaction grouting)

컴팩션 그라우팅은 그라우팅 주변 지반을 침투한다기보다는 밀어내는 두터운 모르타르와 같은 그라우팅재를 주입하는 방법이다. 그림 118 에서는 주입을 바닥부에서 시작하여 단계별로 그라우트 봉을 점진적으로 들어 올리면서 진행하는 상향식 방법을 통한 컴팩션 그라우팅 절차를 보여주고 있다.

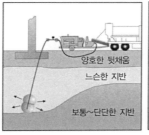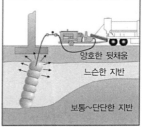

그림 118. 상향식 컴팩션 그라우팅(Hayward Baker, Inc.)

컴팩션 그라우팅은 (1) 현장 지반을 조밀하게 함으로써, (2) 현장의 횡방향 응력을 증가시킴으로써, (3) 토체를 어느 정도 보강함으로써 액상화 가능한 지반을 개량할 수 있다. 그라우트 구근의 확장은 그라우트체가 바깥쪽으로 유동하면서 주변 지반을 전단시키게 되는데, 그 결과 공동 팽창에 의해 발생하는 구속응력 아래에서 흙의 한계상태를 향하여 토체가 움직이게 된다. 컴팩션 그라우팅의 장점은 낮은 상부 하중(low-overhead)과 제한된 공간(예 : 건물 지하층 내부 또는 교량 데크 아래)에서도 작업이 가능할 수 있다는 점과 모든 상부 토층을 개량하지 않고서도 특정 심도 간격을 목표로 지반개량이 가능하다는 점에 있다. 이 공법은 또한 높은 세립분을 가진 지반과 바이브레이터나 딥 소일 믹싱 오거와 같은 대형 장비들의 관입을 방해할 수 있는 큰 입경 또는 쓰레기 등을 함유하고 있는 지반에서 상대적으로 효과적으로 시행되어왔다.

컴팩션 그라우팅 역시 단점이 있다. 하나는 이 공법이 약 6m 이내 심도에서 매우 효과적이지는 않다는 점인데, 이는 구속응력이 너무 낮고, 그라우팅 압이 지반을 조밀하게 하기보다는 지표면에 히빙을 일으킬 수 있기 때문이다. 컴팩션 그라우트 구근이나 기둥의 보강 효과는 미미한 편인데, 이는 그라우트 구근이나 기둥이 휨에 상대적으로 취성적이며, 일단 균열이 발생하면 약해지기 때문이다. 일부 경우에는 그라우트가 응결되기 전에 그라우트 홀을 통해 철재 보강 바를 삽입함으로써 어느 정도 증가된 인장 및 전단 능력을 확보하고 기둥의 건전성을 향상시킬 수 있다.

딥 소일 믹싱(Deep Soil Mixing)

딥 소일 믹싱은 현장 지반을 시멘트 계열 재료나 그라우트와 함께 혼합하거나 때로는 부분적으로 치환하는 공법이다. 딥 소일 믹싱은 그림 119에서 예시하고 Mosely and Kirsch(2004)가 기술한 바와 같이 다양한 혼합 오거 또는 오거의 조합을 이용한다. 혼합 오거를 목표 심도까지 전진시킨 다음 시멘트 계열 재료나 그라우트재를 오거 스템(stem)을 통해 주입하며, 지속적으로 회전하면서 자연 지반과 주입되는 재료와의 혼합이 이루어진다. 이 과정에서 지표면에서 수집되고 처리되는 과잉의 재료들 또는 슬러지 등을 배출하게 된다. 혼합된 기둥에서 지반의 시멘트 재료는 자연 지반의 특성과 사용된 시멘트 계열 재료의 양에 따라 넓은 범위의 비구속 압축강도(unconfined compressive strengths)(예 : 0.1-7MPa)를 갖는다.

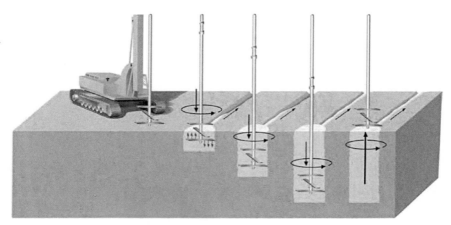

그림 119. 딥 소일 믹싱 시공 과정(Hayward Baker, Inc.)

딥 소일 믹싱은 소일 시멘트 기둥을 중첩시킴으로써 지중 전단벽(in-ground shear walls)을 시공하는 데 적용될 수 있다. 일련의 지중 전단벽 그리드는 세 가지 방법으로 액상화 가능한 토체를 개량할 수 있다(예 : Babasaki et al. 1991; O'Rourke and Goh 1997). (1) 개량 존에서 지진으로 인한 전단 변형률을 감소시켜 치환되는 자연지반에서 과잉간극수압의 발현을 제한시키고, (2) 만약 액상화된다면 구조적으로 해당 토체가 변형하는 것을 제한시킴으로써 개량된 존의 복합 전단강도를 증대시킬 수 있으며, (3) 주변의 개량되지 않은 존에서 개량된 구역으로 과잉간극수압이 이동하는 데 대한 방어벽으로 작용한다. 지중 벽은 지진으로 인한 전단 변형률을 저감시키는데, 이는 그 벽체가 둘러싸인 지반보다 전단에 더 강하며, 따라서 지진동 동안 수평 관성력을 보다 크게 받아줄 수 있게 되기 때문이다.

딥 소일 믹싱과 지중 전단벽으로의 적용성에서 장점은 이러한 벽체가 일반적으로 높은 세립분을 함유한 지반을 포함하여 광범위한 지반 유형에서 시공 가능하다는 점에 있다. 이것은 상당한 장점이 되는데, 많은 다른 지반개량 공법들이 그러한 지반에서는 덜 효과적이기 때문이다. 장비는 상당한 상부 여유공간 (overhead clearance)을 필요로 하며, 이로 인해 일부 기존 구조물 주변에서 이 공법의 적용성을 제한할 수 있다. 또한 오거를 지표면에서부터 전체 목표 심도까지 관입시켜야 하기 때문에, 개량이 어떤 대심도에서 제한된 두께의 액상화 가능한 층에 대해서만 필요하다거나, 고결층 또는 보다 조밀한 층이 상부에 분포하는 경우 오거의 굴진을 방해하게 되므로 단점이 될 수 있다.

딥 소일 믹싱과 관련하여 종종 제기되는 문제는 보강되지 않은 소일-시멘트 재료가 취성적이고 낮은 인장강도를 갖게 되며, 따라서 지진동 동안 광범위한 균열을 발달시킬 수 있어 그 효율성이 저감된다는 점이다. 그러나 최근 시공경험은 좋은 현장 성능 사례를 보여준다(Hamada and Wakamatsu 1996). 예를 들어, 일본 고베의 Oriental 호텔은 딥 소일 믹싱 벽체 그리드로 보호되는 말뚝 기초위에 시공되었는데, 1995년 고베 지진 당시 호텔이 위치하고 있는 피어 주변에서 액상화와 광범위한 변형이 발생하였음에도 불구하고 이 빌딩은 예외적으로 양호한 거동을 보였다.

제트 그라우팅(Jet Grouting)

제트 그라우팅은 시멘트 계열의 그라우트재를 현장 지반과의 교반 및 부분적 치환을 수행하는 공법이며, 교반은 고압의 공기, 물, 그라우트재를 분사하여 이루어진다(예 : Mosely and Kirsch 2004). 단일, 이중관, 또는 삼중관 그라우팅 기술에 따라 서로 다른 종류의 분사방법들이 존재한다. 그림 120은 제트 그라우팅이 지반-시멘트 기둥을 어떻게 중첩시키는지를 보여준다.

제트 그라우팅은 또한 딥 소일 믹싱에서 언급한 것처럼 지중 전단벽을 시공하는 데 사용될 수 있다. 지반개량의 메커니즘과 지중 벽의 잠재적 취성 거동에 관한 우려는 딥 소일 믹싱에서 지적한 바와 유사하다.

제트 그라우팅의 장점은 기존 시설물 주변과 같이 협소한 작업공간에서도 적용할 수 있으며, 일부 대심도에서 제한된 두께의 액상화 가능한 층을 목표로 도 수행 가능하다는 점에 있다.

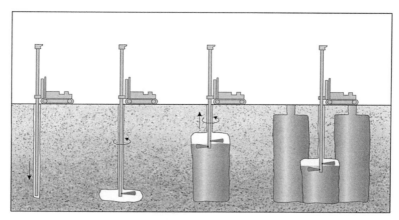

그림 120. 중첩된 보강 기둥을 형성하는 제트그라우팅 공법(H. Baker)

배수공법(Drainage)

배수공법은 일반적으로 촘촘히 짜인 그리드 또는 커튼(선형) 형태로 시공되는 개별 연직 배수재들로 구성된다. 배수재는 조립질 재료 또는 토목섬유재로 구성되며, 배수재의 설치로 인한 어느 정도의 조밀화 가능 여부는 설치 기술의 영향을 받는다.

배수공법은 지진동 시 발현되는 과잉간극수압의 소산율을 증가시킬 수 있거나, 소산 형태를 변화시켜 간극수압의 재배열로 인한 잠재적 피해를 경감시킬 수 있다. 이 두 가지 의도된 기능 사이에 분명한 구분이 필요하며, 이는 직접적으로 설계 시 고려사항에 영향을 줄 수 있기 때문이다.

배수공법은 때때로 지진동 지속시간 동안 허용가능한 낮은 수준의 과잉간극수압을 유지하는 데 충분한 정도로 간극수압 소산 속도를 증가시킬 수 있다. 이 경우, 배수공법은 그림 121a 에 보인 것처럼 촘촘히 짜인 그리드 형태로 설치될 수 있다. 최대 r_u 수준을 조절하는 배수공법 설계 도표는 Seed and Booker(1977)에 의해 최초 개발되었으며, 보다 최근에 개발된 해석적 방법과 설계 도표들(예 : Onoue 1988; Iai and Koizumi 1986; Pestana et al. 2000)은 배수공법의 수리적 저항력과 다른 요소들을 보다 완전하게 고려할 수 있다. 일반적으로 지반의 투수성이 감소할수록, 지반의 압축성이 증가할수록, 배수 유로 길이가 보다 길어질수록, 지반층이 두꺼워질수록, 배수재의 수리학적 저항력이 높을수록 (또는 낮은 투수성의 배수재일수록), 배수재가 없을 때 액상화 유발에 대한 안전율이 보다 낮을수록, 그리고 지진동 지속시간이 더 길수록 지진동 시 배수공법의 유효성은 저하된다. 최대 r_u 수준을 조절하기 위한 배수공법의 설계는 현장에서 수리학적 전도도의 공간적 분포에서 불확실성과 특정 유형의 배수공법이 기대한 대로 투수성이 있을지에 대한 확신 정도, 그리고 지반운동의 속성에 대한 우려로 자주 복잡한 양상을 띤다. 결과적으로 간극수압 발현을 제어하기 위

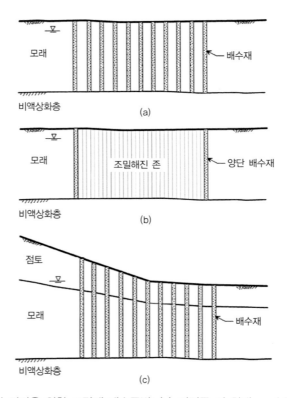

그림 121. 액상화 경감을 위한 조립재 배수공법: (a) 지진동 시 최대 r_u 수준을 제어하기 위한 배수재 그리드, (b) 미개량 존에서 조밀하게 개량된 존으로의 높은 과잉간극수압의 이동 방지를 위한 페리메터(perimeter) 배수공법, (c) 낮은 투수성의 상부 층 아래 간극 재배열 또는 수막 현상 생성 억제를 위한 배수재 그리드

한 배수공법의 적용성은 상대적으로 높은 투수성의 퇴적토층으로 제한된다.

배수공법은 또한 지진동 시와 후 모두에서 지진으로 인한 과잉간극수압의 소산 형태를 제어할 수 있다. 우리가 기대하는 것은 그림 121b 에서와 같이 액상화 미개량 존에서 (지진동으로 인한 과잉간극수압이 보다 낮은) 조밀하게 개량된 존으로 높은 과잉간극수압이 이동하는 현상을 방지하는 효과에 있다. 개량된 존으로의 간극수압 이동은 그 부분을 약화시킬 수 있으며, 결과적으로 지반변형 또는 기초의 침하를 유발시킨다. 또 다른 기능은 그림 121b 와 같이 상부의 저 투수성 지반과(지진동에 의해 높은 과잉간극수압이 발현될 수 있는) 하부의 모래층 사이 경계면에서 간극수가 축적되는 현상을 방지하거나 최소화하는 효과에 있다. 배수공법이 없는 경우 간극수의 상향 침투수가 상부 저 투수성 지반에 의해 갇히면서 결과적으로 수막 형성 또는 간극 재배열로 인한 경계면 지반의 연약화를 유발하게 된다(그림 43). 최근 원심모형시험 연구(Naesgaard et al. 2005)에 의하면 배수공법은 경계면의 수리학적 임피던스(impedance)를 감소시킬 수 있으며, 지진동 시 또는 후에 경계면을 따라 발생하는 잠재적인 강도저하를 경감시킬 수 있음을 보여주었다.

침투 그라우팅(Permeation Grouting)

침투 그라우팅은 그라우트재가 경화 또는 '응결(set)'되기 시작하기 전에 주변 지반의 간극을 스며들 수 있도록 그라우트재를 주입하는 공법이다. 경화된 그라우트재는 주로 토립자들을 함께 고결시킴으로써, 그리고 간극을 메워줌으로써 (따라서 반복적인 전단과정에서 수축 가능성을 줄여줌으로써) 지반을 개량시킨다. 주로 대상 지반의 간극 크기와 필요한 응결 시간, 소요 강도, 환경적 제약 사항, 그리고 비용 등에 따라 넓은 범위의 그라우팅 재료들을 선택할 수 있다(예 : 마이크로 시멘트 그라우트와 케미컬 그라우트). 주입 과정은 개념적으로 간단한데, 지중에 설치된 파이프를 통하여 그라우트재를 압력 주입함으로써 시공된다. 그러나 실제 시공 과정은 매우 복잡하다. 시공 과정을 최적화하고 품질관리를 가능케 하도록 그라우트 주입 과정(압력, 체적, 속도, 간격)과 그라우트재의 교반 과정(그라우트재 비율, 혼합, 응결 시간(setting time))을 컴퓨터로 자동화한 방법이 흔히 사용된다. 그림 122 는 일본의 한 부지에서 침투 그라우팅을 통해 실리카 겔 물질을 주입하여 개량된 지반의 노출 구근을 보여주고 있다(Yamazaki et al. 2005).

침투 그라우팅은 자연 지반의 교란과 연관된 침하나 기존 기초 또는 구조물의 피해(distress) 등의 우려를 피하는 것이 중요한 현장에서 특히 장점이 있다. 그라우팅 장비는 제한된 공간에서 작업이 가능하며 특정 존(zone)이나 층후를 목표로 할 수 있으며, (적절히 시공한다면) 자연지반에 교란을 최소화할 수 있다. 그러나 이 장비의 사용은 지반의 침투 능력이 세립분이 증가함에 따라 급격하게 감소하기 때문에 상대적으로 깨끗한 모래로 사용이 제한된다(그림 114). 침투 그라우팅은 또한 다른 지반개량 공법보다 더 비싸기 때문에 일반적으로 적용성은 특별한 상황에 국한된다.

그림 122. 굴착으로 노출되기 전 침투 그라우팅으로 치환된 지반(Yamazaki et al. 2005)

발파 다짐(Explosive Compaction)

발파 다짐(explosive compaction) 또는 폭파(blasting) 공법은 해당 부지에 걸쳐 시추공의 다양한 심도에서 장약을 장전하고 발파시키는 공법이다. 발파로 인해 동적 전단응력이 지하층을 타고 전파되어 지하 지반을 액상화시킬 수 있다 (예 : Narin van Court and Mitchell 1998). 이러한 과잉간극수압의 배수는 지진 후 액상화된 지반에서 관찰되는 것과 유사하게 지표면 침하와 종종 퇴적물의 보일링 형성(그림 123)과 함께 지반을 조밀하게 함으로써 얻어진다.

발파 다짐은 상대적으로 넓고 급격한 재압밀 변형률을 겪는(예 : Solymar 1984) 깊은 심도에 위치한 느슨하면서 깨끗한 모래 퇴적층과 같은 조건에서 경제적일 수 있다. 이 공법은 얕은 심도의 조밀화를 위해서는 효과적이지 않으며, 세립분이 약 15~20%를 초과하면 덜 효과적일 수 있으며, 발파로 인한 진동은 발파지점에서 기존 구조물이 얼마나 가까울 수 있는지를 제한시킬 수 있다. 달성 가능한 조밀화의 정도는 다른 공법들에서 가능한 만큼 일정하지 못하거나 그 효과가 크지 않은 게 일반적이며, 따라서 이 공법의 효용성은 설계 진동의

그림 123. 발파로 인한 액상화에 의해 발생한 모래의 보일링과 분출된 물(사진: S. Ashford)

수준에 의존한다. 또한 어떤 지역에서는 인허가를 얻는 과정이 이 공법의 적용에서 심각한 장애물이 될 수 있다.

제거와 치환(Removal and Replacement)

느슨한 지반을 개량하는 가장 직접적인 방법은 그것을 굴착한 후 채움재를 다져 넣어 치환하는 방법이다. 이 공법의 장점은 최종 성과에 대한 높은 수준의 확신을 보장할 수 있고 널리 활용 가능하고 쉽게 시험 가능한 건설 장비와 절차들을 사용한다는 점이다. 이 공법은 액상화 가능한 지반이 대심도까지 확장되지 않는 경우, 굴착과정이 기존 구조물이나 시설물의 사용에 영향을 주거나 제한되지 않는 경우, 또한 지하수위가 조절 가능한 경우에 일반적으로 가장 경제적인 방법이다.

지반개량 공법의 조합

지반개량의 최적 공법은 주어진 프로젝트의 독특한 환경에 따라 두 가지 또는 그 이상의 지반개량 공법을 적용하는 것을 포함할 수 있다. 일부 과거 프로젝트 사례들을 살펴보면 다음과 같다.

- 나이지리아의 Jebba 댐에서 심도 45m까지의 액상화 가능한 하부 토층을 조밀하게 하기 위해 발파 다짐을 적용하였고, 상부 25m를 조밀하게 하기 위해 진동다짐(vibro-compaction)을 적용하였다(Solymar 1984).
- Georgia의 잠수함 시설에서 약 15m 심도까지의 액상화 가능한 하부 토층을 조밀하게 하기 위해 컴팩션 그라우팅을, 상부층을 조밀하게 하기 위해 동다짐(deep dynamic compaction)을 적용하였다(Hussin and Ali 1987).
- 캘리포니아 Redondo Beach의 King Harbor Mole B, 약 5,500m²를 개량하기 위해 진동 쇄석 칼럼 치환(vibro-replacement stone columns) 공법을 적용하였고, 진동 치환 작업 시 발생할 수 있는 진동에 예민한 것으로 여겨졌던 방파제와 인근 하수 리프트 스테이션(sewage lift station) 배후 약 1,900m²를 개량하기 위해서는 컴팩션 그라우팅을 적용하였다(Kerwin and Stone 1997).

- 캐나다의 Seymour Falls 댐의 보수 작업에서는 상부 10m 토층을 사전 굴착하였고, 굴착면 하부 10–20m 심도에서는 발파 다짐을 적용하였으며, 굴착면에서는 동다짐을 시행하였고, 굴착한 지반을 제거한 후 필재로 치환, 다짐한 바 있다(Siu et al. 2004).

대규모 부지에서는 지반 프로파일의 변화(예 : 액상화 가능한 토층의 두께와 심도), 기존 구조물 형식의 변화(예 : 상재 구조물의 제한 또는 진동에 대한 민감도), 또는 시공 일정과 장비의 활용 가능성 등의 제약사항 등으로 서로 다른 지반개량 공법이 서로 다른 공간에서 적용되는 것이 가능하다. 상기 사례들은 시공 현장에서 효과적으로 적용되어 온 수많은 조합들 중 소수의 예에 불과하다.

5.3 일반적인 설계와 시공 시 고려사항

지진 위험을 경감하기 위한 지반개량의 설계와 시공은 Mitchell et al.(1998)과 PHRI(1997)에 의해 논의된 것처럼 넓은 범주의 고려사항들에 의해 영향을 받는다. 그 중 보다 일반적인 고려사항 중 일부를 아래에 요약하기로 한다.

지반개량 공법의 최종 선택은 활용 가능한 기술의 신뢰성과 부합하는 설계 절차들에 대한 설계자의 확신에 의존한다. 주어진 기술에 대한 자신감은 넓은 범위의 인자들의 영향을 받을 수 있는데, 예를 들어, 개량 메커니즘의 자신감, 개량 효과를 정량화하고 측정할 수 있는 검증 능력, 설계 절차에 대한 엄격함과 근거, 그리고 지진동 효과를 경감시키기 위해 그 기술의 효과를 증명할 수 있는 현장 사례 또는 물리 모델링(physical modeling)의 활용 가능성 등을 들 수 있다. 이러한 이유로 새롭게 개발된 지반개량 기술이 널리 받아들여지고 적용되기까지는 수년이 걸릴 수 있다.

다양한 기술에 대한 확신을 갖고, 때때로 특정 적용공법의 제한사항을 배우기 위해 실무 세계에서 과거 지진 시 개량된 부지의 성능을 관찰하는 것은 매우 중요하였다. 그러한 현장 사례들의 수집(예 : Mitchell et al. 1995; Hausler and Sitar 2001)은 양호한 성능 사례들과 몇몇 불량한 성능 사례들을 구분해준다. 개량된 부지의 전반적인 기록은 과거 지진 시 꽤 양호한 편이었다. 일부 불량

성능 사례들은 더 이상 허용 가능하지 않는 절차나 공법을 사용했거나 개량된 지반이 양호한 거동을 할 것으로 예측되는 수준을 뛰어넘는 지진동이 발생한 경우이다. 어떠한 경우에도 지반 개량의 수준과 현재 표준규정과 관련된 설계의 건전성에 대하여 성능 기록자료들을 검토하여야 한다.

특정 부지에 대한 지반개량 공법의 유효성은 신뢰성 있게 예측하기가 매우 어려울 수 있다. 따라서 매우 흔하게 최종 설계와 시공 입찰 전에 시험시공 또는 데모 시험을 필요로 한다. 그 부지를 적절하게 대표할 수 있는 시험 단면은 설계자와 계약자가 시공 및 품질관리 절차 등과 관련된 잠재적 어려움을 식별하고 소정의 목표하는 개량수준을 달성하기 위해 필요한 시공 인자들을 최적화하거나 확증하도록 도와준다. 일부 지반개량 공법과 개량 지반에서는 개량 후 관입저항력이 수 주에서 수 개월에 이르기까지 상당한 변화를 나타낼 수도 있다. 이러한 시간적인 효과를 평가하기 위해서는 장기간 개량을 평가할 수 있는 몇 번의 시간 간격에 걸친 현장시험을 반복할 필요도 있다(예 : Mitchell and Solymar 1984). 시험 단면으로부터의 경험은 그 프로젝트에 입찰 참여 중인 계약자들이 불확실성을 줄이도록 해주며, 이 과정은 계약자가 낮은 입찰액을 통해 전반적으로 비용을 절감할 수 있도록 해준다. 일부 경우에는 시험 단면이 제시된 공법으로는 목표 개량 수준에 도달하지 못함을 보여주기도 하며, 이는 계약자가 시험 단면의 이점이 없이 시공하였을 때 발생할 수 있는 값비싼 공법 변경 부분을 피할 수 있는 장점을 제공한다.

지반개량 프로젝트의 성공적인 실행은 엔지니어의 분명하고 합리적이며, 타당성 있고, 실행력 있는 시방서, 그리고 품질관리 절차를 개발하는 작업에 강하게 영향을 받는다. 시방서와 품질관리 절차서는 시공 실무에서의 의미(nuances)와 그것이 변화하는 부지 조건을 어떻게 충족시킬 수 있는지를 포함해야 한다. 현행 기술을 통해 합리적으로 시공가능한 방법의 한계를 숙지하고, 그러한 한계를 고려할 수 있는 지반개량 프로젝트를 설계하는 것은 중요하다.

06

점토와 소성 실트의 반복 연화

06

점토와 소성 실트의 반복 연화

6.1 지진 시 포화 점토와 소성 실트의 거동

지진 시 점토층과 소성 실트(즉, '점성' 지반) 퇴적층에서 지반 파괴가 관찰되어온 게 사실이지만, 이러한 파괴는 포화 모래와 다른 비점성 지반 퇴적층에서보다는 상당히 덜 보편적이다. 그림 124 에 보인 바와 같이 1964 년 Alaska 의 Prince William Sound 지진 당시 Anchorage 의 Fourth Avenue 슬라이딩이 Bootlegger Cove 점토층에서 발생하였으며 수 미터에 이르는 수평 및 연직 방향 변위를 일으킨 바 있다(Idriss 1985). 1999 년 Chi-Chi 지진 당시 대만의 Wufeng 에 있던 5 층 및 6 층 건물은 기초 파괴가 발생하였는데(그림 125), 그 원인이 하부 점토와 점토질 실트층에서의 지반 파괴와 강도 저하인 것으로 추정된 바 있다(Chu et al. 2004; Boulanger and Idriss 2004b; Chu et al. 2007). 기타 점토와 소성 실트층에서의 지반 및 기초 파괴 사례로는 1985 년 멕시코 Michoacan 지진 (Mendoza and Auvinet 1988; Zeevaert 1991), 1999 년 터키 Kocaeli 지진(Bray et al. 2004; Martin et al. 2004; Yilmaz et al. 2004), 그리고 2001 년 인도 Bhuj 지진(Bardet et al. 2002b) 등이 있다.

포화 점토 지반에서 급격히 증가하는 변형률을 유발시키는 동적 반복하중

06 점토와 소성 실트의 반복 연화 **215**

그림 124. 1964 Alaska의 Prince William Sound 지진 후 Anchorage Fourth Avenue에
서의 지반 파괴(W. Hansen)

가능성을 정규압밀된 Cloverdale 점토에 대한 반복삼축시험 결과 사례로서 그
림 126 에 예시하였다(Zergoun and Vaid 1994). 이 시험은 점토 샘플에 대해
보편적인 지진하중재하율 1Hz 가 부정확한 간극수압의 측정을 유발할 수 있기
때문에, 간극수압을 신뢰성 있게 측정할 수 있도록 충분히 느린 속도로 수행하
였다. 그 결과는 2.2 장의 깨끗한 모래에서 관찰된 거동과 유사하였다. 이 점토
샘플의 비배수 반복하중은 어떤 한계 수준(이 샘플에서는 r_u =80%), 즉 각각
이어지는 하중 사이클과 함께 변형률이 급격히 증가하는 시점에까지 과잉간극
수압을 점진적으로 증가시켰다. 이러한 한계 r_u 에 다다른 후에 응력-변형률
루프는 깨끗한 모래에서 관찰된 것보다 상당히 더 큰 에너지를 소산시켰다(즉,
히스터레틱 루프는 더 넓어졌다). 게다가 점토에 대한 응력-변형률 루프는 모
래에서 일시적으로 r_u =100%에 도달한 후에 관찰되는 매우 평평한 중간부(즉,
전단 강성이 필히 0 인 지점)가 발생하지는 않았다. 그럼에도 불구하고 이러한

유형의 응력-변형률 거동은 지진동 동안 심각한 지반 변형을 유발할 수 있으며, 이는 많은 경우 모래 지반의 액상화가 지반 변형을 일으킨 부지에서 관찰된 지반변위와 구분하기 어려울 수 있다.

그림 125. 1999년 Chi-Chi 지진으로 유발된 대만 Wufeng의 6층 빌딩 뒤편 하부에서 앞부분 기둥과 매트 기초 아래 기초 침하와 지지력 파괴 발생 전경(R. Seed). 매트와 기둥 기초 사이의 얇은 콘크리트 슬래브는 기초와 매트 접촉 지반의 히빙으로 손상되었다.

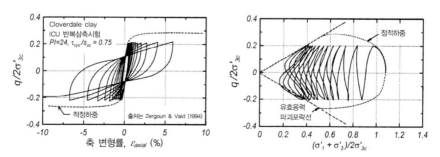

그림 126. 비배수 저속 반복하중에서 Cloverdale 점토의 응력-변형률 거동과 유효응력 경로(Zergoun and Vaid 1994)

점토와 소성 실트의 특징은 그들의 정적, 동적 강도를 특성화하는 매우 다른 공학적 절차의 개발을 필요로 하기 때문에 모래 및 비점성 지반과는 상당히 다르다(예 : Ishihara 1996; Boulanger and Idriss 2004b, 2007). 따라서 포화된 모래와 기타 비점성 지반에서 강도 저하와 변형에 연관된 용어를 '액상화(liquefaction)'로 호칭하고, 반면에 점토와 소성 실트에서 강도 저하와 변형에 관련된 현상은 '반복 연화(cyclic softening)'라는 용어를 사용하기로 한다. 이와 같이 이러한 각각의 지반 유형에 대해 개발되어온 공학적 절차에 대해서도 '반복 연화'와 '액상화'라는 용어들을 또한 사용할 수 있다.

이 장의 남은 부분에서는 세 가지 주제에 대해 논의하고 있다. (1) 점토와 소성 실트의 동적 강도 평가, (2) 세립질 지반에서 유사 모래(sand-like)에서 유사 점토(clay-like) 거동으로의 변화에 대응하는 지반 특성, 그리고 (3) 유사 점토 세립질 지반에서 반복 연화의 결과(consequences)이다.

6.2 정적 및 동적 반복 비배수 전단강도 상관성

포화된 점토와 소성 실트의 비배수 동적 강도는 그림 127에서 과압밀비(OCRs)가 1-4인 서로 다른 자연상태 세립질 토사와 테일링 댐 재료에 대하여 시험적 결과를 요약하였듯이 상대적으로 흙의 비배수 정적 전단강도의 독특한 함수형태로 표현될 수 있다. OCR은 다음과 같이 정의한다.

$$\text{OCR} = \frac{\sigma'_{vp}}{\sigma'_{vc}} \tag{99}$$

여기서 σ'_{vp}는 유효 연직 선행압밀응력(과거 최대 연직 유효응력)을 나타내며, σ'_{vc}는 현재의 유효 연직 압밀응력을 나타낸다. CSR은 삼축 전단에 대해 $q_{cyc}/2S_u$, 직접 단순전단에 대해 τ_{cyc}/S_u로 정의되며, 이 결과들은 일정 반복하중 동안 3%의 최대 전단 변형률(한 방향 진폭, single-amplitude)을 발생시키는 데 필요한 CSR을 보여주고 있다. 이 표현식에서 S_u는 정적 하중조건 하에서 흙의 비배수 전단강도를 의미한다. CSR 값들은 모두 등가의 일정 사이클 하중 진동수 1Hz 조건으로 조정되어 왔는데, 이는 동적 강도가 하중재하 비의 매 log 사이클마다 약 9%씩 증가한다는 관찰 결과에 기초하고 있다(예: Lefebvre and LeBouef 1987; Zergoun and Vaid 1994; Lefebvre and

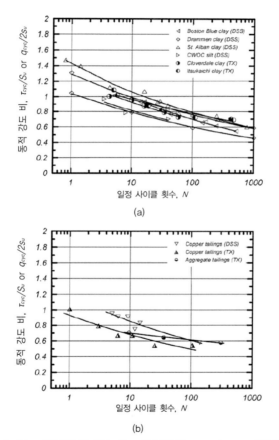

(a)

(b)

그림 127. 동적 파괴(3% 변형률)를 일으키는 데 필요한 CSR과 1Hz 진동수 조건에서 일정 하중 사이클의 횟수: (a) 자연 퇴적층 시료들(Andersen et al. 1988; Azzouz et al. 1989; Hyodo et al. 1994; Lefebvre and Pfendler 1996; Woodward-Clyde 1992a; Zergoun and Vaid 1994), (b) 테일링 댐 퇴적층 시료(Moriwaki et al. 1982; Romero 1995; Woodward-Clyde 1992b)

Pfendler 1996; Boulanger et al. 1998). 하중 재하 비(loading rate)의 영향은 이 결과들에서 S_u의 참고 값이 훨씬 더 느린 표준 정적 하중 재하 비에 대해 얻어진 값이기 때문에, 단일 하중 사이클에서 파괴에 대한 반복 전단응력이 S_u를 초과한다는 사실에 의해 보다 잘 예증되고 있다. 비록 테일링 댐 재료에 대한 동적 강도가 자연 퇴적 지반에 대한 강도보다 어느 정도 더 낮지만 이러한 점토와 소성 실트에 대한 결과는 상대적으로 좁은 범위로 귀결된다. 또한 Seed and Chan(1966)은 다져진 모래질 점토와 다져진 실트질 점토 시료에 대해 유사한 동적 강도 비(cyclic strength ratios)를 관찰한 바 있는데, 이는 이 그림에서 나타난 동적 강도 비가 자연 퇴적 점토층뿐만 아니라 다져진 점토층에도 적용 가능할 수 있음을 보여준다.

그림 128 에서 Boston Blue 점토에 대해 보인 시험적 결과에서처럼 많은 포화 점토와 소성 실트의 응력-변형률 거동의 핵심 특징은 정적 비배수 전단강도가 압밀응력 이력의 함수로서 양호하게 표현될 수 있다는 점이다(Ladd and Foott 1974). Ladd(1991)의 논의 결과들은 전단응력을 연직 유효 압밀응력으로 정규화함으로써 동일한 OCR 에 대해 상대적으로 독특한 정규화된 응력-변형률 거동을 설명할 수 있음을 보여주었다. 이러한 데이터들은 또한 어떻게 비배수 전단강도(S_u)가 다음의 형태로 표현될 수 있는지를 보여준다(Ladd and Foott 1974).

$$\frac{S_u}{\sigma'_{vc}} = S \cdot OCR^m \tag{100}$$

여기서 S 는 OCR=1 일 때, S_u/σ'_{vc}의 값이며, m 은 S_u/σ'_{vc}과 OCR 관계를 log-log 그래프로 나타냈을 때의 사면 경사이다. Ladd(1991)는 단계별 제체 축조 해석에 사용하기 위해 S와 m 의 적절한 값에 관하여 시험 데이터와 현장 경험을 검토하고 상세한 추천안을 제시하였다. S 값은 직접 단순전단 조건에서 0.16-0.28 의 범위를 보였으며, 이 값들은 애터버그 한계 도표에서 A-line 위에 표시되는지(USCS 분류에서 CL 또는 CH), 또는 A–line 밑에 위치하는지 (USCS 분류에서 ML 또는 MH), 그리고 지반이 빙호층(varved)인지 아닌지 등 지반의 PI 에 영향을 받는다. m 값은 전형적으로 0.80 에 가깝다. 따라서 상기 표현식에 기초하여 S_u를 추정하는 데 결정에 가장 중요한 항목은 흔히 OCR 이 며, 그 다음은 S 값이라 할 수 있다.

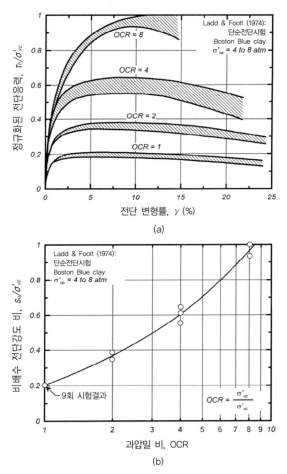

그림 128. 선행압밀응력 400–800kPa와 OCR이 1, 2, 4, 8인 샘플들에 대한 비배수 직접 단순전단시험 결과 Boston Blue 점토의 거동(Ladd and Foott 1974): (a) 정규 화된 전단응력과 전단 변형률, (b) 정규화된 전단강도와 OCR

포화 점토와 소성 실트의 동적 강도를 평가하는 절차는 직접적으로 위의 두 가지 고찰을 따르며 서로 다른 형태로 제시될 수 있다. 이어지는 장에서는 모래 지반에 사용되었던 동일한 Seed—Idriss 간편법을 통해 계산된 CSR과 비교하기 위해 CRR 관계식 개발에 대해 다루고 있다.

6.3 등가의 일정 하중 사이클 횟수와 MSF

점토에 대해 지진거동을 표현할 수 있는 등가 일정 하중 사이클(equivalent uniform loading cycles) 횟수는 참조 응력수준(즉, 최대 전단응력의 일정 %)과 CSR 및 파괴에 이르기까지의 일정 하중 사이클 횟수 사이의 관계에 영향을 받는다 (예 : 그림 127). 이전에 모래에 대해 채택하였던 절차와의 통일성을 위해 참조 응력은 시간 이력에서 최대 전단응력의 65%로 취할 수 있다. CSR과 파괴에 이르기까지의 일정 하중 사이클 횟수는 3.6절에 소개한 바와 같이 개략적으로 급수 형태(power relation)로 회귀시킬 수 있으며, 지수 값은 전형적으로 점토에 대해 0.135, 모래에 대해 0.34 정도이다(즉, 점토의 관계식이 모래보다 훨씬 평활하게 나타난다). 등가의 일정 하중 사이클 횟수에서 지수에 대한 이러한

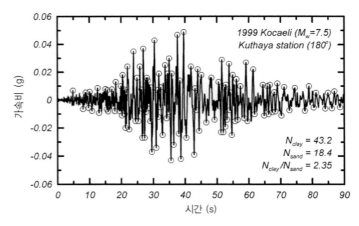

그림 129. 동일한 지진 시간 이력에 대해 점토와 모래에서의 등가의 일정 하중 사이클 횟수 비교(Boulanger and Idriss 2004b)

차이점의 효과는 그림 129 에 보인 바와 같이 1999 년 Kocaeli 지진(M=7.5)의 시간 이력이 모래와 점토에 대해 각각 18 회와 43 회의 일정 하중 사이클에 해당됨을 알 수 있다(Boulanger and Idriss 2004b). 이 계산은 많은 양의 지진 시간 이력에 대해 반복해왔는데, M=7.5 지진에 의한 점토의 하중 재하를 전단응력의 65% 수준에서 평균적으로 약 30 회의 일정 하중 사이클로 대표될 수 있음을 보여주었으며, 모래에 대해서는 3.6 절에서 이미 결정했던 것처럼 평균 약 15 회의 사이클이었던 것과 대비된다.

여기서 참조 응력수준 (즉, 최대 응력의 65%)의 설정은 주관적이며 여기서는 이에 대해 간단히 언급하기로 한다. 만약 참조 응력이 최대 응력의 100%로 취해진다면, 이때 M=7.5 지진에 대한 등가의 일정 하중 사이클 횟수는 모래의 경우 약 4.2 인 데 반해, 점토의 경우 1.23 에 해당할 것이다. 계산된 파괴에 대한 안전율은 지진으로 인한 CSR 을 계산하는 데 그리고 동적 강도를 정의하게 될 등가의 일정 하중 사이클 횟수를 결정하는 데 동일한 참조 응력 수준이 사용되는 한 결국 참조 응력 수준과 무관할 것이다. 이러한 수학적 등가화(algebraic equivalence)는 동적 강도에 대한 상관관계를 더 개발한 후에 6.6 절에서 논의하기로 한다.

평균적인 등가의 일정 하중 사이클 횟수는 3.6 절에서 모래에 대해 언급한 바와 같이 지진 규모, 거리, 그리고 부지 조건에 따라 변화한다. 실용적인 목적에서 이러한 효과는 개략적으로 MSF 로 설명될 수 있다. 점토에 대한 MSF 상관관계는 그림 130 에 보인 바와 같이 모래의 경우보다 평평하며, 이는 점토의 경우 CSR 과 파괴에 이르기까지의 하중 사이클 횟수 사이의 관계가 보다 평평하게 나타나기 때문이다.

$$MSF = 1.12 \exp\left(\frac{-M}{4}\right) + 0.828 \tag{101}$$

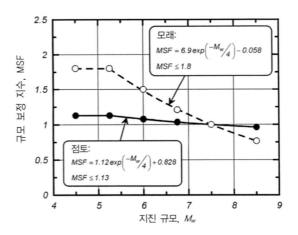

그림 130. 점토와 소성 실트에 대한 MSF 관계(Boulanger and Idriss 2007, ASCE 허가 아래)

6.4 정적 전단응력 보정계수

3.8 절에서 모래에 대해 기술한 바와 같이, 초기 정적 전단응력(initial static shear stress)이 점토의 동적 강도에 미치는 영향은 K_α 관계식으로 표현될 수 있다. 여기서 K_α는 간단히 어떠한 초기 정적 전단응력이 존재하지 않을 경우 동적 강도($CRR_{\alpha=0}$)에 대한 일부 초기 정적 전단응력을 가질 때 동적 강도(CRR_α)의 비로 정의된다. 그림 131 에 Drammen 점토(OCR=1, 4; Goulois et al. 1985; Andersen et al. 1998)와 St. Alban 점토(OCR=2.2, Lefebvre and Pfendler 1996)에 대한 K_α 상관관계를 $\alpha = \tau_s/\sigma'_{vc}$ 대신 τ_s/S_u의 항으로 초기 정적 전단응력을 표현하여 나타내었다. 이 그림은 파괴(3% 최대 전단 변형률로 정의되고, 정적 전단응력으로 유발되는 변형률은 포함하지 않음)까지 10 회의 하중 사이클에 대해 만들어졌으며, 그 결과는 하중 사이클 횟수 또는 파괴 변형률의 선택에 상대적으로 영향을 받지 않는다. 결과적으로 K_α 곡선은 특별히 약 0.5 미만의 $\tau_s/(S_u)_{\alpha=0}$ 값에 대해 상대적으로 좁은 밴드 내에 떨어진다.

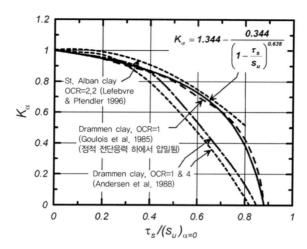

$$K_\alpha = 1.344 - \frac{0.344}{\left(1 - \frac{\tau_s}{s_u}\right)^{0.638}}$$

St. Alban clay
OCR=2.2 (Lefebvre
& Pfendler 1996)

Drammen clay, OCR=1
(Goulois et al. 1985)
(정적 전단응력 하에서 압밀됨)

Drammen clay, OCR=1 & 4
(Andersen et al. 1988)

그림 131. 점토에 대한 K_α와 $(\tau_s/S_u)_{\alpha=0}$ 사이의 상관관계(ASCE 허가 아래 Boulanger and Idriss 2007). 여기서 시료들은 범례로 명시한 경우를 제외하고는 가해진 정적 전단응력 하에서 압밀되지는 않았다.

정적 전단응력 아래 압밀된 Drammen 점토에 대한 K_α 결과는 전반적인 결과를 합리적으로 대표하고 있으며, 아마도 내진설계 시 이와 관련된 환경에서 보다 적용 가능할 수 있다. 특별히 지진하중에 대한 대부분의 설계는 유사점토(clay-like) 지반이 내진설계 이벤트 전에 일부 구조물 또는 제방의 지속적으로 작용하는 하중 하에서 압밀되기에 충분한 시간이 경과했다고 가정하고 있다. 다음 수식은 Drammen 점토시험 결과를 근사화하기 위해 유도되었다.

$$K_\alpha = 1.344 - \frac{0.344}{\left(1 - \frac{\tau_s}{S_u}\right)^{0.638}} \tag{102}$$

Andersen et al.(1988)의 Drammen 점토에 대한 다른 시험 결과 역시 시료가 정적 전단응력 하에서 압밀되지 않았을 때 OCR이 1, 4, 40인 경우에 대해 매우 유사한 상관관계를 보였다. 결과적으로 식 102는 광범위한 OCR에 걸쳐 적용 가능하다고 잠정 가정하는 것은 합리적일 것으로 보인다.

K_α에 대한 상기 수식은 또한 유사모래(sand-like) 지반에서 사용된 것처럼 초기 정적 전단응력비(α)의 함수로서 다시 표현될 수 있다. 즉, τ_s/S_u 항의 분모와 분자 모두를 σ'_{vc} 항으로 나누고 그 결과 S_u/σ'_{vc} 항을 적절한 경험적 관계식(식 100)으로 대체함으로써 다음과 같은 식을 얻게 된다.

$$\frac{\tau_s}{S_u} = \frac{\tau_s}{S_u} \cdot \frac{1/\sigma'_{vc}}{1/\sigma'_{vc}} = \frac{\alpha}{S_u/\sigma'_{vc}} = \frac{\alpha}{S_u/\sigma'_{vc}} = \frac{\alpha}{0.22 \cdot OCR^{0.8}} \tag{103}$$

결과적으로 다음이 유도된다.

$$K_\alpha = 1.344 - \frac{0.344}{\left(1 - \dfrac{\alpha}{0.22 \cdot OCR^{0.8}}\right)^{0.638}} \tag{104}$$

이 식은 α의 추정이 보다 잘 이루어질 수 있는 환경에서 사용될 수 있으며, 유사점토 및 유사모래 지반에서 K_α 상관관계를 직접적으로 비교할 수 있도록 해준다.

그림 132 에는 OCR 이 1, 2, 4, 8 인 경우 식 104 를 통해 계산된 포화 점토와 소성 실트에 대한 K_α와 α의 상관관계를 도시하였다. K_α 값은 정규압밀지반에서 가장 낮으며, 주어진 α 값에서 OCR 이 증가할수록 이 값들은 증가한다. 이 곡선들은 비배수 전단강도에 가까운 정적 전단응력을 이미 받고 있을 때 어떻게 정규압밀 유사점토 지반의 동적 강도가 무시할 만한지를 보여주고 있다. 반대로 OCR＝8 인 유사점토 지반의 동적 강도는 α 가 0.30 으로 높을 때 겨우 미미한 정도로만 감소됨을 보여준다. 이러한 경향은 OCR 의 증가가 전단 시 유사점토 지반의 수축성 경향을 감소시킨다는 점에서 유사모래지반에서 관찰된 바와 일치한다. 따라서 주어진 정적 전단응력비에서 유사점토와 유사모래

지반 모두에 대한 검토 결과, 정적 전단응력이 동적 강도에 미치는 영향은 수축성(contractive) 지반에 가장 해롭다는 결론을 얻을 수 있다.

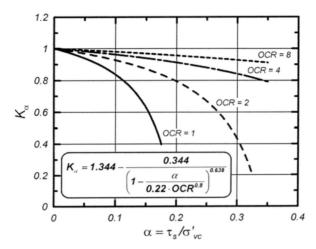

그림 132. 서로 다른 과압밀비에서 점토에 대한 K_α와 τ_s/σ'_{vc} 관계

6.5 CRR 예측

포화 점토의 CRR과 소성 실트는 세 가지 다른 접근법을 통해 추정될 수 있다.

- 동적 실내시험으로부터 직접 CRR을 측정하는 방법
- 현장시험 또는 실내시험으로 S_u를 측정하고 그것에 CRR 추정을 위해 경험적 계수를 곱하는 방법
- 응력 이력 프로파일과 정규화된 동적 강도비에 대해 추정한 값에 기초하여 경험적으로 CRR을 추정하는 방법

이러한 절차들의 성공적인 적용을 위해서는 Ladd(1991)와 Ladd and DeGroot (2003)에 의해 기술된 바와 같이 실내시험과 현장시험 프로그램으로부터 S_u 프로파일을 얻기 위해 필요한 다양한 기술과 현안들에 대한 주의 깊은 고찰을

필요로 한다. 예를 들어, 이러한 다양한 선택들은 현재 해석 수준에서의 불확실성을 고려할 때, 추가적인 정보가 제공할 수 있는 잠재적 이점과 함께 점진적으로 확신의 수준을 높이면서 해당 부지를 평가할 수 있는 기회를 제공해준다.

비배수 전단강도 프로파일 적용에 의한 CRR의 경험적 추정

그림 127 에서 소개한 지반의 경우, $N=30$ 사이클의 CSR 값을 PI 에 대하여 그림 133a 에 도시하였다. 이 그림에서는 서로 다른 지반과 시험 조건들을 강조하였으며, 이로부터 다음과 같은 결과를 얻을 수 있다. 테일링(tailings) 재료들은 자연 실트나 점토보다 대략 20% 정도 낮은 수준의 가장 작은 τ_{cyc}/S_u 비를 산출하였다. 테일링 재료들은 자연 실트와 점토의 PI(10–73)보다 낮은 범위의 PI(10–13) 를 가지며, 자연 실트와 점토에 비해 훨씬 젊은 재료이기도 하다. 결과적으로 τ_{cyc}/S_u 비에서 이러한 차이점이 얼마만큼 PI 또는 에이징(aging)의 차이 때문인지는 분명하지 않다. Seed and Chan(1966)에 의한 다져진 실트질 점토와 다져진 모래질 점토는 가장 높은 τ_{cyc}/S_u 비를 산출하였다. 이 시료들은 부분적으로만 포화되어 비압밀–비배수 조건에서 시험되었으며, 따라서 유효응력 상태는 알려지지 않았다.

삼축 및 직접 단순전단(DSS; dirct simple shear) 시험은 자연 실트와 점토에 대해 서로 견줄 만한 τ_{cyc}/S_u 비를 산출하였지만, 테일링 재료에 대한 삼축시험은 테일링 재료에 대한 DSS 시험에서 얻은 값들보다 약 15–20% 낮은 τ_{cyc}/S_u 비를 산출하였다. 그림 133a 에 요약된 데이터가 τ_{cyc}/S_u 비에 영향을 미칠 수 있는 모든 다양한 요소들, 즉 에이징(aging), PI, 지반 종류, OCR, 시험 종류와 같은 요인들을 분명하게 정의하기에 불충분하다는 것은 자명하다. 이러한 불확실성에도 불구하고 자연 지반에 대한 데이터는 상대적으로 좁은 범위에 떨어지는 경향이 있으며, 직접 단순 전단하중 조건에서 자연 유사점토 지반에 대한 평균 $(\tau_{cyc}/S_u)_{N=30}$ 는 0.83 에 합리적으로 대응함을 볼 수 있다.

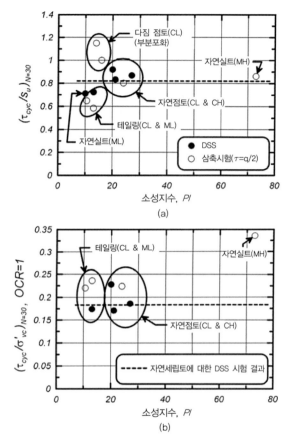

그림 133. 점성 세립질 지반에 대한 동적 강도와 설계를 위해 제안된 상관관계: (a) 동적 강도비, $(\tau_{cyc}/S_u)_{N=30}$와 PI 그래프, (b) 정규압밀지반에서 CSR, $(\tau_{cyc}/\sigma'_{vc})_{N=30}$ 와 PI 그래프

수평 부지 아래의 유사점토 세립질 지반에 대한 CRR은 다음과 같이 추정할 수 있다.

$$\mathrm{CRR}_{M=7.5} = C_{2D}0.83 \cdot \frac{S_u}{\sigma'_{vc}} \tag{105}$$

여기서, C_{2D}는 지진동의 수평 두 방향 성분의 효과로 인한 두 방향 반복하중 효과에 대한 보정계수이다. Seed(1979b)는 C_{2D} 추천 값으로 점토에 대해 0.96, 모래에 대해 0.90 을 제시하였다. 이러한 상대적인 C_{2D} 값은 반복하중의 두 번째 방향이 모래에 비해 점토에서 덜 피해를 입힌다는 사실을 반영해주며, 이는 CSR 과 파괴 시 사이클 횟수가 모래보다는 점토에 대해 보다 평평하게 나타난다는 사실과 직접적으로 관련되어 있다. 이러한 C_{2D} 값을 적용하여 점토에 대한 $CRR_{M=7.5}$는 다음 식으로 추정할 수 있다.

$$CRR_{M=7.5} = 0.80 \cdot \frac{S_u}{\sigma'_{vc}} \tag{106}$$

테일링 재료에 대해서는 그림 133a 데이터에서 제시된 것처럼 위의 CRR 추정 값이 잠정적으로 약 20% 정도 줄어들어야 한다.

많은 경우, S_u 프로파일의 불확실성이 $(\tau_{cyc}/S_u)_{M=7.5}$ 비의 불확실성보다 클 것이지만, $(\tau_{cyc}/S_u)_{M=7.5}$ 비의 불확실성이 중요해질 때에는 자세한 동적 실내시험 프로그램이 유익할 수 있다.

압밀응력 이력 프로파일을 이용하여 경험적으로 CRR 추정하기

동적 강도는 경험적인 $(\tau_{cyc}/S_u)_{M=7.5}$ 관계를 6.2 절에서 제시한 S_u −압밀응력 이력 경험적 상관관계와 연동시킴으로써 유사하게 계산할 수 있다. $CRR_{M=7.5}$에 대한 결과적 표현식은,

$$CRR_{M=7.5} = 0.80 \cdot S \cdot OCR^m \tag{107}$$

균질한 퇴적 점토(CL 및 CH)에서 가장 간단한 형태의 표현은 $S=0.22$, $m = 0.8$ 을 사용하므로 (Ladd 1991), $CRR_{M=7.5}$는 다음과 같이 추정할 수 있다.

$$\mathrm{CRR}_{M=7.5} = 0.18 \cdot \mathrm{OCR}^{0.8} \tag{108}$$

그림 127 에서 일부 정규압밀 지반에 대한 $(\tau_{cyc}/\sigma'_{vc})_{N=30}$ 측정값들과 PI 값을 그래프로 도시하여 그림 133b 를 얻을 수 있으며, 이로부터 다음과 같은 관찰 결과를 요약할 수 있다. 테일링 재료들은 PI 와 에이징(aging) 차이에도 불구하고 자연 점토의 $(\tau_{cyc}/\sigma'_{vc})_{N=30}$ 값들과 유사한 양상을 보였다. 반복 DSS 시험은 반복삼축시험에서 얻은 $(\tau_{cyc}/\sigma'_{vc})_{N=30}$ 값보다 약 20% 정도 작은 $(\tau_{cyc}/\sigma'_{vc})_{N=30}$ 값을 산출하는 것으로 나타났다. 삼축시험에서 정적 및 동적 전단응력은 $\tau_{cyc} = q_{cyc}/2$ 로 계산되었으며, 이는 만약 전단응력이 최종 전단면에 대해 $\tau_{cyc} = (q/2) \cdot \cos(\phi')$ 로 계산된다면, 삼축시험에 대한 $(\tau_{cyc}/\sigma'_{vc})_{N=30}$ 값은 약 15% 정도 더 작아질 것이고(즉, $\phi' \approx 32°$), 그림 133b 에서 DSS 와 삼축시험 결과 사이의 차이점은 매우 작아질 것(여기서 삼축시험에 대한 τ_{cyc}/S_u 비는 어떤 전단응력으로 해석하든지 동일하다)이라는 점을 의미한다. 오직 자연 실트(MH) 하나가 가장 높은 $(\tau_{cyc}/\sigma'_{vc})_{N=30}$ 값을 나타냈는데, 이는 매우 높은 PI 값 때문인 것으로 판단된다. 그러나 다른 데이터는 PI 와의 명백한 상관성이 없는 것으로 관찰된다.

현재 실무적으로 $(\tau_{cyc}/\sigma'_{vc})_{N=30}$ 비는(그림 133b 에 보인 것 같이) 1 차원 직접 단순전단하중 하에 있는 정규압밀 유사점토 세립질 지반에 대해 PI 와 무관하게 0.183 으로 추정할 수 있다. 따라서 2 차원적 진동에 대한 $\mathrm{CRR}_{M=7.5}$ 값은 PI 와 무관하게 대략 0.18 이 될 것이다. 이 값은 $S=0.22$, $(\tau_{cyc}/\sigma'_{vc})_{N=30}$ =0.83, 그리고 $C_{2D}=0.96$ 에 기초하는 상기 유도식과 일치하는 값이다.

애터버그 한계 도표에서 A-line 아래에 해당하는 소성 실트와 유기질 지반의 퇴적토층에 대해 Ladd(1991)는 S 값으로 균질한 퇴적 점토층에서 사용했던 0.22 보다, 약간 상향된 약 0.25 정도를 제시하였다. 이러한 S 값들은 A-line 아래에 해당하는 실트와 유기질 지반이 두 지반 종류에 대해 $(\tau_{cyc}/\sigma'_{vc})_{N=30}$ 비가 동일하다면 14% 더 높은 CRR 을 보유함을 내포하고 있다. 그림 133 의 데이터는 그러나 실트와 유기질 흙, 점토 사이에 가능한 어떤 차이점들을 포함하여 다양한 고려사항들에 대한 CRR 의 의존성을 분명히 정의하기에는 충분하지 않은 실정이다. 그러므로 A-line 아래에 표시되면서 여전히 PI≥7 인 실트와 유기질 흙의 CRR 은 앞서 기술한 CL 과 CH 지반의 식과 동일한 식들을 사용하여 추정할 수 있다.

실트와 점토의 동적 강도, 압밀응력 이력, 그리고 지반 특성들 사이의 상관관계를 향상시키기 위해 지속적인 동적 실내시험 데이터의 축적이 필요하다.

6.6 안전율 및 참조 응력의 선택

지진으로 인한 CSR 과 지반의 CRR 이 결정되는 참조 응력수준(즉, r_e =0.65)으로서 첨두 응력의 65%를 선택하는 것에 대해 다시 고찰하는 일은 유용한 작업이다. 주어진 지진 규모 M 에 대한 CSR 은 r_e =0.65 에 대해,

$$\text{CSR}_M = 0.65 \cdot \frac{\tau_{peak}}{\sigma'_{vc}} \tag{109}$$

여기서, τ_{peak} 는 지진으로 인한 최대 전단응력이다. r_e =0.65 에 기반한 CRR 과 정적, 동적 비배수 전단강도 사이의 경험적인 관계는 다음과 같이 계산된다.

$$\text{CRR}_M = 0.80 \frac{S_u}{\sigma'_{uc}} \text{MSF} \cdot K_\alpha \tag{110}$$

정적 전단응력 보정계수가 1 인 경우(K_α =1), 반복 연화(3% 전단 변형률)에 대한 안전율은 다음과 같이 표현할 수 있다.

$$FS_{\gamma = 3\%} = \frac{\text{CRR}_M}{\text{CSR}_M} \tag{111}$$

$$FS_{\gamma\,=\,3\%} = \frac{0.80\dfrac{S_u}{\sigma'_{uc}}\mathrm{MSF}}{0.65\dfrac{\tau_{peak}}{\sigma'_{uc}}} \tag{112}$$

$$FS_{\gamma\,=\,3\%} = 1.23\,\mathrm{MSF}\,\frac{S_u}{\tau_{peak}} \tag{113}$$

MSF 는 작은 규모의 지진의 경우 단일 하중 사이클로 지배될 수 있기 때문에 최댓값을 1.13 으로 제한한다. 이 경우 지진동으로 인한 최대 전단응력은 반복 연화(3%를 초과하는 전단 변형률)를 유발하기 위한 정적 비배수 전단강도의 139%를 초과해야만 한다. 이 1.39 라는 비는 단순히 하중재하 속도효과로서, 정적 비배수 전단강도가 결정되는 매우 낮은 하중재하 속도와 비교할 때, 점성 지반의 전단 저항력이 빠른 지진하중재하 속도에서 상당히 크다는 것을 의미한다.

M=7.5 지진(MSF=1)에 대해, 지진동으로 인한 최대 전단응력은 최대 변형률 3%를 유발하기 위해 정적 비배수 전단강도의 123%를 여전히 초과해야 한다. 이 경우, 1.23 이라는 비는 수많은 하중 사이클로부터 하중재하 속도와 동적 열화(cyclic degradation)의 복합 효과를 나타낸다.

포화 점토와 소성 실트에 대한 반복연화 가능성을 평가하는 절차는 상기 수식들에서 표현한 바와 같이 다수의 서로 다른 형태에서 표현 가능하다. 어떠한 특정 상황에서는 점성지반에서 항복과 변형 가능성은 안정 해석과 Newmark 활동 블록 유형의 해석을 통해 평가할 수 있다. 다른 상황에서는 점성 지반의 동적 저항력을 공통적인 틀에서 비점성지반의 동적 저항력과 비교하는 것이 장점으로서 작용하기도 한다. 이 절과 6.5 절에 제시된 절차는 모래(비점성지반)와 점토/소성 실트(점성지반) 사이의 거동 차이점과 공통점을 보여주며, 상기 평가 방법에서 후자의 목적에 더 부합한다.

6.7 세립질 지반에서 유사모래와 유사점토 거동의 점진적 변화

세립질 흙의 거동은 본질적으로 모래에 더 유사한 거동에서 점토에 더 유사한 거동에 이르기까지 상당히 좁은 애터버그 한계 범위에 걸쳐 점진적으로 변화한다. 이러한 점진적 변화의 한쪽 측면에는 대부분의 경우 본질적으로 비소성이면서 모래와 매우 유사하게 거동하는 세립질 지반이 있다. 이러한 흙은 샘플을 얻기가 어려우며 시료 교란에 강하게 영향을 받으며, 고유한(unique) 응력 이력으로 정규화된 강도정수를 나타내지 않는다. 이러한 유사모래 지반의 동적 강도는 현장시험에 기반한 액상화 상관관계의 틀 내에서 보다 적절히 추정될 수 있다. 점진적 거동변화의 다른 쪽 측면에는 보다 쉽게 시료를 얻을 수 있고, 시료 교란의 영향을 덜 받으며, 응력 이력으로 정규화된 강도 물성 값들을 나타내는 점토와 소성 실트가 존재한다. 이러한 흙의 동적 강도는 현장시험, 실내시험, 그리고 그러한 흙의 정적 비배수 전단강도를 평가하기 위해 만들어진 절차에 기초하거나 그와 유사한 경험적 상관관계에서 얻는 정보를 토대로 보다 적절히 추정할 수 있다. 따라서 유사모래에서 유사점토 거동으로의 점진적 변화는 지진 시 거동을 평가하기에 가장 적합한 공학적 절차 유형에 직접적인 연관성을 갖는다.

Boulanger and Idriss(2004b, 2006)는 정적 및 동적 비배수 시험에서 다양한 거동의 범위를 나타내는 세립질 지반에 대한 애터버그 한계들을 문헌조사를 통해 수집하고 결과를 정리하였다. 각각의 흙은 2.1-2.2 절과 6.1-6.2 절에서 기술한 전통적 거동의 맥락에서 유사모래(sand-like), 유사점토(clay-like), 또는 중간토(intermediate) 거동으로 대별하였다. 이 세 그룹의 모든 지반 유형에 대한 애터버그 한계를 그림 134 도표의 저소성 영역에 초점을 맞추어 함께 도시하였다. 유사점토 거동을 나타내는 흙은 PI 값이 9 정도로 낮은 일부 ML 지반과 PI 값이 4 정도로 낮은 CL-ML 지반 일부를 포함한다. 중간토 거동은 PI 값이 4-5 인 CL-ML 과 ML 로 분류된 시료들에서 관찰되었다. 유사모래 거동은 오직 PI 값이 3.5 이하인(A-line 아래) ML 지반에서만 관찰되었다.

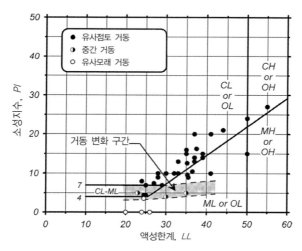

그림 134. 점성, 비점성, 또는 중간토(intermediate) 거동을 나타내는 각 지반에 대한 대푯값들을 보여주는 애터버그 한계 도표

세립질 지반에서 유사모래와 유사점토 사이의 거동 변화는 의심할 여지없이 애터버그 한계의 좁은 범위에 걸쳐 일어나는데, 이는 실제 흙의 거동이 소성도 (또는 점토 성분)의 증가와 함께 부드럽게 점진적으로 변화할 것이기 때문이며, 또한 애터버그 한계와 같은 단순한 지수시험으로는 흙의 복잡한 응력-변형률 특성을 온전하게 연관 지을 수 없기 때문에도 그러하다. 그림 135 에는 이러한 점진적 변화를 도식적으로 나타냈는데, 이는 PI 가 약 3 에서 8 까지 증가하는 동안 흙의 동적 강도가 어떻게 합리적으로 변화하는지를 보여주고 있다. 여기에, 그림 134 의 데이터는 CL-ML 지반의 경우 도시된 변화 구간의 왼쪽 편을 향하여 치우쳐 있는 데 반해, ML 지반은 구간의 오른쪽 편을 향하여 치우치려는 경향을 파악할 수 있다. 여기서 액성한계, LL 그 자체로는 관찰된 거동 차이를 구별할 수 없다.

실무에서는 세립질 지반의 경우 PI≥7 일 때 유사점토 거동을 나타내는 것으로 합리적인 예측을 할 수 있다. 이 기준은 정의에 의해 모든 CL 지반을 포함하며, 유사모래 또는 유사점토 변화 간격(그림 135)을 다소 보수적으로 해석할 수 있게 해준다. 만약 지반이 CL-ML 로 도시된다면, 이때 PI 기준은 1-2 정도

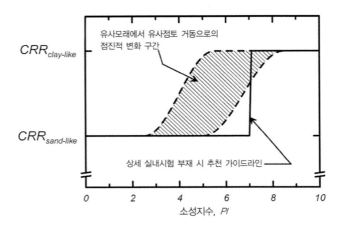

그림 135. 세립질 지반에 대해 PI의 증가에 따른 유사모래에서 유사점토 거동으로의 점진적 변화와 실무를 위한 추천 가이드라인 도표

감소할 수 있으나 여전히 그림 134 의 데이터와 일치한다. 이러한 흙의 동적 강도는 현장시험, 실내시험, 그리고 그러한 흙의 정적 비배수 전단강도를 평가하기 위해 만들어진 절차에 기초하거나 그와 유사한 경험적 상관관계에서 얻는 정보를 토대로 추정하여야 한다.

상기 기준을 충족하지 않는 세립질 지반은 상세한 현장시험 또는 실내시험을 통해 규명하지 않는 한, 유사모래 거동(즉, 액상화 가능한 지반)을 나타낼 것으로 간주되어야 한다. 이러한 지반의 동적 강도는 현재 현장시험에 기초한 액상화 상관관계의 틀 안에서 추정되어야만 한다.

PI 값이 3–6 인 세립질 지반의 경우 동일한 SPT 또는 CPT 관입 저항력에서 비소성의 세립질 지반에 대한 동적 강도보다 더 큰 동적 강도를 지닌 중간토 거동을 나타내는 것으로 이해할 수 있다. 이 경우, 저소성 실트와 점토질 실트의 실내시험은 기존의 액상화 상관관계에 전적으로 의지하여 얻을 수 없는 상당한 장점들을 제공할 것이다. 따라서 위 기준은 지반의 불균질성, 지진 위험도의 수준, 그리고 기타 프로젝트 고유의 조건들을 함께 고려하는 보다 상세한 실내시험을 통해 부수적으로 가능한 이점들을 평가할 수 있으며, 그 후에 합리적인 검토(screening) 지침으로 활용할 수 있다.

상기 기준은 Boulanger and Idriss(2006)에 의해 논의된 바와 같이 다양한 이유로 인해 다른 발표된 액상화 민감도(susceptibility) 기준들과는 다르다. Seed and Idriss(1982)가 추천한 기준은 주로 중국에서의 사례 데이터(Wang 1979)에 기반하고 있는 반면, 보다 최근의 기준은 현장 사례와 실내시험으로부터의 결과물들을 조합함으로써 얻어져왔다(예 : Koester 1992; Pollito 1999; Andrews and Martin 2000; Seed et al. 2003; Bray and Sancio 2006). 이러한 다른 기준들은 동적 실내시험에서 높은 과잉간극수압과 상당한 변형률을 나타내었거나, 지진 시 지반 파괴를 경험했던 실트와 점토의 특성에 대한 포락선을 제공해준다. 그림 134 에 나타낸 기준은 연약 점토와 느슨한 모래가 어떠한 특정 조건들 하에서 실내와 현장에서 유사한 변형 거동을 보일 수 있으되, 이 둘의 거동은 서로 다른 절차를 통해 가장 잘 분석된다는 개념에 기초하여, 공학적 평가절차를 선택하는 데 안내자 역할을 제시하기 위해 개발되었다.

세립분(fines fraction)이 흙 매트릭스를 구성할 때 세립분 양(fines content)

이어지는 토의에서는 세립분이 정의상 50%를 초과하는 세립질 지반(즉, 실트와 점토)에 초점을 맞추고 있으나, 어떠한 경우에는 약간 낮은 세립분을 가진 흙에서도 동일한 결과로 확장할 수 있다. 핵심은 보다 큰 모래 입경(또는 보다 큰 입경의) 입자들이 (서로 고립되어 있기 때문에) 매트릭스 내에서 필연적으로 떠 있는 경우에, 세립분이 토체에 대해서 응력을 전달하는 매트릭스 또는 골격을 구성하는지의 여부이다. 많은 경우 세립분이 대략 35%를 초과할 때 하중을 전달하는 매트릭스를 형성할 것이지만, 그 점진적 변화는 흙의 전체 입도 특성, 광물 구성, 입자 형태, 퇴적 환경 또는 구조(fabric)와 같은 인자들(예 : Mitchell and Soga 2005)에 의존하여 어떠한 특수한 지반 조건에서 보다 높거나 낮은 세립분에서도 일어날 수 있다. 이러한 점진적 변화점이 결정적으로 중요한 프로젝트에서는 세립분이 50% 미만일 때 이러한 기준을 확장시키기 전에 흙의 거동 특성을 평가하기 위해 현장 및 실내시험을 적절히 구성하여 신중하게 수행할 필요가 있다.

6.8 점토와 소성 실트에서 반복 연화의 결과

유사점토 세립질 지반에서 잠재적인 변형 또는 불안정에 대한 반복 연화의 결과는 다음과 같이 정의되는 흙의 예민비(S_t; sensitivity)에 의존하게 된다.

$$S_t = \frac{S_u}{S_{ur}} \tag{114}$$

여기서 S_u는 고유의 비배수 전단강도이고, S_{ur}은 완전 교란된(remolded) 비배수 전단강도이다. 자연 유사점토 지반의 예민비는 다음과 같이 유효 압밀 응력 및 액성지수와 연관될 수 있다.

$$LL = \frac{w_n - PL}{LL - PL} \tag{115}$$

여기서, w_n은 그림 136에 보인 것 같이 자연 함수비이다. 연약 정규압밀 점토 또는 약간 과압밀된 점토(lightly overconsolidated clays)는 보다 높은 자연 함수비와 높은 액성지수(LI) 값, 그리고 높은 예민비를 나타낼 것이며, 따라서 지진 시 강도 저하에 노출되기 가장 쉬운 환경이 될 것이다. 잘 다져지고, 심하게 과압밀된 점토(heavily overconsolidated clays)는 보다 낮은 자연 함수 비와 낮은 LI 값을 가질 것이고, 일반적으로 교란(remolding)에 둔감하게 된다. 결과적으로 다른 모든 조건이 동일하다면, 반복 연화에서 야기되는 잠재적 지반 변형은 자연상태의 퀵 클레이(quick clays, 즉 $S_t > 8$)에서 상대적으로 심각할 것이며, 잘 다져지거나 심하게 과압밀된 점토에서 상대적으로 경미할 것이다.

이러한 거동 양상은 모래 지반에서 액상화의 결과가 중간 또는 조밀한 모래보 다는 느슨한 모래에 대해 훨씬 더 심각하다는 사실과 유사하며, 이는 SPT $(N_1)_{60}$ 값이 증가함에 따라 잔류 전단강도는 증가하고 잠재적 전단 변형률은 감소하는 상관관계에서 찾아볼 수 있었던 사실이다. 따라서 유사점토 지반의 반복연화는 주요한 문제가 발생함을 의미하는 것으로 가정하기보다는 잠재적 변형에 대해 평가해야 함을 뜻하는 것으로 판단할 필요가 있다.

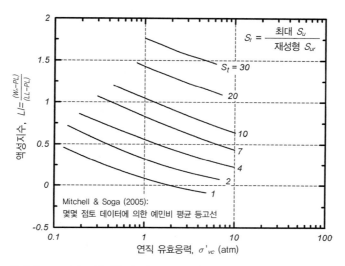

그림 136. 예민비, LI, 유효 압밀응력 사이의 관계(Mitchell and Soga 2005)

유사점토 세립질 지반에서의 잠재적 변형은 Newmark 활동 블록 형태의 해석, 또는 변형되는 층상의 두께에 걸쳐 추정되는 전단 변형률 또는 체적 변형률을 적분함으로써, 또는 비선형 동적 해석에 의해 추정할 수 있다. 지진동 후 점토층의 재압밀에 의해 발생하는 일차원적 침하량에 영향을 주는 인자들에 대해서는 Ohara and Matsuda(1988), Matsuda and Ohara(1991), Fiegel et al.(1998) 에서 설명하고 있다. 선택된 해석적 방법은 특정한 문제와 예측되는 변형 모드에 의존하게 된다. 어떤 경우에는 두 가지 방법을 병렬 적용하는 것이 소중한 통찰력을 제공해준다. 이 점에서 장래에 반복연화에 대한 안전율, 전단 변형률, 재압밀 변형률, 예민비, 그리고 궁극적인 강도 저하 사이의 관계를 개발하는 것은 매우 유용한 일이 될 것이다.

점토의 비배수 전단강도를 전적으로 교란된 강도값까지 저하시키는 변형률 또는 지반변위의 크기는 현재 평가하기가 어려운 실정이다. 일반적으로는 보다 연성(ductile) 지반(즉, 상대적으로 예민하지 않은 점토)을 교란시키는 것보다 매우 취성인 지반(예 : 퀵 클레이)을 완전히 교란시키는 데 보다 작은 지반변위를 수반할 것으로 인식하고 있지만, 최대 전단강도에서 교란된 전단강도로의 점진적 변화를 정의하는 것은 현장에서 전단 변형률 국부화(shear localizations)를 예측하는 우리의 능력과 시험적 방법들의 제한으로 매우 복잡한 일이다. 현장 사례들로부터의 경험은 이 주제에 관하여 매우 제한된 안내 역할만을 제공하며, 따라서 이러한 거동 양상을 신뢰성 있게 정의하기 위한 추가적인 연구가 필요한 실정이다.

그러므로 반복연화의 가능성과 반복연화의 가능한 결과들을 평가하기 위한 두 가지 핵심 작업은 응력 이력을 결정하는 작업과 유사점토 세립질 지반의 예민비를 결정하는 작업에 있다. OCR 의 증가는 자연 유사점토 지반의 동적 거동에 매우 강한 영향을 미치는데, 이는 OCR 이 반복연화에 대한 저항력(즉, CRR)과 반복연화의 가능한 결과들 모두에 영향을 주기 때문이다. 예를 들어, OCR 이 8.0 인 점토는 OCR 이 1.0 인 점토에 비해 동적 강도가 다섯 배 이상 크고, 사면과 같은 정적 전단응력이 존재해도 훨씬 덜 영향을 받으며, 일반적으로 교란에 훨씬 덜 민감할 것이다.

07

결 론

07

결 론

 지반 액상화는 여전히 지진 시 주요한 피해 원인으로 남아 있고 실무에서 다루어야 할 보편적인 문제이다. 지반 액상화 문제를 다루기 위한 방법들은 지반 액상화 현상의 기본적인 측면에서 핵심 특징들과 액상화의 잠재적인 유발과 결과를 추정하는 기법들, 그리고 이러한 결과들을 경감시키기 위해 활용 가능한 방법들을 이해하는 과정이 필요하다.

 액상화 분석은 예상할 수 있듯이 많은 유형의 불확실성이 존재하는데, 이는 액상화 분석이 지질과 부지 특성 및 조사, 지진 위험도, 기본적 흙의 거동특성, 현장 사례, 그리고 시공 절차에 관한 정보들을 통합해야만 하기 때문이다. 이러한 불확실성 중 많은 경우는 실무에서 본질적으로 당면하는 문제이다. 그러므로 어려운 점은 그러한 불확실성들을 인식하고 적절하게 설계하는 데 있다. 다른 불확실성들, 특별히 경험적 정보가 거의 없거나 우리의 과학적 이해가 제한되는 기술적 문제들에 대해서는 계속되는 연구를 통해 그 정도를 경감시킬 수 있다. 이렇게 서로 다른 불확실성의 원인들을 구별하고 일부 풀리지 않는 문제들에 대한 관심을 유도하려는 노력들이 본 서에 담겨 있으며, 장래 연구를 통해 필요한 해답들이 제시되기를 기대해본다.

지반 액상화 문제의 공학적 연구는 각각의 단계에서 세부사항들이 어떻게 최종 결론에 영향을 줄 수 있는지를 분명히 이해하고 시작하는 경우 한층 더 효과적으로 계획되고 실행될 수 있다. 예를 들어, 어떠한 해석적 결과의 이용은 직접적으로 부지 특성화 및 지반조사 작업의 품질과 건전성에 직접적으로 영향을 받으며, 이는 만약 책임 기술자가 어떻게 그 각각의 역할이 전체 액상화 연구를 통해 전파되어가는지를 알지 못한다면 간과될 수 있는 수많은 작고 사소한 세부사항들에 전적으로 영향을 받게 될 것이다. 이러한 이유로 기술 팀원들 사이의 효과적인 대화와 소통이 액상화 문제를 효과적으로 다루는 데 필수적이다.

　　전반적인 어려움은 상당한 불확실성에 직면하여서도 지반 액상화에 의해 제기되는 위험을 다루거나 경감시키기 위한 합리적이고 현명한 결정을 내리는 일이다. 액상화 현상의 복잡성은 공학적 판단이 실무에서 언제나 중요한 역할을 한다는 사실을 가르쳐준다. 그러한 판단은 각각의 개별 액상화 연구 뒤에 있는 경험적 관찰과 이론적 고려사항들뿐만 아니라 시스템 수준에서의 틀을 통합하는 과정에 대한 깊은 이해와 지식을 필요로 한다. 이에 더하여 활용 가능한 다양한 도구들은 그러한 도구들로 인한 추가적인 노력이 최종 의사결정 과정에 기여할 수 있는 단계적 이익을 평가함과 동시에, 정교함의 수준을 높여주면서 액상화 문제를 접근하는 것을 가능하게 해준다.

　　아무쪼록 이 책이 액상화 문제를 이해하고 다루는 참고서로서 교육과 연구, 그리고 실무에서 독자들에게 유용하기를 기대해본다.

부 록

부록 A: 단일 시추공에서 SPT 기반 액상화 유발 평가 예제

Input parameters:		
Peak ground accel (g) =	0.280	
Earthquake magnitude, M =	6.9	
Water table depth (m) =	1.8	
Average γ above water table (kN/m³) =	19.0	
Average γ below water table (kN/m³) =	20.0	
Borehole diameter (mm) =	100	
Requires correction for sampler liners (YES/NO):	NO	
Rod lengths assumed equal to the depth plus 1.5 m (for the above ground extension).		

SPT sample number	Depth (m)	Measured N	Soil type (USCS)	Flag "Clay" "Unsaturated" "Unreliable"	Fines content (%)	Energy ratio, ER (%)	C_E	C_B	C_R	C_S	N_{60}	σ_{vc} (kPa)	σ_{vc}' (kPa)	C_N	$(N_1)_{60}$	ΔN for fines content	$(N_1)_{60-cs}$	Stress reduct. coeff, r_d	CSR	MSF for sand	K_σ for sand	CRR for M=7.5 & σ_{vc}=1atm	CRR	Factor of Safety
1	1.1	4	SP	Unsaturated	0	75	1.25	1	0.75	1.00	3.8	20	20	1.70	6.4	0.0	6.38	1.00	0.181	1.16	1.10	0.094	n.a.	n.a.
2	1.8	5	SP		2	75	1.25	1	0.8	1.00	5.0	35	34	1.70	8.5	0.0	8.50	0.99	0.181	1.16	1.09	0.108	0.137	0.76
3	2.6	4	SP		2	75	1.25	1	0.85	1.00	4.3	50	42	1.66	7.0	0.0	7.05	0.98	0.211	1.16	1.07	0.098	0.123	0.58
4	3.4	6	SP		1	75	1.25	1	0.85	1.00	6.4	65	50	1.47	9.4	0.0	9.37	0.97	0.230	1.16	1.06	0.114	0.141	0.61
5	4.1	8	SP		1	75	1.25	1	0.85	1.00	8.5	80	58	1.34	11.4	0.0	11.39	0.96	0.243	1.16	1.05	0.128	0.157	0.65
6	4.9	9	SP		1	75	1.25	1	0.95	1.00	10.7	96	66	1.24	13.3	0.0	13.29	0.95	0.252	1.16	1.05	0.142	0.173	0.69
7	5.6	21	SP		1	75	1.25	1	0.95	1.00	24.9	111	73	1.13	28.1	0.0	28.14	0.93	0.257	1.16	1.06	0.389	0.479	1.86
8	6.4	18	SP		1	75	1.25	1	0.95	1.00	21.4	126	81	1.09	23.4	0.0	23.40	0.92	0.261	1.16	1.03	0.257	0.308	1.18
9	7.2	26	SP		1	75	1.25	1	0.95	1.00	30.9	141	89	1.05	32.3	0.0	32.28	0.91	0.263	1.16	1.03	0.674	0.806	2.00
10	7.9	20	SP		1	75	1.25	1	0.95	1.00	23.8	157	97	1.02	24.2	0.0	24.18	0.90	0.264	1.16	1.01	0.272	0.318	1.20
11	8.7	0	CH	Clay		75	1.25	1	1	1.00	0.0	172	104	0.99	n.a.	n.a.	n.a.	0.88	0.264	1.16	0.99	n.a.	n.a.	n.a.
12	9.4	20	SP-SM		10	75	1.25	1	1	1.00	25.0	187	112	0.96	24.0	1.1	25.13	0.87	0.264	1.16	0.98	0.293	0.335	1.27
13	10.2	11	SM		14	75	1.25	1	1	1.00	13.8	202	120	0.92	12.7	2.9	15.57	0.85	0.262	1.16	0.98	0.161	0.183	0.70
14	11.0	8	SM		21	75	1.25	1	1	1.00	10.0	218	128	0.89	8.9	4.6	13.52	0.84	0.261	1.16	0.98	0.144	0.163	0.63
15	12.5	4	CH	Clay		75	1.25	1	1	1.00	5.0	248	143	0.91	n.a.	n.a.	n.a.	0.81	0.256	1.16	0.90	n.a.	n.a.	n.a.

Equations in the cells of row 15:

C_E	=G15/60
C_R	=IF((B15+1.5)<3,0.75, IF((B15+1.5)<4, 0.8,IF((B15+1.5)<6,0.85,IF((B15+1.5)<10,0.95,1))))
N_{60}	=C15*H15*I15*J15*K15
σ'_{vc}	=M15-MAX(B15-D6,0)*9.81
$(N_1)_{60}$	=IF(E15="Clay","n.a.",L15*O15)
$(N_1)_{60-cs}$	=IF(E15="Clay","n.a.",P15+Q15)
CSR	=0.65*D$4*(M15/N15)*S15
K_σ	=MIN(1.1,1-(1/(18.9-2.55*SQRT(MIN(R15,37)))* LN(N15/101)))
CRR	=IF(E15="Clay","n.a.",IF(E15="Unsaturated","n.a.", IF(E15="Unreliable","?", MIN(2,W15*V15*U15))))

C_B	=IF(D$9<115.1,1,IF(D$9<150.1,1.05,1.15))
C_S	=IF(F10="NO",1,IF(P15<10,1,IF(P15>30,1.3,1+P15/100)))
σ_{vc}	=IF(B15<D6,B15*E7,D6*E7+(B15-D6)*E$8)
C_N	=MIN(1.7,(101/N15)^(0.784-0.0768*SQRT(MIN(R15,46))))
ΔN	=IF(E15="Clay","n.a.",EXP(1.63+9.7/(F15+0.01)-(15.7/(F15+0.01)^2))
r_d	=EXP(-1.012-1.126*SIN(B15/11.73+5.133)+D$5*(0.106+0.118*SIN(B15/11.28+5.142)))
MSF	=MIN(1.8,6.9*EXP(-D$5/4)-0.058)
$CRR_{M7.5,\sigma vc'=1}$	=IF(E15="Clay","n.a.",IF(R15<37.5,EXP(R15/14.1+(R15/126)^2-(R15/23.6)^3+(R15/25.4)^4-2.8),2))
FS	=IF(E15="Clay","n.a.",IF(E15="Unsaturated","n.a.", IF(E15="Unreliable","?", IF(X15/T15>2,2, X15/T15))))

부록 B: 단열 사운딩에서 CPT 기반 액상화 유발 평가 예제

Input parameters:

Peak ground accel (g) =	0.28
Earthquake magnitude, M =	6.9
Water table depth (m) =	1.8
Average γ above water table (kN/m)	19.0
Average γ below water table (kN/m)	20.0

Computed constants:

Magnitude scaling factor, MSF =	1.16

#	A Depth (m)	B Tip q_{cN}	C F_{sN}	D σ_{vc} (kPa)	E σ_{vc}' (kPa)	F Q	G F	H I_c	I Layer	J Flag "Clay" or "Unsaturated"	K Fines (%)	L Interpreted q_{cN} near interfaces	M Thin layer factor	N Interpreted q_{cN}	O C_N	P q_{c1N}	Q $q_{c1N\text{-}cs}$	R Stress reduct. coeff, r_d	S CSR	T K_σ for sand	U CRR for M=7.5 & σ_{vc}'=1atm	V CRR	W Factor of Safety
12	0.05	137.3	0.8	1	1	14599.3	0.59	1.21	1	Unsaturated	1			137	1.70	233.5	233.5	1.00	0.182	1.10	2.000	n.a.	n.a.
13	0.10	142.1	1.0	2	2	7554.3	0.72	1.15	1	Unsaturated	1			142	1.70	241.6	241.6	1.00	0.182	1.10	2.000	n.a.	n.a.
14	0.15	159.6	1.0	3	3	5656.1	0.62	1.05	1	Unsaturated	1			160	1.70	271.4	271.4	1.00	0.182	1.10	2.000	n.a.	n.a.
15	0.20	168.7	1.1	4	4	4490.3	0.62	1.03	1	Unsaturated	1			169	1.70	287.3	287.3	1.00	0.182	1.10	2.000	n.a.	n.a.
16	0.25	144.9	0.9	5	5	3079.0	0.65	1.03	1	Unsaturated	1			145	1.70	246.2	246.2	1.00	0.182	1.10	2.000	n.a.	n.a.
17	0.30	120.0	0.7	6	6	2125.8	0.58	0.99	1	Unsaturated	1			120	1.70	204.1	204.1	1.00	0.182	1.10	1.382	n.a.	n.a.
18	0.35	123.1	1.1	7	7	1867.9	0.93	1.20	1	Unsaturated	1			123	1.70	209.2	209.2	1.00	0.182	1.10	1.812	n.a.	n.a.
40	1.45	57.0	0.2	28	28	207.9	0.43	1.43	1	Unsaturated	1			57	1.70	96.9	96.9	0.99	0.181	1.10	0.137	n.a.	n.a.
41	1.50	53.0	0.2	29	29	186.9	0.43	1.47	1	Unsaturated	1			53	1.70	90.2	90.2	0.99	0.180	1.10	0.127	n.a.	n.a.
42	1.55	50.0	0.2	29	29	170.5	0.41	1.49	1	Unsaturated	1			50	1.70	85.0	85.0	0.99	0.180	1.10	0.120	n.a.	n.a.
43	1.60	45.3	0.2	30	30	149.6	0.46	1.57	1	Unsaturated	1			45	1.70	77.1	77.1	0.99	0.180	1.10	0.109	n.a.	n.a.
44	1.65	40.5	0.2	31	31	129.4	0.44	1.61	1	Unsaturated	1			40	1.70	68.8	68.8	0.99	0.180	1.10	0.098	n.a.	n.a.
45	1.70	36.9	0.2	32	32	114.3	0.45	1.66	1	Unsaturated	1			37	1.70	62.7	62.7	0.99	0.180	1.09	0.091	n.a.	n.a.
46	1.75	31.3	0.2	33	33	94.1	0.52	1.76	1	Unsaturated	1			31	1.70	53.2	53.2	0.99	0.180	1.08	0.081	n.a.	n.a.
47	1.80	26.5	0.1	34	34	77.2	0.56	1.86	1		1			26	1.70	45.0	45.0	0.99	0.180	1.07	0.073	0.091	0.51
48	1.85	28.5	0.1	35	35	81.8	0.52	1.82	1		1			28	1.70	48.4	48.4	0.99	0.182	1.07	0.076	0.095	0.52
49	1.90	34.0	0.1	36	35	96.6	0.36	1.68	1		1			34	1.70	57.9	57.9	0.99	0.185	1.08	0.086	0.107	0.58
50	1.95	37.1	0.1	37	36	103.8	0.30	1.61	1		1			37	1.70	63.1	63.1	0.99	0.187	1.08	0.091	0.115	0.61
51	2.00	39.6	0.1	38	36	109.2	0.30	1.59	1		1			40	1.70	67.3	67.3	0.99	0.189	1.08	0.096	0.121	0.64
52	2.05	42.1	0.1	39	37	114.7	0.34	1.60	1		1			42	1.70	71.6	71.6	0.99	0.191	1.09	0.102	0.128	0.67
53	2.10	45.1	0.2	40	37	121.1	0.38	1.60	1		1			45	1.70	76.6	76.6	0.98	0.193	1.09	0.108	0.137	0.71

166	7.75	150.5	0.6	153	95	158.7	0.43	1.53		2		1	151	1.03	154.3	154.3	0.90	0.264	1.01	0.293	0.344	1.30
167	7.80	125.0	0.5	154	95	130.8	0.41	1.59		2		1	125	1.03	128.2	128.2	0.90	0.264	1.01	0.198	0.232	0.88
168	7.85	112.3	0.6	155	96	116.8	0.54	1.70		2		1	112	1.02	115.1	115.1	0.90	0.264	1.01	0.170	0.198	0.75
169	7.90	111.4	0.4	156	96	115.2	0.40	1.63		2		1	111	1.02	113.9	113.9	0.90	0.264	1.01	0.167	0.195	0.74
170	7.95	81.8	0.4	157	97	83.6	0.55	1.82		2		1	82	1.02	83.6	83.6	0.90	0.264	1.00	0.118	0.137	0.52
171	8.00	119.8	0.4	158	97	122.7	0.36	1.59		2		1	120	1.02	121.8	121.8	0.89	0.264	1.00	0.184	0.214	0.81
172	8.05	106.1	0.4	159	98	107.8	0.40	1.66		2		1	106	1.02	107.7	107.7	0.89	0.264	1.00	0.156	0.182	0.69
173	8.10	125.0	0.4	160	98	126.7	0.33	1.55		2		1	125	1.01	126.5	126.5	0.89	0.264	1.00	0.194	0.226	0.86
174	8.15	113.7	0.8	161	99	114.4	0.74	1.78		2		1	114	1.01	114.8	114.8	0.89	0.264	1.00	0.169	0.197	0.74
175	8.20	120.0	0.5	162	99	120.3	0.41	1.62		2		1	120	1.01	120.9	120.9	0.89	0.265	1.00	0.181	0.211	0.80
176	8.25	130.8	0.7	163	100	130.6	0.57	1.67		2	131	1	131	1.00	131.4	131.4	0.89	0.265	1.00	0.207	0.241	0.91
177	8.30	117.1	0.4	164	100	116.1	0.33	1.59		2	131	1	131	1.00	131.2	131.2	0.89	0.265	1.00	0.206	0.240	0.91
178	8.35	103.3	0.3	165	101	101.7	0.32	1.63		2	131	1	131	1.00	130.9	130.9	0.89	0.265	1.00	0.205	0.239	0.90
179	8.40	73.5	0.5	166	101	71.5	0.68	1.93		2	131	1	131	1.00	130.6	130.6	0.89	0.265	1.00	0.205	0.238	0.90
180	8.45	36.2	0.6	167	102	34.2	1.82	2.44	Clay	2		0	36	1.00	n.a.	n.a.	0.89	0.265	1.00	n.a.	n.a.	n.a.
181	8.50	18.0	0.6	168	102	16.1	3.43	2.86	Clay	3		0	18	1.00	n.a.	n.a.	0.89	0.265	1.00	n.a.	n.a.	n.a.
182	8.55	11.5	0.2	169	103	9.6	2.11	2.93	Clay	3		0	11	0.99	n.a.	n.a.	0.88	0.264	0.99	n.a.	n.a.	n.a.
183	8.60	10.8	0.1	170	103	8.9	1.13	2.82	Clay	3		0	11	0.99	n.a.	n.a.	0.88	0.264	0.99	n.a.	n.a.	n.a.
184	8.65	10.2	0.1	171	104	8.2	1.12	2.85	Clay	3		0	10	0.99	n.a.	n.a.	0.88	0.264	0.99	n.a.	n.a.	n.a.
185	8.70	10.1	0.1	172	105	8.1	1.10	2.86	Clay	3		0	10	0.99	n.a.	n.a.	0.88	0.264	0.99	n.a.	n.a.	n.a.
186	8.75	10.0	0.1	173	105	8.0	1.27	2.89	Clay	3		0	10	0.99	n.a.	n.a.	0.88	0.264	0.99	n.a.	n.a.	n.a.
187	8.80	10.5	0.1	174	106	8.4	1.20	2.86	Clay	3		0	11	0.99	n.a.	n.a.	0.88	0.264	0.99	n.a.	n.a.	n.a.
188	8.85	10.2	0.1	175	106	8.0	1.16	2.87	Clay	3		0	10	0.99	n.a.	n.a.	0.88	0.264	0.99	n.a.	n.a.	n.a.

Equations in the select cells of row 12:

Q	=(B12*101-D12)/E12
F	=100*C12/(B12-D12/101)
I_c	=((3.47-LOG10(F12))^2+(LOG10(G12)+1.22)^2)^0.5
Interpreted q_{c1N}	=MAX(B12,L12)*MAX(1,M12)
C_N	=MIN(1.7,(101/E12)^(1.338-0.249*MAX(21,MIN(Q12,254))^0.264))
q_{c1N}	=IF(J12="Clay","n.a.",N12*O12)
q_{c1N-cs}	=IF(J12="Clay","n.a.",P12+(5.4+P12/16)*EXP(1.63+9.7/(K12+0.01)-(15.7/(K12+0.01))^2))
K_σ	=MIN(1.1,1-(1/(37.3-8.27*(MIN(Q12,211))^0.264))*LN(E12/101))
CRR for M=7.5 and $\sigma'_{vc} = 1$ atm	=IF(J12="Clay","n.a.",IF(Q12<211,EXP(Q12/540+(Q12/67)^2-(Q12/80)^3+(Q12/114)^4-3),2))

부록 C: SPT 기반 측별변위 지수(LDI) 및 일차원 재별멸 침하량 계산 예제

	A	B	C	D	E
3	Input parameters:				
4	Peak ground accel (g) =	0.280			
5	Earthquake magnitude, M =	6.9			
6	Water table depth (m) =	1.8			
7	Average γ above water table (kN/m³) =			19.0	
8	Average γ below water table (kN/m³) =			20.0	
9	Borehole diameter (mm) =		100		
10	Requires correction for sampler liners (YES/NO):				
11	Rod lengths assumed equal to the depth plus 1.5 m (for ...)				

	A: SPT sample number	B: Depth (m)	C: Measured N	D: Soil type (USCS)	E: Flag "Clay" "Unsaturated" "Unreliable"	P: $(N_1)_{60}$	Q: ΔN for fines content	R: $(N_1)_{60-cs}$	Y: Factor of Safety	Z: Limiting shear strain γ_{lim}	AA: Parameter F_α	AB: Maximum shear strain γ_{max}	AC: ΔH_i (m)	AD: ΔLDI_i (m)	AE: Vertical reconsol. Strain ε_v	AF: ΔS_i (m)
15	1	1.1	4	SP	Unsaturated	6.4	0.0	6.38	n.a.	0.500	0.948	0.000	0.914	0.000	0.000	0.000
16	2	1.8	5	SP		8.5	0.0	8.50	0.76	0.500	0.939	0.500	0.762	0.381	0.041	0.031
17	3	2.6	4	SP		7.0	0.0	7.05	0.58	0.500	0.948	0.500	0.762	0.381	0.045	0.034
18	4	3.4	6	SP		9.4	0.0	9.37	0.61	0.500	0.926	0.500	0.762	0.381	0.039	0.030
19	5	4.1	8	SP		11.4	0.0	11.39	0.65	0.406	0.880	0.406	0.762	0.310	0.035	0.026
20	6	4.9	9	SP		13.3	0.0	13.29	0.69	0.331	0.820	0.331	0.762	0.252	0.031	0.024
21	7	5.6	21	SP		28.1	0.0	28.14	1.86	0.060	0.034	0.003	0.762	0.002	0.001	0.000
22	8	6.4	18	SP		23.4	0.0	23.40	1.18	0.108	0.328	0.023	0.762	0.017	0.006	0.004
23	9	7.2	26	SP		32.3	0.0	32.28	2.00	0.034	-0.244	0.000	0.762	0.000	0.000	0.000
24	10	7.9	20	SP		24.2	0.0	24.18	1.20	0.098	0.281	0.022	0.762	0.017	0.005	0.004
25	11	8.7	0	CH	Clay	n.a.	n.a.	n.a.	n.a.	0.000	0.000	0.000	0.762	0.000	0.000	0.000
26	12	9.4	20	SP-SM		24.0	1.1	25.13	1.27	0.087	0.224	0.019	0.762	0.014	0.004	0.003
27	13	10.2	11	SM		12.7	2.9	15.57	0.70	0.259	0.731	0.259	0.762	0.197	0.028	0.021
28	14	11.0	8	SM		8.9	4.6	13.52	0.63	0.323	0.811	0.323	1.143	0.369	0.031	0.035
29	15	12.5	4	CH	Clay	n.a.	n.a.	n.a.	n.a.	0.000	0.000	0.000	1.143	0.000	0.000	0.000
31												LDI =	2.321		S =	0.214

This spreadsheet expands on the example in Appendix A. Equations in the cells of rows 15 and 31 are given below.

γ_{lim}	=IF(R15="n.a.",0,MAX(0,MIN(0.5,1.859*(1.1-SQRT(R15/46))^3)))
Param. F_α	=IF(R15="n.a.",0,0.032+0.69*SQRT(MAX(7,R15))-0.13*MAX(7,R15))
γ_{max}	=IF(Y15="n.a.",0,IF(Y15>2,0,IF(Y15<AA15,Z15,MIN(Z15,0.035*(1-AA15)*(2-Y15)/(Y15-AA15)))))
ΔLDI_i	=AB15*AC15
ε_v	=IF(R15="n.a.",0,1.5*EXP(-0.369*SQRT(R15))*MIN(0.08,AB15))
ΔS_i	=AE15*AC15
LDI	=SUM(AD15:AD29)
S	=SUM(AF15:AF29)

참고문헌

Akiba, M., and Semba, H., 1941. The earthquake and its influence on reservoirs in Akita prefecture, *J. Agric. Eng. Soc.* Japan **13**(1), 31-59.

Ambraseys, N.N., 1988. Engineering seismology, *Earthquake Eng. and Structural Dynamics* **17**(1), 1-105.

Andersen, K, Kleven, A., and Heien, D., 1988. Cyclic soil data for design of gravity structures, *J. Geotechnical Eng. Div.*, ASCE **114**(5), 517-39.

Andersen, K.H., 1976. Behavior of clay subjected to undrained cyclic loading, in *Proceedings, Conference on Behavior of Off-Shore Structures*, Trondheim, Norway, Vol. 1, pp. 392-403.

Andrus, R.D., and Stokoe, K.H., 2000. Liquefaction resistance of soils from shear-wave velocity, *J. Geotechnical and Geoenvironmental Eng.*, ASCE **126**(11), 1015-025.

Andrews, D. C. A., and Martin, G. R., 2000. Criteria for liquefaction of silty soils, in *Proceedings, 12th World Conference on Earthquake Engineering*, Auckland, New Zealand.

Andrus, R.D., Stokoe, K.H., Chung, R.M., and Juang, C.H., 2003. *Guidelines for valuating Liquefaction Resistance Using Shear Wave Velocity Measurements and Simplified Procedures*, NIST GCR 03-854, National Institute of Standards and Technology, Gaithersburg, MD.

Arango, I., 1996. Magnitude scaling factors for soil liquefaction evaluations, *J. Geotechnical Eng.*, ASCE 122(11), 929-36, 1996.

Arulanandan, K., Seed, H. B., Yogachandran, C., Muraleetharan, K., and Seed, R. B., 1993. Centrifuge study on volume changes and dynamic stability of earth dams., *J. Geotech. Eng.*, ASCE **119**(11), 1717-731.

Azzouz, A. S., Malek, A. M., and Baligh, M. M., 1989. Cyclic behavior of clays in undrained simple shear, *J.Geotechnical Eng. Div.*, ASCE **115**(5): 637-57.

Babasaki, R., Suzuki, K., Saitoh, S., Suzuki, Y., and Tokitoh, K., 1991. *Construction and Testing of Deep Foundation Improvement Using the Deep Cement Mixing Method*, Deep Foundation Improvements: Design, Construction, and Testing, ASTM STP 1089, Esrig and Bachus, eds., Philadelphia, PA.

Balakrishnan, A., and Kutter, B. L., 1999. Settlement, sliding, and liquefaction remediation of layered soil, *J. Geotech. Eng.*, ASCE **125**(11), 968-78.

Bardet, J.-P., Tobita, T., Mace, N., and Hu, J., 2002a. Regional modeling of lique-factioninduced ground deformation, *Earthquake Spectra*, EERI **18**(1), 19-46.

Bardet, J.P., Rathje, E.M., and Stewart, J.P., principal authors, 2002b. Chapter 8: Ports. *Bhuj, India Earthquake of January 26, 2001 Reconnaissance Report*, Jain, S.K., Lettis, W.R.,

Murty, C.V.R., and Bardet, J.P., eds., *Earthquake Spectra*, Supplement A to vol. **18**, 101-30.

Bartlett, S. F., and Youd, T. L., 1995. Empirical prediction of liquefaction-induced lateral spread, *J. Geotechnical Eng.*, ASCE **121**(4), 316-29.

Been, K., and Jefferies, M. G., 1985. A state parameter for sands, *Geotechnique* **35**(2), 99-112.

Berrill, J. B., Christensen, S. A., Keenan, R. J., Okada, W., and Pettinga, J. R., 1997. Lateral-spreading loads on a piled bridge foundation, in *Proceedings, Seismic Behavior of Ground and Geotechnical Structures*, Balkema, Rotterdam, pp. 173-83.

Bolton, M. D., 1986. The strength and dilatancy of sands, *Geotechnique* **36**(1), 65-78.

Bouckovalas, G., and Dakoulas, P., 2007. Liquefaction performance of shallow foundations in presence of a soil crust, in *Earthquake Geotechnical Engineering, 4th International Conference on Earthquake Geotechnical Engineering-Invited Lectures*, K. D. Pitilakis, ed., Springer, Netherlands, 245-76.

Boulanger, R. W., 2003a. Relating $K\alpha$ to relative state parameter index, *J. Geotechnical and Geoenvironmental Eng.*, ASCE **129**(8), 770-73.

Boulanger, R. W., 2003b. High overburden stress effects in liquefaction analyses, *J. Geotechnical and Geoenvironmental Eng.*, ASCE **129**(12), 1071-082.

Boulanger, R. W., and Idriss, I. M., 2007. Evaluation of cyclic softening in silts and clays, *J. Geotechnical and Geoenvironmental Eng.*, ASCE **133**(6), 641-52.

Boulanger, R. W., and Idriss, I. M., 2006. Liquefaction susceptibility criteria for silts and clays, *J. Geotechnical and Geoenvironmental Eng.*, ASCE **132**(11), 1413-426.

Boulanger, R. W. and Idriss, I. M., 2004a. State normalization of penetration resistances and the effect of overburden stress on liquefaction resistance, in *Proceedings, 11th International Conference on Soil Dynamics and Earthquake Engineering, and 3rd International Conference on Earthquake Geotechnical Engineering*, D. Doolin et al., eds., Stallion Press, Vol. 2, pp. 484-91.

Boulanger, R. W., and Idriss, I. M., 2004b. *Evaluating the Potential for Liquefaction or Cyclic Failure of Silts and Clays*, Report No. UCD/CGM-04/01, Center for Geotechnical Modeling, Department of Civil and Environmental Engineering, University of California, Davis.

Boulanger, R. W., Mejia, L. H., and Idriss, I. M.,1999. Closure to liquefaction at Moss Landing during Loma Prieta earthquake, *J. Geotechnical and Geoenvironmental Eng.,* ASCE **125**(1), 92-96.

Boulanger, R. W., Meyers, M. W., Mejia, L. H., and Idriss, I. M., 1998. Behavior of a fine-grained soil during Loma Prieta earthquake, *Canadian Geotechnical J.* **35**, 146-58.

Boulanger, R. W., Mejia, L. H., and Idriss, I. M., 1997. Liquefaction at Moss Landing during Loma Prieta earthquake, *J. Geotechnical and Geoenvironmental Eng*, ASCE **123**(5), 453-67.

Boulanger, R. W., and Truman, S. P., 1996. Void redistribution in sand under postearthquake loading, *Canadian Geotechnical J.* **33**, 829-34.

Boulanger, R. W., Idriss, I. M., and Mejia, L. H., 1995. *Investigation and Evaluation of Liquefaction Related Ground Displacements at Moss Landing during the 1989 Loma Prieta Earthquake*, Report No. UCD/CGM-95/02, Center for Geotechnical Modeling, Department of Civil and Environmental Engineering, University of California, Davis, May.

Boulanger, R. W., Seed, R. B., Chan, C. K., Seed, H. B., and Sousa, J. B., 1991. *Liquefaction Behavior of Saturated Sands under Uni-Directional and Bi-Directional Monotonic and Cyclic Simple Shear Loading*, Geotechnical Engineering Report No. UCB/GT/91-08, University of California, Berkeley, August.

Brandenberg, S. J., Singh, P., Boulanger, R. W., and Kutter, B. L., 2001. *Behavior of Piles in Laterally Spreading Ground During Earthquakes*, Centrifuge data report for SJB02, UCD/CGMDR-01/06, Center for Geotechnical Modeling, University of California, Davis.

Bray, J. D., and Travasarou, T., 2007. Simplified procedure for estimating earthquakeinduced deviatoric slope displacements, *J. Geotechnical and Geoenvironmental Eng.*, ASCE **133**(4), 381-92.

Bray, J. D., and Sancio, R. B., 2006. Assessment of the liquefaction susceptibility of finegrained soils, *J. Geotechnical and Geoenvironmental Eng.*, ASCE **132**(9), 1165-177.

Bray, J. D., Sancio, R. B., Durgunoglu, T., Onalp, A., Youd, T. L., Stewart, J. P., Seed, R.B., Cetin, O. K., Bol, E., Baturay, M. B., Christensen, C., and Karadayilar, T., 2004. Subsurface characterization at ground failure sites in Adapazari, Turkey, *J. Geotechnical and Geoenvironmental Eng.*, ASCE **130**(7), 673-85.

Byrne, P. M., and Beaty, M. H., 1997. Post-liquefaction shear strength of granular soils: theoretical/conceptual issues, in *Proceedings, Workshop on Post-Liquefaction Shear Strength of Granular Soils*, Urbana-Champaign, IL, April 17-18, pp. 16-45.

Cao, Y. L., and Law, K. Y., 1991. Energy approach for liquefaction of sandy and clayey silts, Paper 3.38, in *Proceedings, 2nd International Conference on Recent Advances in Geotechnical Earthquake Engineering and Soil Dynamics*, University of Missouri, Rolla, MO.

Casagrande, A., 1976. *Liquefaction and Cyclic Deformation of Sands-a Critical Review*, Harvard Soil Mechanics Series No. 88, Harvard University, Cambridge, MA.

Castro, G., 1975. Liquefaction and cyclic mobility of saturated sands, *J. Geotechnical Eng. Div.*, ASCE **101**(GT6), 551-69.

Castro, G., and Poulos, S. J., 1977. Factors affecting liquefaction and cyclic mobility, *J. Geotechnical Eng. Div.*, ASCE **103**(GT6), 501-06.

Castro, G., Keller, T. O., and Boynton, S. S., 1989. *Re-evaluation of the Lower San Fernando Dam-Report 1: an Investigation of the February 9, 1971 Slide*, Contract Report GL-89-2, Vols. 1-2, U.S. Army Engineer Waterways Experiment Station, Vicksburg, MS.

Cetin, K. O., Seed, R. B., Der Kiureghian, A., Tokimatsu, K., Harder, L. F., Kayen, R. E., and

Moss, R. E. S., 2004. Standard penetration test-based probabilistic and deterministic assessment of seismic soil liquefaction potential, *J. Geotechnical and Geoenvironmental Eng.*, ASCE **130**(12), 1314-340.

Cetin, K. O., Seed, R. B., Moss, R. E. S., Der Kiureghian, A. K., Tokimatsu, K., Harder, L. F., and Kayen, R. E., 2000. *Field Performance Case Histories for SPT-Based Evaluation of Soil Liquefaction Triggering Hazard,* Geotechnical Engineering Research Report No. UCB/GT-2000/09, Geotechnical Engineering, Department of Civil Engineering, University of California at Berkeley.

Chu, D. B., Stewart, J. P., Lin, P. S., and Boulanger, R. W., 2007. Cyclic softening of low-plasticity clay and its effect on seismic foundation performance, *Earthquake Geotechnical Engineering, 4th International Conference on Earthquake Geotechnical Engineering-Conference Presentations*, Springer, Netherlands, paper 1490.

Chu, D. B., Stewart, J. P., Youd, T. L., and Chule, B. L., 2006. Liquefaction-induced lateral spreading in near-fault regions during the 1999 Chi-Chi, Taiwan earthquake, *J. Geotechnical and Geoenvironmental Eng.*, ASCE **132**(12), 1549-565.

Chu, D. B., Stewart, J. P., Lee, S., Tsai, J. S., Lin, P. S., Chu, B. L., Seed, R. B., Hsu, S.C., Yu, M. S., Wang, M. C. H., 2004. Documentation of soil conditions at liquefaction and non-liquefaction sites from 1999 Chi-Chi (Taiwan) earthquake, *Soil Dynamics and Earthquake Eng.* **24**(9-10), 647-57.

Cubrinovski, M., and Ishihara, K., (1999). Empirical correlation between SPT N-value and relative density for sandy soils, *Soils and Foundations*, Japanese Geotechnical Society **39**(5), 61-71.

Daniel, C. R., Howie, J. A., Jackson, R. S., and Walker, B., 2005. Review of standard penetration test short rod corrections, *J. Geotechnical and Geoenvironmental Eng.*, ASCE **131**(4), 489-97.

Daniel, C. R., Howie, J.A., and Sy, A., 2003. A method for correlating large penetration test (LPT) to standard penetration test (SPT) blow counts, *Canadian Geotechnical J.* **40**, 66-77.

Davis, A.P., Poulos, S. J., and Castro, G., 1988. Strengths back figured from liquefaction case histories, in *Proceedings, 2nd International Conference on Case Histories in Geotechnical Engineering*, St. Louis, MO, pp. 1693-701.

Davis, R. O., and Berrill, J. B., 1978. Energy dissipation and seismic liquefaction in sands, *Earthquake Eng. and Structural Dynamics*, **10**, 598.

DeAlba, P., Seed, H. B., and Chan, C. K., 1976. Sand liquefaction in large scale simple shear tests, *J. Geotechnical Eng. Div.*, ASCE **102**(GT9), 909-27.

Desrues, J., Chambon, R., Mokni, M., and Mazerolle, F., 1996. Void ratio evolution inside shear bands in triaxial sand specimens studied by computed tomography, *Geotechnique*, London **46**(2), 529-46.

Dobry, R., and Liu, L., 1992. Centrifuge modeling of soil liquefaction, in *Proceedings, 10th World Conference on Earthquake Engineering*, Madrid, Spain, pp. 6801-809.

Dobry, R., 1985. Personal communication.

Douglas, B. J., Olson, R. S., and Martin, G. R., 1981. Evaluation of the cone penetrometer test for SPT liquefaction assessment, Preprint 81 544, *Session on In Situ Testing to Evaluate Liquefaction Susceptibility, ASCE National Convention*, St. Louis, MO, October.

Duku, P. M., Stewart, J. P., and Whang, D. H., 2008. Volumetric strains of clean sands subject to cyclic loads, *J. Geotechnical and Geoenvironmental Eng.*, ASCE, in press.

Egan, J. A., and Rosidi, D., 1991. Assessment of earthquake-induced liquefaction using ground-motion energy characteristics, in *Proceedings, Pacific Conference on Earthquake Engineering*, New Zealand.

Elgamal, A. W., Dobry, R., and Adalier, K., 1989. Study of effect of clay layers on liquefaction of sand deposits using small-scale models, in *Proceedings, 2nd U.S.-Japan Workshop on Liquefaction, Large Ground Deformation and Their Effects on Lifelines*. NCEER, SUNY-Buffalo, Buffalo, NY, pp. 233-45.

Elorza, O., and Machado, M. R., 1929. Report on causes of failure of Barahona Dam, *Boletin del Museo Nacional de Chile* (in Spanish).

Faris, A. T., 2004. *Probabilistic Models for Engineering Assessment of Liquefaction-Induced Lateral Spreading Displacements*, Ph.D. thesis, University of California at Berkeley, 436 pp.

Faris, A. T., Seed, R. B., Kayen, R. E., and Wu, J., 2006. A semi-empirical model for the estimation of maximum horizontal displacement due to liquefaction-induced lateral spreading, *8th National Conference on Earthquake Engineering*, EERI, San Francisco, CA.

Fiegel, G. L., Kutter, B. L., and Idriss, I. M., 1998. Earthquake-induced settlement of soft clay, in *Proceedings, Centrifuge 98*, Balkema, Rotterdam (1), pp. 231-36.

Fiegel, G. L., and Kutter B. L., 1994. Liquefaction-induced lateral spreading of mildly sloping ground, *J. Geotechnical Eng.*, ASCE **120**(12), 2236-243.

Figueroa, J. L., Saada, A. S., Liang, L, and Dahisaria, N. M., 1994. Evaluation of soil liquefaction by energy principles, *J. Geotechnical and Geoenvironmental Eng.*, ASCE **120**(9), 1554-569.

Finn, W. D. L., 1981. Liquefaction potential: developments since 1976, in *Proceedings, International Conference on Recent Advances in Geotechnical Earthquake Engineering and Soil Dynamics*, University of Missouri, Rolla, MO, pp. 655-81.

Finn, W. D. L, Pickering, D. J., and Bransby, P. L, 1971. Sand liquefaction in triaxial and simple shear tests, *J. Soil Mechanics and Foundations Div.*, ASCE **97**(SM4), 639-59.

Finn, W. D. L, Bransby, P. L, Pickering, D. J., 1970. Effect of strain history on liquefaction of sand, *J. Soil Mechanics and Foundations Div.*, ASCE **96**(SM6), 1917-934.

Finno, R. J., and Rechenmacher, A. L., 2003. Effects of consolidation history on critical state of sand, *J. Geotechnical and Geoenvironmental Eng.*, ASCE **129**(4), 350-60.

Frost, J. D., and Jang, D.-J., 2000. Evolution of sand microstructure during shear, *J. Geotechnical and Geoenvironmental Eng.*, ASCE **126**(2), 116-30.

Gazetas, G., and Uddin, N., 1994. Permanent deformation on pre-existing sliding surfaces in dams, *J. Geotechnical Eng.*, ASCE **120**(11), 2041-061.

Gilbert, P.A., 1984. *Investigation of Density Variation in Triaxial Test Specimens of Cohesionless Soil Subjected to Cyclic and Monotonic Loading*, Technical Report No. GL-84-10, U.S. Army Corps of Engineers, Waterways Experiment Station, Vicksburg, MS, September.

Golesorkhi, R., 1989. *Factors Influencing the Computational Determination of Earthquake-Induced Shear Stresses in Sandy Soils*, Ph.D. thesis, University of California at Berkeley, 395 pp.

Goodman, R. E., and Seed, H. B., 1966. Earthquake-induced displacements in sand embankments, *J. Soil Mechanics and Foundations Div.*, ASCE **92**(SM2), 125-46.

Goto, S., and Nishio, S., 1988. Influence of freeze thaw history on undrained cyclic strength of sandy soils (in Japanese), in *Proceedings, Symposium on Undrained Cyclic Tests on Soils, Japanese Society for Soil Mechanics and Foundation Engineering*, pp. 149-54.

Goulois, A. M., Whitman, R. V., and Hoeg, K., 1985. *Effects of sustained Shear Stresses on the Cyclic Degradation of Clay*, Strength Testing of Marine Sediments: Laboratory and In-Situ Strength Measurements, ASTM STP 883, R. C. Chaney and K. R. Demars, eds., ASTM, Philadelphia, PA, pp. 336-51.

Green, R. A., and Terri, G. A., 2005. Number of equivalent cycles concept for liquefaction evaluations-revisited, *J. Geotechnical and Geoenvironmental Eng.*, ASCE **131**(4), 477-88.

Hamada, M., 1992. *Large ground Deformations and Their Effects on Lifelines: 1964 Niigata Earthquake*, Case Studies of Liquefaction and Lifeline Performance During Past Earthquakes. Vol. 1: Japanese Case Studies, Technical Report NCEER-92-0001, pp. 3.1-3.123.

Hamada, M., and Wakamatsu, K., 1996. *Liquefaction, Ground Deformation and Their Caused Damage to Structures*, The 1995 Hyogoken-Nanbu earthquake-Investigation into Damage to Civil Engineering Structures, Committee of Earthquake Engineering, Japan Society of Civil Engineers, pp. 45-92.

Hansen, W. R., 1971. Effects at Anchorage, the Great Alaska earthquake of 1964, *Geology*, Part A, National Academy of Sciences, 5-43.

Harden, B. O., and Drnevich, V. P., 1972. Shear modulus and damping in soils. *J. Soil Mechanics and Foundations Division*, ASCE **98**(7), 667-692.

Harder, L. F., 1997. Application of the Becker Penetration test for evaluating the liquefaction potential of gravelly soils, in *Proceedings, NCEER Workshop on Evaluation of Liquefaction Resistance of Soils,* National Center for Earthquake Engineering Research, Buffalo, NY, 129-48.

Harder, L. F., and Boulanger, R. W., 1997. Application of $K\sigma$ and $K\alpha$ correction factors, in *Proceedings, NCEER Workshop on Evaluation of Liquefaction Resistance of Soils*, T.L. Youd and I. M. Idriss, Eds., Technical Report NCEER-97-0022, National Center for Earthquake Engineering Research, SUNY, Buffalo, NY, pp. 167-90.

Harder, L. F., and Stewart, J. P., 1996. Failure of Tapo Canyon Tailings Dam, *J. Performance of Constructed Facilities* **10**(3), 109-14.

Hausler, E. A., and Sitar, N., 2001. Performance of soil improvement techniques during earthquakes, *4th International Conference on Recent Advances in Geotechnical Earthquake Engineering and Soil Dynamics*, Paper 10.15.

Holzer, T. L., and Bennett, M. J., 2007. Geologic and hydrogeologic controls of boundaries of lateral spreads: lessons from USGS liquefaction case histories, *First North American Landslide Conference*, Vail, CO, June 3-8.

Hsu, C., and Vucetic, M., 2004. Volumetric threshold shear strain for cyclic settlement, *J. Geotechnical and Geoenvironmental Eng.*, ASCE **130**(1), 58-70.

Hussin, J. D., and Ali, S., 1987. *Soil Improvement at the Trident Submarine Facility*, Soil improvement-a ten year update; Geotechnical Special Publication No. 12, J. P. Welsh, ed., ASCE, 215-31.

Hynes, M. E., and Olsen, R., 1998. Influence of confining stress on liquefaction resistance, in *Proceedings, International Symposium on the Physics and Mechanics of Liquefaction,* Balkema, Rotterdam, pp. 145-52.

Hyodo, M., Yamamoto, Y., and Sugiyama, M., 1994. Undrained cyclic shear behavior of normally consolidated clay subjected to initial static shear stress, *Soils and Foundations,* Japanese Society of Soil Mechanics and Foundation Engineering **34**(4), 1-11.

Iai, S., and Koizumi, K., 1986. Estimation of earthquake induced excess pore water pressure for gravel drains, in *Proceedings, 7th Japan Earthquake Engineering Symposium*, pp. 679-84.

Idriss, I. M., 1985. Evaluating seismic risk in engineering practice, in *Proceedings, 11th International Conference on Soil Mechanics and Foundation Engineering,* San Francisco, Balkema, Rotterdam, pp. 265-320.

Idriss, I. M., 1999. An update to the Seed-Idriss simplified procedure for evaluating liquefaction potential, in *Proceedings, TRB Workshop on New Approaches to Liquefaction,* Publication No. FHWA-RD-99-165, Federal Highway Administration, January.

Idriss, I. M., and Boulanger, R. W., 2007. SPT- and CPT-based relationships for the residual shear strength of liquefied soils, *Earthquake Geotechnical Engineering, 4th International Conference on Earthquake Geotechnical Engineering-Invited Lectures,* K. D. Pitilakis, ed., Springer, Netherlands, pp. 1-22.

Idriss, I. M., and Boulanger, R. W., 2006. Semi-empirical procedures for evaluating liquefaction potential during earthquakes, *J. Soil Dynamics and Earthquake Eng.* **26**, 115-30.

Idriss, I. M., and Boulanger, R. W., 2004. Semi-empirical procedures for evaluating liquefaction potential during earthquakes, in *Proceedings, 11th International Conference on Soil Dynamics and Earthquake Engineering, and 3rd International Conference on Earthquake Geotechnical*

Engineering, D. Doolin et al., eds., Stallion Press, Vol. 1, pp. 32-56.

Idriss, I. M., and Boulanger, R. W., 2003a. Estimating *Kα* for use in evaluating cyclic resistance of sloping ground, in *Proceedings, 8th US-Japan Workshop on Earthquake Resistant Design of Lifeline Facilities and Countermeasures against Liquefaction*, Hamada, O'Rourke, and Bardet, eds., Report MCEER-03-0003, MCEER, SUNY Buffalo, NY, pp. 449-68.

Idriss, I. M., and Boulanger, R. W., 2003b. Relating *Kα* and *Kσ* to SPT blow count and to CPT tip resistance for use in evaluating liquefaction potential, in *Proceedings of the 2003 Dam Safety Conference*, ASDSO, September 7-10, Minneapolis, MN.

Ishibashi, I. and Sherif, M., 1974. Soil liquefaction by torsional simple shear device, *J. Geotechnical Eng. Div.*, ASCE **100**(GT8), 871-88.

Ishihara, K., 1996. *Soil Behavior in Earthquake Geotechnics*, The Oxford Engineering Science Series, No. 46.

Ishihara, K., 1993. Liquefaction and flow failure during earthquakes, *Geotechnique* **43**(3), 351-415.

Ishihara, K., 1985. Stability of natural deposits during earthquakes, in *Proceedings, 11th International Conference on Soil Mechanics and Foundation Engineering*, San Francisco, A. A. Balkema, Rotterdam, pp. 321-376.

Ishihara, K., and Yoshimine, M., 1992. Evaluation of settlements in sand deposits following liquefaction during earthquakes, *Soils and Foundations* **32**(1), 173-88.

Ishihara, K., Verdugo, R. L., and Acacio, A. A., 1991. Characterization of cyclic behavior of sand and post-seismic stability analyses, in *Proceedings, 9th Asian Regional Conference on Soil Mechanics and Foundation Engineering*, Bangkok, Thailand, Vol. 2, pp. 45-70.

Ishihara, K., and Nagase, H., 1980. Cyclic simple shear tests on saturated sand in multi-directional loading, in Ishihara, K., and Yamazaki, A., *Soils and Foundations*, Japanese Society of Soil Mechanics and Foundation Engineering, **20**(1), March, closure to discussion.

Ishihara, K, Yamazaki, A, and Haga, K., 1985. Liquefaction of *Ko*-consolidated sand under cyclic rotation of principal stress direction with lateral constraint, *Soils and Foundations*, Japanese Society of Soil Mechanics and Foundation Engineering **5**(4), 63-74.

Ishihara, K., and Takatsu, H., 1979. Effects of overconsolidation and Ko conditions on the liquefaction characteristics of sands, *Soils and Foundations*, Japanese Society of Soil Mechanics and Foundation Engineering **19**(4), 59-68.

Ishihara, K., Iwamoto, S., Yasuda, S., and Takatsu, H., 1977. Liquefaction of anisotropically consolidated sand, in *Proceedings, 9th International Conference on Soil Mechanics and Foundation Engineering*, Japanese Society of Soil Mechanics and Foundation Engineering, Tokyo, Japan **2**, pp. 261-64.

Ishihara, K, Tatsuoka, F., and Yasuda, S., 1975. Undrained deformation and liquefaction of sand under cyclic stresses, *Soils and Foundations* **15**, 29-44.

Jefferies, M. G., and Davies, M. P., 1993. Use of CPTu to estimate equivalent SPT *N60*, *ASTM Geotechnical Testing J.* **16**(4), 458-67.

Juang, C. H., Jiang, T. J., and Andrus, R. D., 2002. Assessing probability-based methods for liquefaction potential evaluation, *J. Geotechnical and Geoenvironmental Eng.* **128**(7), 580-589.

Kawakami, F., and Asada, A., 1966. Damage to the ground and earth structures by the Niigata earthquake of June 16, 1964, *Soils and Foundations* **1**, 14-30.

Kayen, R. E., and Mitchell, J. K., 1997. Assessment of liquefaction potential during earthquakes by Arias intensity, *J. Geotechnical and Geoenvironmental Eng.* **123**(12), 1162-174.

Kerwin, S. T., and Stone, J. J., 1997. Liquefaction failure and remediation: King Harbor Redondo Beach, California, *J. Geotechnical and Geoenvironmental Eng.* **123**(8), 760-69.

Kishida, H., 1966. Damage to reinforced concrete buildings in Niigata City with Special reference to foundation engineering, *Soils and Foundations*, Japanese Society of Soil Mechanics and Foundation Engineering, **6**(1),71-86.

Kitazume, M., 2005. *The Sand Pile Compaction Method*, Taylor and Francis, London, UK, 271 pp.

Koester, J. P., 1992. The influence of test procedure on correlation of Atterberg limits with liquefaction in fine-grained soils, *Geotechnical Testing J.*, ASTM **15**(4), 352-60.

Kokusho, T., 2000. Mechanism for water film generation and lateral flow in liquefied sand layer, *Soils and Foundations* **40**(5), 99-111.

Kokusho, T., 1999. Water film in liquefied sand and its effect on lateral spread, *J. Geotechnical Eng.*, ASCE **125**(10), 817-26.

Kokusho., T and Kojima, T., 2002. Mechanism for postliquefaction water film generation in layered sand, *J. Geotechnical Eng.*, ASCE **128**(2), 129-37.

Konrad, J.-M., 1988. Interpretation of flat plate dilatometer tests in sands in terms of the state parameter, *Geotechnique* **38**(2), 263-77.

Kovacs, W. D., Salomone, L. A., and Yokel, F. Y., 1983. *Comparison of energy Measurements in the Standard Penetration Test Using the Cathead and Rope Method*, National Bureau of Standards Report to the U.S. Nuclear Regulatory Commission, November.

Kramer, S. L., and Mayfield, R. T., 2007. Return period of soil liquefaction, *J. Geotechnical and Geoenvironmental Eng.*, ASCE **133**(7), 802-13.

Kramer, S. L., and Smith, M. W., 1997. Modified Newmark model for seismic displacements of compliant slopes, *J. Geotechnical Eng.*, ASCE **123**(7), 635-44.

Kulasingam, R., Malvick, E. J., Boulanger, R. W., Kutter, B. L., 2004. Strength loss and localization at silt interlayers in slopes of liquefied sand, *J. Geotechnical and*

Geoenvironmental Eng., ASCE **130**(11), 1192-1202.

Kulasingam, R., Boulanger, R. W., and Idriss, I. M., 1999. Evaluation of CPT liquefaction analysis methods against inclinometer data from Moss Landing, in *Proceedings, 7th US-Japan Workshop on Earthquake Resistant Design of Lifeline Facilities and Countermeasures against Liquefaction*, Technical Report MCEER-99-0019, MCEER, SUNY, Buffalo, NY, pp. 35-54.

Kulhawy, F. H., and Mayne, P. W., 1990. *Manual on Estimating Soil Properties for Foundation Design*, Report EPRI EL-6800, Electric Power Research Institute, Palo Alto, CA.

Ladd, C. C., 1991. Stability evaluation during staged construction, *J. Geotechnical Eng.*, ASCE **117**(4), 540-615.

Ladd, C. C., and DeGroot, D. J., 2003. Recommended practice for soft ground site characterization:Arthur Casagrande Lecture, in *Proceedings, Soil and Rock America*, P.J. Culligan, H. H. Einstein, and A. J. Whittle, eds., Verlag Gluckauf GMBH, Essan, Germany, Vol. 1, pp. 3-57.

Ladd, C. C., Foott, R., Ishihara, K., Schlosser, F., and Poulos, H. G., 1977. Stressdeformation and strength characteristics: SOA report, in *Proceedings, 9th International Conference on Soil Mechanics and Foundation Engineering*, 2, pp. 421-94.

Ladd, C. C., and Foott, R., 1974. New design procedure for stability of soft clays, *J. Geotechnical Eng. Div.*, ASCE **100**(7), 763-86.

Ladd, R. S., 1974. Specimen preparation and liquefaction of sands, *J. Geotechnical Eng. Div.*, ASCE **100**(10), 1180-184.

Ladd, R. S., 1977. Specimen preparation and cyclic stability of sands, *J. Geotechnical Eng. Div.*, ASCE **103**(6), 535-47.

Ladd, R. S., Dobry, R., Dutko, P., Yokel, F. Y., and Chung, R. M., 1989. Pore-water pressure buildup in clean sands because of cyclic straining, *Geotechnical Testing J.*, ASTM **12**(1), 77-86.

Law, K. T., Cao, Y. L., and He, G. N., 1990. An energy approach for assessing seismic liquefaction potential, *Canadian Geotechnical J.* **27**(3), 320-29.

Lee, K. L., and Focht, J. A., 1975. Liquefaction potential at Ekofisk Tank in North Sea, *J. Geotechnical Eng. Div.*, ASCE **101**(GT1), 1-18.

Lee, K. L., and Albaisa, A., 1974. Earthquake induced settlements in saturated sands, *J. Soil Mechanics and Foundations Div.*, ASCE **100**(4), 387-406.

Lee, K. L., and Seed, H. B., 1967. Drained strength characteristics of sands, *J. Soil Mechanics and Foundations Div.*, ASCE **93**(SM6), 117-41.

Lefebvre, G., and Pfendler, P., 1996. Strain rate and preshear effects in cyclic resistance of soft clay, *J. Geotechnical and Geoenvironmental Eng.*, ASCE **122**(1), 21-26.

Lefebvre, G., and LeBouef, D., 1987. Rate effects and cyclic loading of sensitive clays, *J.*

Geotechnical Eng., ASCE **113**(5), 476-89.

Liao, S. S. C., and Lum, K. Y., 1998. Statistical analysis and application of the magnitude scaling factor in liquefaction analysis, in *Proceedings, ASCE 3rd Specialty Conf. in Geotechnical Earthquake Engineering and Soil Dynamics,* ASCE Vol. 1, pp. 410-421.

Liao, S. S. C., Veneziano, D., and Whitman, R. V., 1988. Regression models for evaluating liquefaction probability, *J. Geotechnical Engineering Div.,* ASCE **114**(4), 389-411.

Liao, S. C., and Whitman, R. V., 1986. Overburden correction factors for SPT in sand, *J. Geotechnical Eng.,* ASCE **112**(3), 373-77.

Lin, J.-S., and Whitman, R. V., 1983. Decoupling approximation to the evaluation of earthquake-induced plastic slip in earth dams, *Earthquake Eng. and Structural Dynamics,* **11**, 667-78.

Liu, N., and Mitchell, J. K., 2006. Effect of nonplastic fines on shear wave velocity based liquefaction procedure, *J. Geotechnical and Geoenvironmental Eng.,* ASCE **132**(8), 1091-097.

Liu, H., and Qiao, T., 1984. Liquefaction potential of saturated sand deposits underlying foundation of structure, in *Proceedings, 8th World Conf. Earthquake Engineering,* Vol. III, San Francisco. pp. 199-206.

Liu, A. H., Stewart, J. P., Abrahamson, N. A., and Moriwaki, Y., 2001. Equivalent number of uniform stress cycles for soil liquefaction analysis, *J. Geotechnical and Geoenvironmental Eng.,* ASCE **127**(12), 1017-026.

Luehring, R., Snortland, N., Stevens, M., and Mejia, L. H., 2001. *Liquefaction Mitigation of a Silty Dam Foundation Using Vibro-Stone Columns and Drainage Wicks: a Case History at Salmon Lake Dam,* Bureau of Reclamation Water Operation and Maintenance Bulletin, No. 198, 1-15.

Malvick, E. J., Kutter, B. L., and Boulanger, R. W., 2008. Postshaking shear strain localization in a centrifuge model of a saturated sand slope. *J. Geotechnical and Geoenvironmental Engineering,* ASCE, **134**(2), 164-174.

Malvick, E. J., Feigenbaum, H. P., Boulanger, R. W., and Kutter, B. L., 2004. Postshaking failure of sand slope in centrifuge test, in *Proceedings, 11th International Conference on Soil Dynamics and Earthquake Engineering, and 3rd International Conference on Earthquake Geotechnical Engineering,* Doolin,D. et al., (eds.), Stallion Press, Vol. 2, pp. 447-55.

Malvick, E. J., Kulasingam, R., Kutter, B. L., and Boulanger, R. W., 2002. Void redistribution and localized shear strains in slopes during liquefaction, in *Proceedings, International Conference on Physical Modeling in Geotechnics,* ICPMG '02, St. John's, Newfoundland, Canada, pp. 495-500.

Marcuson, W.F., Hynes, M.E., and Franklin, A.G., 1990. Evaluation and use of residual strength in seismic safety analysis of embankments, *Earthquake Spectra,* **6**(3), 529-72.

Marcuson, W. F., Ballard, R. F., and Ledbetter, R. H., 1979. Liquefaction failure of tailings dams resulting from the Near Izu Oshima earthquake, 14 and 15 January 1978, in

Proceedings, 6th Panamerican Conference on Soil Mechanics and Foundation Engineering, Vol. II, pp. 69-80.

Marcuson, W. F., and Bieganousky, W. A., 1977a. Laboratory standard penetration tests on fine sands, *J. Geotechnical Eng. Div.*, ASCE **103**(GT6), 565-88.

Marcuson, W. F., and Bieganousky, W. A., 1977b. SPT and relative density in coarse sands, *J. Geotechnical Eng. Div.*, ASCE **103**(GT11), 1295-309. Martin, J. R., Olgun, C. G., Mitchell, J. K., Durgunoglu, H. T., 2004. High modulus columns for liquefaction mitigation, *J. Geotechnical and Geoenvironmental Eng.*, ASCE **130**(6), 561-71.

Matsuda, H. and Ohara, S., 1991. Settlement calculations of clay layers induced by earthquake, in *Proceedings, 2nd International Conference on Recent Advances in Geotechnical Earthquake Engineering and Soil Dynamics*, March 11-15, St. Louis, MO, Paper No. 3.35, pp. 473-79.

Mejia, L.H., 2007. Personal communication.

Mejia, L. H., and Yeung, M. R., 1995. *Liquefaction of Coralline Soils During the 1993 Guam Earthquake*, Earthquake-induced Movements and Seismic Remediation of Existing Foundations and Abutments, Geotechnical Special Publication No. 55, ASCE, 33-48.

Mendoza, M. J., and Auvinet, G., 1988. The Mexico earthquake of September 19, 1985-behavior of building foundations in Mexico City, *Earthquake Spectra*, **4**(4), 139-60.

Meyerhof, G.G., 1957. Discussion on research on determining the density of sands by spoon penetration testing, in *Proceedings, 4th International Conference on Soil Mechanics and Foundation Engineering*, London, Vol. 3, p. 110.

Mitchell, J. K., 2008. Mitigation of liquefaction potential of silty sands, in *From Research to Practice in Geotechnical Engineering*, Laier, J.E., Crapps, D.K., Hussein, M.H., (eds.), Geotechnical Special Publication 180, ASCE, Reston, VA.

Mitchell, J. K., and Soga, K., 2005. *Fundamentals of Soil Behavior*, 3rd edition, John Wiley and Sons, Hoboken, NJ, 577 p.

Mitchell, J. K., Cooke, H. G., and Schaeffer, J. A., 1998. *Design Considerations in Ground Improvement for Seismic Risk Mitigation*, Geotechnical Earthquake Engineering and Soil Dynamics III, Geotechnical Special Publication No. 75, P. Dakoulas, M. Yegian, and R. D. Holtz, eds., Vol. 1, 580-613.

Mitchell, J. K., Baxter, C. D. P., and Munson, T. C., 1995. Performance of improved ground during earthquakes, in *Proceedings, Soil Improvements for Earthquake Hazard Mitigation*, Geotechnical Special Publication No. 49, ASCE, pp. 1-36.

Mitchell, J. K., and Solymar, Z. V., 1984. Time-dependent strength gain in freshly deposited or densified sand, *J. Geotechnical Eng.*, ASCE **110**(11), 1559-576.

Mohamad, R., and Dobry, R., 1986. Undrained monotonic and cyclic triaxial strength of sand, *J. Geotechnical Eng.*, ASCE **112**(10), 941-58.

Moriwaki, Y., Akky, M. R., Ebeling, R., Idriss, I. M., and Ladd, R. S., 1982. Cyclic strength and properties of tailing slimes, in *Proceedings, Specialty Conference on Dynamic Stability of Tailings Dams*, ASCE.

Moseley, M.P. and Kirsch, K., 2004. *Ground Improvement.* 2nd edition, Spon Press, New York, NY, 288 pp.

Moss, R., 2003. *CPT-Based Probabilistic Assessment of Seismic Soil Liquefaction Initiation*, Ph.D. thesis, University of California at Berkeley.

Moss, R. E. S., Seed, R. B., Kayen, R. E., Stewart, J. P., Der Kiureghian, A., and Cetin, K. O., 2006. CPT-based probabilistic and deterministic assessment of in situ seismic soil liquefaction potential, *J. Geotechnical and Geoenvironmental Eng.*, ASCE **132**(8), 1032-051.

Mulilis, J. P., Seed, H. B., Chan, C. K., Mitchell, J. K., and Arulanandan, K., 1977. Effect of sample preparation on sand liquefaction, *J. Geotechnical Eng. Div.*, ASCE **103**(GT2), 91-108.

Naesgaard, E., and Byrne, P. M., 2005. Flow liquefaction due to mixing of layered deposits, in *Proceedings, Geotechnical Earthquake Engineering Satellite Conference*, TC4 Committee, ISSMGE, Osaka, Japan, September.

Naesgaard, E., Byrne, P. M., Seid-Karbasi, M., and Park, S. S., 2005. Modeling flow liquefaction, its mitigation, and comparison with centrifuge tests, in *Proceedings, Performance Based Design in Earthquake Geotechnical Engineering: Concepts and Research, Geotechnical Earthquake Engineering Satellite Conference*, Osaka, Japan, September 10, pp. 95-102.

Naesgaard, E., Byrne, P. M., and Ven Huizen, G.,1998. *Behaviour of Light Structures Founded on Soil Crust over Liquefied Ground*, Geotechnical Earthquake Engineering and Soil Dynamics III, Geotechnical Special Publication No. 75, P. Dakoulas, M. Yegian, and R. D. Holtz, eds., ASCE, 422-33.

Nagase, H., and Ishihara, K., 1988. Liquefaction-induced compaction and settlement of sand during earthquakes. Soils and Foundations, Tokyo, Japan, **28**(1):66-76.

Narin van Court, W. A., and Mitchell, J. K., 1998. *Investigation of Predictive Methodologies for Explosive Compaction*, Geotechnical Earthquake Engineering and Soil Dynamics III, Geotechnical Special Publication No. 75, P. Dakoulas, M. Yegian, and R. D. Holtz, eds., ASCE, 639-53.

National Center for Earthquake Engineering Research (NCEER), 1997. *Proceedings of the NCEER Workshop on Evaluation of Liquefaction Resistance of Soils*, T. L. Youd and I. M. Idriss, editors, Technical Report NCEER-97-022.

National Research Council (NRC), 1985. *Liquefaction of Soils During Earthquakes*, National Academy Press, Washington, DC, 240 pp.

Newmark, N., 1965. Effects of earthquakes on dams and embankments, *Geotechnique*, London, England **15**(2), 139-60.

Ohara, S. and Matsuda, H., 1988. Study on the settlement of saturated clay layer induced by cyclic shear, *Soil and Foundations*, Japanese Society for Soil Mechanics and Foundation Engineering **28**(3), 103-13.

Olsen, R.S. and Malone, P.G., 1988. *Soil Classification and Site Characterization Using the Cone Penetrometer Test*, Penetration Testing 1988, ISOPT-1, De Ruiter (ed.), Rotterdam, the Netherlands, Vol. 2, 887-93.

Olsen, R. S., 1997. Cyclic liquefaction based on the cone penetrometer test, in *Proceedings, NCEER Workshop on Evaluation of Liquefaction Resistance of Soils*, National Center for Earthquake Engineering Research, State University of New York at Buffalo, Report No. NCEER-97-0022, pp. 225-76.

Olson, S. M., and Stark, T. D., 2002. Liquefied strength ratio from liquefaction flow case histories, *Canadian Geotechnical J.* **39**, 629-47.

Onoue, A., 1988. Diagrams considering well resistance for designing spacing ratio of gravel drains, *Soils and Foundations* **28**(3), 160-68.

O'Rourke, T. D., and Goh, S. H., 1997. Reduction of liquefaction hazards by deep soil mixing, in *Proceedings, Workshop on Earthquake Engineering Frontiers in Transportation Facilities*, National Center for Earthquake Engineering Research, Buffalo, NY, pp. 87-105.

Pestana, J.M., Hunt, C.E. and Goughnour, R.R., 1997. *FEQDrain: a Finite Element Computer Program for the Analysis of the Earthquake Generation and Dissipation of Pore Water Pressure in Layered Sand Deposits with Vertical Drains*, Report No. EERC 97-17, Earthquake Engineering Res. Ctr., University of California at Berkeley.

Port and Harbour Research Institute (PHRI), 1997. *Handbook on Liquefaction Remediation of Reclaimed Land*. A. A. Balkema, Rotterdam, 312 pp.

Poulos, S. J., Castro, G., and France, J. W., 1985. Liquefaction evaluation procedure, *J. Geotechnical Eng.*, ASCE **111**(6), 772-91.

Pyke, R. M., Chan, C. K., and Seed, H. B., 1974. *Settlement and Liquefaction of Sands under Multi-Directional Shaking*, Report No. EERC 74-2, Earthquake Engineering Research Center, University of California at Berkeley.

Rathje, E. M., and Bray, J. D., 2000. Nonlinear coupled seismic sliding analyses of earth structures, *J. Geotechnical and Geoenvironmental Eng.*, ASCE **126**(11), 1002-014.

Rauch, A. F., 1997. *EPOLLS: an Empirical Method for Predicting Surface Displacements Due to Liquefaction-Induced Lateral Spreading in Earthquakes*, Ph.D. dissertation, Virginia Polytechnic Institute and State University, VA.

Rauch, A. F., and Martin, J. R., 2000. EPOLLS model for predicting average displacements on lateral spreads, *J. Geotechnical and Geoenvironmental Eng.*, ASCE **126**(4), 360-71.

Riemer, M. F., and Seed, R. B., 1997. Factors affecting apparent position of steady-state line, *J. Geotechnical and Geoenvironmental Eng.*, ASCE **123**(3), 281-88.

Robertson, P.K., 1990. Soil classification using the cone penetration test, *Canadian Geotechnical*

J. **27**(1), 151-58.

Robertson, P. K., Wride, C. E., List, B. R., Atukorala, U., Biggar, K. W., Byrne, P. M., Campanella, R. G., Cathro, C. D., Chan, D. H., Czajewski, K., Finn, W. D. L., Gu, W. H., Hammamji, Y., Hofmann, B. A., Howie, J. A., Hughes, J., Imrie, A. S., Konrad, J.-M., Kupper, A., Law, T., Lord, E. R. F., Monahan, P. A., Morgenstern, N. R., Phillips, R., Piche, R., Plewes, H. D., Scott, D., Sego, D. C., Sobkowicz, J., Stewart, R. A., Watts, B.D., Woeller, D. J., Youd, T. L., and Zavodni, Z., 2000. The Canadian liquefaction experiment: an overview, *Canadian Geotechnical J.* **37**, 499-504.

Robertson, P. K., and Wride, C. E., 1998. Evaluating cyclic liquefaction potential using the cone penetration test, *Canadian Geotechnical J.* **35**(3), 442-59.

Robertson, P. K., and Wride, C. E., 1997. Cyclic liquefaction and its evaluation based on SPT and CPT, in *Proceedings, NCEER Workshop on Evaluation of Liquefaction Resistance of Soils,* National Center for Earthquake Engineering Research, SUNY at Buffalo, NY, Technical Report No. NCEER-97-0022, December, pp. 41-88.

Robertson, P.K., and Fear, C.E., 1995. Liquefaction of sands and its evaluation, keynote lecture, IS Tokyo '95, in *Proceedings of the 1st International Conference on Earthquake Geotechnical Engineering,* Ishihara, K. (ed.)., A.A. Balkema, Amsterdam.

Romero, S., 1995. *The Behavior of Silt As Clay Content Is Increased,* Master's thesis, University of California at Davis, 108 pp.

Salgado, R., Mitchell, J. K., and Jamiolkowski, M., 1997. Cavity expansion and penetration resistance in sands, *J. Geotechnical and Geoenvironmental Eng.*, ASCE **123**(4), 344-54.

Salgado, R., Boulanger, R. W., and Mitchell, J. K., 1997. Lateral stress effects on CPT liquefaction resistance correlations, *J. Geotechnical and Geoenvironmental Eng.*, ASCE **123**(8), 726-35.

Sancio, R. B., and Bray, J. D., 2005. An assessment of the effect of rod length on SPT energy calculations based on measured field data, *Geotechnical Testing J.,* ASTM **28**(1), 1-9.

Schmertmann, J. S., and Palacios, A., 1979. Energy dynamics of SPT, *J. Soil Mechanics and Foundations Div.,* ASCE **105**(GT8), 909-26.

Schofield, A., and Wroth, P., 1968. *Critical State Soil Mechanics,* McGraw-Hill, New York, NY, 310 p.

Scott, R. F., and Zuckerman K. A., 1972. Sandblows and liquefaction, in *Proceedings, The Great Alaska Earthquake of 1964,* Engineering Publication 1606, National Academy of Sciences, Washington, DC, pp. 179-89.

Seed, H. B., 1987. Design problems in soil liquefaction, *J. Geotechnical Eng.*, ASCE **113**(8), 827-45.

Seed, H. B., 1983. Earthquake resistant design of earth dams, in *Proceedings, Symposium on Seismic Design of Embankments and Caverns, Pennsylvania,* ASCE, NY, pp. 41-64.

Seed, H. B., 1979a. Considerations in the earthquake-resistant design of earth and rockfill dams, *Geotechnique,* **29**(3).

Seed, H. B., 1979b. Soil liquefaction and cyclic mobility evaluation for level ground during earthquakes, *J. Geotechnical Eng. Div*, ASCE **105**(GT2), 201-55.

Seed, H. B., Seed, R. B., Harder, L. F., and Jong, H.-L., 1989. *Re-evaluation of the Lower San Fernando Dam-Report 2: Examination of the Post-Earthquake Slide of February 9, 1971*, Contract Report GL-89-2, U.S. Army Engineer Waterways Experiment Station, Vicksburg, MS.

Seed, H. B., Tokimatsu, K., Harder, L. F. Jr., and Chung, R., 1985. Influence of SPT procedures in soil liquefaction resistance evaluations, *J. Geotechnical Eng.*, ASCE **111**(12), 1425-445.

Seed, H. B., Tokimatsu, K., Harder, L. F. Jr., and Chung, R., 1984. *The Influence of SPT Procedures on Soil Liquefaction Resistance Evaluations*, Report No. UCB/EERC-84/15, Earthquake Engineering Research Center, University of California at Berkeley.

Seed, H. B., and Idriss, I. M., 1982. *Ground Motions and Soil Liquefaction During Earthquakes*, Earthquake Engineering Research Institute, Oakland, CA, 134 pp.

Seed, H. B., and Idriss, I. M., 1981. *Evaluation of Liquefaction Potential of Sand Deposits Based on Observations of Performance in Previous Earthquakes*, Preprint 81 544, Session on In Situ Testing to Evaluate Liquefaction Susceptibility, ASCE National Convention, St. Louis, MO, October.

Seed, H. B. and Booker, J. R., 1977. Stabilization of potentially liquefiable sand deposits using gravel drains, *J. Geotechnical Eng. Div.*, ASCE **103** (GT7), 757-68.

Seed, H. B., Mori, K., and Chan, C. K., 1977. Influence of seismic history on liquefaction of sands, *J. Geotechnical Eng. Div.*, ASCE **103**(GT4), 257-70.

Seed, H. B., Martin, P. P., and Lysmer, J., 1976. Pore-water pressure changes during soil liquefaction, *J. Geotechnical Eng. Div.*, ASCE **102**(4), 323-46.

Seed, H. B., Lee, K. L., Idriss, I. M., and Makdisi, F., 1975a. The slides in the San Fernando dams during the earthquake of February 9, 1971, *J. Geotechnical Eng.*, ASCE **101**(7), 651-88.

Seed, H. B., Idriss, I. M., Makdisi, F., and Banerjee, N., 1975b. *Representation of Irregular Stress Time Histories by Equivalent Uniform Stress Series in Liquefaction Analyses*, Report No. EERC 75-29, Earthquake Engineering Research Center, University of California at Berkeley, CA, October.

Seed, H. B., Mori, K., and Chan, C. K., 1975c. *Influence of Seismic History on the Liquefaction Characteristics of Sands*, Report No. EERC 75-25, Earthquake Engineering Research Center, University of California at Berkeley, August.

Seed, H. B., and Idriss, I. M., 1971. Simplified procedure for evaluating soil liquefaction potential, *J. Soil Mechanics and Foundations Div.*, ASCE **97**(SM9), 1249-273.

Seed, H. B., and Peacock, W. H., 1971. Test procedures for measuring soil liquefaction characteristics, *J. Soil Mechanics and Foundations Div.*, ASCE **97**(SM8), Proceedings

Paper 8330, August, pp. 1099-119.

Seed, H. B., and Lee, K. L., 1966. Liquefaction of saturated sands during cyclic loading, *J. Soil Mechanics and Foundations Div.*, ASCE **92**(SM6), 105-34.

Seed, H. B., and Chan, C. K.,1966. Clay strength under earthquake loading conditions, *J. Soil Mechanics and Foundations Div.*, ASCE **92**(SM2), 53-78.

Seed, R. B., Cetin, K. O., Moss, R. E. S., Kammerer, A., Wu, J., Pestana, J., Riemer, M., Sancio, R. B., Bray, J. D., Kayen, R. E., and Faris, A., 2003. *Recent Advances in Soil Liquefaction Engineering: a Unified and Consistent Framework*, Keynote presentation, 26th Annual ASCE Los Angeles Geotechnical Spring Seminar, Long Beach, CA.

Seed, R. B., Cetin, K. O., Moss, R. E. S., Kammerer, A., Wu, J., Pestana, J., Riemer, M., 2001. Recent advances in soil liquefaction engineering and seismic site response evaluation, in *Proceedings, 4th International Conference and Symposium on Recent Advances in Geotechnical Earthquake Engineering and Soil Dynamics*, University of Missouri, Rolla, MO, Paper SPL-2.

Seed, R. B, and Harder, L. F., 1990. SPT-based analysis of cyclic pore pressure generation and undrained residual strength, in *Proceedings, Seed Memorial Symposium*, J. M. Duncan, ed., BiTech Publishers, Vancouver, British Columbia, pp. 351-76.

Shamoto, Y., and Zhang, J.-M., 1998. Evaluation of seismic settlement potential of saturated sandy ground based on concept of relative compression, Special Issue on Geotechnical Aspects of the January 17, 1995 Hyogoken-Nambu Earthquake, No. 2, *Soils and Foundations*, Japanese Geotechnical Society, pp. 57-68.

Shamoto, Y., Zhang, J.-M., and Tokimatsu, K., 1998. Methods for evaluating residual post-liquefaction ground settlement and horizontal displacement, Special Issue on Geotechnical Aspects of the January 17, 1995 Hyogoken-Nambu Earthquake, No. 2, *Soils and Foundations,* Japanese Geotechnical Society, pp. 69-84.

Shibata, T., and Teparaksa, W., 1988. Evaluation of liquefaction potentials of soils using cone penetration tests, *Soils and Foundations*, Tokyo, Japan, **28**(2), 49-60.

Silver, M. L., and Seed, H. B., 1971. Volume changes in sand during cyclic loading, *J. Soil Mechanics and Foundations Div.*, ASCE **97**(SM9), 1171-182.

Singh, S., Seed, H. B., and Chan, C. K., 1982. Undisturbed sampling of saturated sands by freezing, *J. Geotechnical Engineering Division*, ASCE **108**(GT2), 247-64.

Siu, D., Huber, F., Murray, L., and Lozinski, W., 2004. Seismic upgrade of the Seymour Falls Dam: Design phase, *13th World Conference on Earthquake Engineering*, Vancouver, British Columbia, August 1-6, paper no. 994.

Skempton, A. W., 1986. Standard penetration test procedures and the effects in sands of overburden pressure, relative density, particle size, aging and overconsolidation, *Geotechnique*, **36**(3), 425-47.

Solymar, Z. V., 1984. Compaction of alluvial sands by deep blasting, *Canadian Geotechnical J.*

21, 305-21.

Stark, T. D., and Mesri, G., 1992. Undrained shear strength of sands for stability analysis, *J. Geotechnical Eng. Div.*, ASCE **118**(11), 1727-747.

Stark, T. D., and Olson, S. M., 1995. Liquefaction resistance using CPT and field case histories, *J. Geotechnical Eng.*, ASCE **121**(12), 856-69.

Stokoe, K. H., 2007. Personal communication.

Suzuki Y, Sanematsu, T, and Tokimatsu, K., (1998) Correlation between SPT and seismic CPT. In: Robertson PK, Mayne PW (eds.), in *Proceedings, Conference on Geotechnical Site Characterization*, Balkema, Rotterdam, pp. 1375-380.

Suzuki, Y., Koyamada, K., and Tokimatsu, K., 1997. Prediction of liquefaction resistance based on CPT tip resistance and sleeve friction, in *Proceedings, 14th International Conference on Soil Mechanics and Foundation Engineering*, Hamburg, Germany, Vol. 1, pp. 603-06.

Suzuki, Y., Tokimatsu, K., Taya, Y., and Kubota, Y., 1995. Correlation between CPT data and dynamic properties of in situ frozen samples, in *Proceedings, 3rd International Conference on Recent Advances in Geotechnical Earthquake Engineering and Soil Dynamics*, Vol. I, St. Louis, MO.

Suzuki, T., and Toki, S., 1984. Effects of preshearing on liquefaction characteristics of saturated sand subjected to cyclic loading, *Soils and Foundations*, Japanese Society of Soil Mechanics and Foundation Engineering **24**(2), 16-28.

Sy, A., 1997. Twentieth Canadian Geotechnical Colloquium: recent developments in the Becker penetration test: 1986-1996, *Canadian Geotechnical J.* **34**, 952-73.

Tokimatsu, K., and Asaka, Y., 1998. Effects of liquefaction-induced ground displacements on pile performance in the 1995 Hyogoken-Nambu earthquake, *Soils and Foundations,* Special Issue, Japanese Geotechnical Society, pp. 163-77.

Tokimatsu, K., and Seed, H. B., 1987. Evaluation of settlements in sands due to earthquake shaking, *J. Geotechnical Eng.*, ASCE **113**(GT8), 861-78.

Tokimatsu, K., and Yoshimi, Y., 1983. Empirical correlation of soil liquefaction based on SPT *N*-value and fines content, *Soils and Foundations*, Japanese Society of Soil Mechanics and Foundation Engineering **23**(4), 56-74.

Toprak, S., Holzer, T.L., Bennett, M.J., and Tinsley, J.C., III., 1999. CPT- and SPT-based probabilistic assessment of liquefaction, in *Proceedings, 7th U.S.-Japan Workshop on Earthquake Resistant Design of Lifeline Facilities and Countermeasures against Liquefaction, Seattle*, August, Multidisciplinary Center for Earthquake Engineering Research, Buffalo, NY, pp. 69-86.

Vaid, Y. P., and Eliadorani, A., 1998. Instability and liquefaction of granular soils under undrained and partially drained states, *Canadian Geotechnical J.* **35**(6), 1053-062.

Vaid, Y. P., and Sivathayalan, S., 1996. Static and cyclic liquefaction potential of Fraser Delta sand in simple shear and triaxial tests, *Canadian Geotechnical J.* **33**, 281-89.

Vaid, Y. P., and Chern, J. C., 1985. *Cyclic and Monotonic Undrained Response of Saturated Sands*, Advances in the Art of Testing Soils under Cyclic Conditions, ASCE, NY, 120-47.

Vaid, Y. P., and Finn, W. D. L., 1979. Static shear and liquefaction potential, *J. Geotechnical Div.*, ASCE **105**(GT10), 1233-246.

Vasquez-Herrera, A., Dobry, R., and Baziar, M. H., 1990. Re-evaluation of liquefaction triggering and flow sliding in the Lower San Fernando Dam during the 1971 earthquake, in *Proceedings, 4th U.S. National Conference on Earthquake Engineering*, Earthquake Engineering Research Institute, **3**, pp. 783-92.

Wang, W. S., 1979. *Some Findings in Soil Liquefaction*, Water Conservancy and Hydroelectric Power Scientific Research Institute, Beijing, China.

Whitman, R. V., 1985. On liquefaction, in *Proceedings, 11th International Conference on Soil Mechanics and Foundation Engineering*, San Francisco, CA, A.A. Balkema, pp. 923-926.

Woodward-Clyde Consultants, 1992a. *California Water Operations Center-Site Evaluation and Remediation-Conceptual Design, Appendix E: CWOC Site Characterization Memo*, Oakland, CA.

Woodward-Clyde Consultants, 1992b. *Seismic Stability Evaluation and Piezometer Installation, Tailing Pond No. 7*, Denver, CO.

Wride, C. E., McRoberts, E. C., and Robertson, P. K., 1999. Reconsideration of case histories for estimating undrained shear strength in sandy soils, *Canadian Geotechnical J.* **36**, 907-33.

Wu, J., 2002. *Liquefaction triggering and post-liquefaction deformations of Monterey 0/30 sand under uni-directional cyclic simple shear loading*, Ph.D. thesis, University of California at Berkeley, 509 pp.

Yamazaki, H., Hayashi, K., and Zen, K., 2005. New liquefaction countermeasure based on pore water replacement, in *Proceedings, 16th International Conference on Soil Mechanics and Geotechnical Engineering*, Millpress Science Publishers, Rotterdam, Vol. 4, pp. 2741-746.

Yilmaz, M. T., Pekcan, O., and Bakir, B. S., 2004. Undrained cyclic and shear deformation behavior of silt-clay mixtures of Adapazari, Turkey, *Soil Dynamics and Earthquake Eng.* **24**(7), 497-507.

Yoshimi, Y., Tokimatsu, K., and Ohara, J., 1994. In situ liquefaction resistance of clean sands over a wide density range, *Geotechnique*, **44**(3), 479-94.

Yoshimi, Y., Tokimatsu, K., Kaneko, O., and Makihara, Y., 1984. Undrained cyclic shear strength of a dense Niigata sand, *Soils and Foundations*, Japanese Society of Soil Mechanics and Foundation Engineering **24**(4), 131-45.

Yoshimine, M., Nishizaki, H., Amano, K., and Hosono, Y., 2006. Flow deformation of liquefied sand under constant shear load and its application to analysis of flow slide in infinite slope, *Soil Dynamics and Earthquake Eng.* **26**, 253-264.

Yoshimine, M., Robertson, P. K., and Wride, C. E., 1999. Undrained shear strength of clean sands to trigger flow liquefaction. *Canadian Geotechnical J.* **36**, 891-906

Youd, T. L., Hansen, C. M., and Bartlett, S. F., 2002. Revised multilinear regression equations for prediction of lateral spread displacement, *J. Geotechnical and Geoenvironmental Eng.* **128**(12), 1007-017.

Youd, T. L., Idriss, I. M., Andrus, R. D., Arango, I., Castro, G., Christian, J. T., Dobry, R., Finn, W. D. L., Harder, L. F., Hynes, M. E., Ishihara, K., Koester, J. P., Liao, S. S. C., Marcuson, W. F., Martin, G. R., Mitchell, J. K., Moriwaki, Y., Power, M. S., Robertson, P. K., Seed, R. B., and Stokoe, K. H., 2001. Liquefaction resistance of soils: summary report from the 1996 NCEER and 1998 NCEER/NSF workshops on evaluation of liquefaction resistance of soils, *J. Geotechnical and Geoenvironmental Eng.*, ASCE **127**(10), 817-33.

Youd, T.L., and Noble, S.K., 1997. Liquefaction criteria based on probabilistic analyses, in NCEER Workshop on Evaluation of Liquefaction Resistance of Soils, National Center for Earthquake Engineering Research Technical Report NCEER-97-0022, 201-216.

Youd, T. L., and Perkins, M., 1978. Mapping liquefaction-induced ground failure potential, *J. Geotechnical Eng. Div.*, ASCE **104**(GT4), 433-46.

Youd, T. L., 1972. Compaction of sands by repeated straining, *J. Soil Mechanics and Foundations Div.*, ASCE **98**(SM7), 709-25.

Zeevaert, L., 1991. Seismosoil dynamics of foundations in Mexico City earthquake, September 19, 1985, *J. Geotechnical Eng.* **117**(3), 376-428.

Zergoun, M., and Vaid, Y. P., 1994. Effective stress response of clay to undrained cyclic loading, *Canadian Geotechnical J.* **31**, 714-27.

Zhang, G., Robertson, P. K., and Brachman, R. W. I., 2004. Estimating liquefactioninduced lateral displacements using the standard penetration test or cone penetration test, *J. Geotechnical and Geoenvironmental Eng.*, ASCE **130**(8), 861-71.

Zhou, S., 1980. Evaluation of the liquefaction of sand by static cone penetration test, in *Proceedings, 7th World Conference on Earthquake Engineering*, Istanbul, Turkey, Vol. 3, 156-162.

지진과 지반 액상화

초판인쇄 2015년 4월 10일
초판발행 2020년 12월 30일

저 자 I. M. Idriss, R. W. Boulanger
역 자 박동순
펴 낸 이 김성배
펴 낸 곳 도서출판 씨아이알

편 집 장 박영지
책임편집 박영지
디 자 인 백정수, 윤미경
제 작 책 임 김문갑

등 록 번 호 제2-3285호
등 록 일 2001년 3월 19일
주 소 100-250 서울특별시 중구 필동로8길 43(예장동 1-151)
전 화 번 호 02-2275-8603(대표)
팩 스 번 호 02-2275-8604
홈 페 이 지 www.circom.co.kr

I S B N 979-11-5610-129-1 93530
정 가 20,000원